Questionamento socrático para terapeutas

A Artmed é a editora oficial da FBTC

Q5 Questionamento socrático para terapeutas : aprenda a pensar e a intervir como um terapeuta cognittvo-comportamental / Scott H. Waltman... [et al.] ; tradução: Marcos Vinícius Martim da Silva ; revisão técnica: Carmem Beatriz Neufeld. – Porto Alegre : Artmed, 2023.
xvi, 287 p. ; 25 cm.

ISBN 978-65-5882-124-3

1. Psicoterapia. 2. Terapia cognitivo-comportamental. I. Título.

CDU 615.851

Catalogação na publicação: Karin Lorien Menoncin – CRB 10/2147

Scott H. **Waltman**
R. Trent **Codd III**
Lynn M. **McFarr**
Bret A. **Moore**

Questionamento socrático para terapeutas

aprenda a pensar e a intervir como um terapeuta cognitivo-comportamental

Tradução
Marcos Vinícius Martim da Silva
Revisão técnica
Carmem Beatriz Neufeld
Professora associada do Departamento de Psicologia da Faculdade de Filosofia, Ciências e Letras de Ribeirão Preto (FFCLRP) da Universidade de São Paulo (USP).
Fundadora e coordenadora do Laboratório de Pesquisa e Intervenção Cognitivo-comportamental (LaPICC-USP).
Mestra e Doutora em Psicologia pela Pontifícia Universidade Católica do Rio Grande do Sul (PUCRS). Bolsista produtividade do CNPq.
Presidente da Federación Latinoamericana de Psicoterapias Cognitivas y Comportamentales (ALAPCCO Gestão 2019-2022/2022-2025).
Presidente fundadora da Associação de Ensino e Supervisão Baseados em Evidências (AESBE 2020-2023).

Porto Alegre
2023

Obra originalmente publicada sob o título *Socratic questioning for therapists and counselors: learn how to think and intervene like a cognitive behavior therapist*, 1st Edition
ISBN 9780367335199

Copyright © 2021 by Routledge, a member of the Taylor & Francis Group LLC.
All Rights Reserved. Authorised translation from the English language edition published by Routledge, a member of the Taylor & Francis Group LLC.

Gerente editorial
Letícia Bispo de Lima

Colaboraram nesta edição:

Coordenadora editorial
Cláudia Bittencourt

Capa
Paola Manica | Brand&Book

Preparação de original
Fernanda Luzia Anflor Ferreira

Leitura final
Gabriela Dal Bosco Sitta

Editoração
Ledur Serviços Editoriais Ltda.

Reservados todos os direitos de publicação, em língua portuguesa, ao
GRUPO A EDUCAÇÃO S.A.
(Artmed é um selo editorial do GRUPO A EDUCAÇÃO S.A.)
Rua Ernesto Alves, 150 – Bairro Floresta
90220-190 – Porto Alegre – RS
Fone: (51) 3027-7000

SAC 0800 703 3444 – www.grupoa.com.br

É proibida a duplicação ou reprodução deste volume, no todo ou em parte, sob quaisquer formas ou por quaisquer meios (eletrônico, mecânico, gravação, fotocópia, distribuição na Web e outros), sem permissão expressa da Editora.

IMPRESSO NO BRASIL
PRINTED IN BRAZIL

Autores

Scott H. Waltman, Doutor em Psicologia, membro da American Board of Professional Psychology, é clínico, instrutor internacional e faz pesquisas baseadas na prática. Seus interesses incluem prática de psicoterapia baseada em evidências e treinamento e implementação em sistemas que prestam atendimento a populações carentes. É certificado como terapeuta cognitivo qualificado e instrutor/consultor pela Academy of Cognitive & Behavioral Therapies. Ele também é certificado em psicologia comportamental e cognitiva pelo American Board of Professional Psychology. Mais recentemente, trabalhou como instrutor de terapia cognitivo-comportamental (TCC) para uma das equipes de implementação de TCC do Dr. Aaron T. Beck no sistema público de saúde mental da Filadélfia. Em sua prática, procura implementar de forma flexível e compassiva as intervenções cognitivas e comportamentais para ajudar as pessoas a superar as barreiras em suas vidas, facilitando a construção de vidas significativas.

R. Trent Codd III, especialista em educação, é vice-presidente de operações clínicas da Refresh Mental Health na Carolina do Norte. Além de prestar serviços clínicos, atua em treinamento e supervisão e faz parte da maior iniciativa de treinamento sediada nos Estados Unidos. Ele é diplomata, membro e instrutor e consultor certificado da Academy of Cognitive & Behavioral Therapies e ex-membro do conselho geral da Academy of Cognitive Therapy.

Lynn M. McFarr, PhD, é professora de ciências da saúde da UCLA David Geffen School of Medicine no Harbor-UCLA Medical Center e fundadora e diretora executiva da CBT California. Ela é presidente da Academy of Cognitive & Behavioral Therapies, membro da Association of Behavioral and Cognitive Therapies e presidente da International Association for Cognitive Therapy. A Dra. McFarr atua como líder de prática de TCC e terapia comportamental dialética (DBT) para o departamento de saúde mental do Condado de Los Angeles, onde lançou um treinamento de capacitação em TCC (o LACROCBT) para mais de 1.500 médicos de linha de frente. Ela foi editora sênior da *Cognitive Therapy* por 8 anos e lançou a primeira publicação dedicada à DBT, o *DBT Bulletin*, em 2018. Realiza pesquisas e publica sobre todos os aspectos de treinamento, supervisão, disseminação e implementação de TCC e DBT. É membro da Dialectical Behavior Therapy Strategic Planning Meeting, um consórcio de pesquisadores internacionais de DBT, e foi presidente do programa da International Society for the Improvement and Teaching of Dialectical Behavior Therapy (ISITDBT) de 2014 a 2015.

Bret A. Moore, Doutor em Psicologia, membro da American Board of Professional Psychology, é psicólogo prescritor e psicólogo clínico certificado pelo conselho de San Antonio, Texas. É vice-presidente do Boulder Crest Institute, ex-psicólogo do exército e veterano da guerra do Iraque. É autor e editor de 22 livros e publicou dezenas de capítulos de livros e artigos científicos na área de trauma psicológico, psicologia militar e psicofarmacologia.

Apresentação

Quando aprendi a ser terapeuta, tudo girava em torno da psicodinâmica. O terapeuta mantinha distância e neutralidade, abstinha-se de dar direcionamentos, interpretava os motivos e os pensamentos inconscientes e apontava analogias e paralelos com experiências anteriores da infância. Tudo parecia bastante profundo, complicado e — na prática — colocava o poder da interpretação nas mãos do terapeuta. E o mais importante: não parecia funcionar muito bem.

O modelo de Beck deu fim à minha visão pessimista da psicoterapia e atraiu minha mente curiosa e, às vezes, lógica e até contestadora. Ao aprender terapia cognitiva da fonte, percebi que precisava me afastar de uma postura professoral e didática para entrar em diálogo com o cliente. Observando Beck, percebi que a terapia cognitiva eficaz não era como um promotor interrogando um cliente. Era um exame mais gentil, mais curioso, mais respeitoso das crenças e das experiências que o cliente relata. De fato, observar Beck fazendo terapia muitas vezes fazia você sentir que ele não estava usando as técnicas sobre as quais escreveu. Então, após uma reflexão cuidadosa, você percebia que ele entrelaçava perfeitamente em seus diálogos o exame das consequências dos pensamentos, as evidências de sua validade e as formas alternativas de ver as coisas. Beck não estava "falando ao" cliente. Ele estava compartilhando perspectivas e examinando como o cliente pensava sobre as coisas. Ele tentava entender o que muitas vezes parece não ter sentido.

Lembrava-me das disciplinas de filosofia que havia cursado na faculdade. Uma em particular foi ministrada por Paul Weiss, um eminente filósofo da época. Weiss era um professor rabugento, carismático e espontâneo que se recusava a dar palestras. Ele tinha cerca de 100 alunos de Yale ouvindo cada uma de suas perguntas, as quais — quando um de nós era suficientemente corajoso ou impulsivo para responder — levavam a outra pergunta de Weiss. Era o verdadeiro diálogo socrático — pergunta após pergunta, apontando as implicações e as contradições de nossas respostas. O que Weiss fazia — e o que Sócrates fazia — não era nos ensinar os fatos. Eles fizeram algo muito mais importante. Eles nos ensinaram a pensar. É isso que a boa terapia faz.

Então o questionamento socrático é didático e uma questão de poder? Ou é uma forma de empoderamento que ensina o cliente a pensar, a refletir e a ver de outro ponto de vista? Entendo que seja o empoderamento do cliente solicitado a refletir. O objetivo é pensar sobre o pensamento, refletir sobre o sentir, dar um passo atrás e examinar por que seus pensamentos o levam a sentir e a agir de maneira que — na reflexão — pareça autodestrutiva. Sugiro que chamemos isso de *insight*. Na verdade, o método socrático é a ferramenta para engajar o *insight*, desenvolvê-lo e usá-lo para construir novas realidades e oportunidades.

A abordagem da terapia cognitiva deve muito à filosofia. De fato, acho que uma das melhores preparações para o método socrático é ler *A república*, de Platão. Assim como a melhor base para entender Albert Ellis é ler Epicteto. E, é claro, como ocorre com a maioria das outras coisas que importam na vida, a melhor descrição do modelo cognitivo pode ser encontrada em Shakespeare (*Hamlet*, Ato 2, Cena 2), em que nosso desanimado, ambivalente e autorreflexivo Hamlet observa:

> Então para você não é. Não há nada de bom ou mau sem o pensamento que o faz assim. Para mim é uma prisão. Bem, então não é uma prisão para você, já que nada é realmente bom ou ruim em si mesmo — tudo é uma questão de o que uma pessoa pensa sobre algo. Para mim, a Dinamarca é uma prisão.

Mas como podemos escapar da prisão em que nossos pensamentos podem funcionar como barreiras de contenção? Como nos libertamos?

Terapeutas geralmente gostam de se dividir em campos — assim como alguns religiosos que se acreditam portadores da verdade. Mas este livro, escrito por quatro psicólogos sofisticados e rigorosos, ajudará a libertar os leitores cujas mentes procuram se abrir para novas formas de pensar, novas curiosidades e novos desafios.

Na verdade, este livro é um *tour de force*. É um passeio intelectual pela paisagem de uma série de TCCs, abrindo novos caminhos e alcançando novas alturas. Quando conheci este livro, meu primeiro pensamento foi: existe algo de novo sob o sol na compreensão dos diálogos socráticos? E a resposta é "Sim!". E está aqui neste livro.

Qualquer pessoa interessada em uma reflexão séria sobre investigação psicológica em psicoterapia deveria lê-lo. E não apenas ler, mas refletir sobre ele. Mesmo as abordagens da terceira onda têm elementos socráticos — até abordagens comportamentais nos pedem para pensar, observar e extrair ideias. E, mesmo ao prescrever medicamentos, precisamos considerar o que o cliente está pensando sobre isso.

Não simplesmente entregamos uma solução aos clientes. Não dizemos ao cliente que sofre de anorexia: "Pegue este doce. Agora coma!". Precisamos entender de onde vem o cliente e qual é o significado da resistência, da recusa e, quando for o caso, até mesmo dos gestos suicidas. E precisamos ajudá-lo a refletir sobre seus pensamentos, suas emoções e seus comportamentos. Como Sócrates indicou em suas reflexões, a resposta reside no interior. Está lá para ser descoberta e desvendada. De fato, o método socrático reflete o radical latino da palavra "educação", que significa "conduzir para fora". O objetivo é tirar o sofrimento de seus hábitos de pensar e de agir. É elucidar o que era automático e, muitas vezes, autodestrutivo e demonstrar que existem diferentes maneiras de pensar, sentir e agir. De forma semelhante ao conceito de flexibilidade na terapia de aceitação e compromisso, este livro revela a necessidade de flexibilidade por parte de clientes e terapeutas. Ao demonstrar que, questionando nossas próprias ideias, podemos acessar novas ferramentas, os exemplos aqui reunidos ajudarão terapeutas de qualquer escola de TCC a encontrar novas maneiras de ajudar os clientes a se tornarem seus próprios terapeutas. Achei este livro encorajador, dadas as disputas territoriais anteriores entre as várias ondas que às vezes pareciam nos afogar.

Há muita sabedoria a ser adquirida nesta leitura. Está lá se você estiver curioso o suficiente para encontrá-la.

Robert L. Leahy, PhD
Diretor do American Institute for Cognitive Therapy
Ex-presidente da Association for Behavioral and Cognitive Therapies, da International
Association for Cognitive Psychotherapy e da Academy of Cognitive Therapy
Editor associado do *International Journal of Cognitive Therapy*
Presidente honorário vitalício da New York City Cognitive Behavioral Therapy Association
Professor clínico de psicologia do Departamento de Psiquiatria do
Weill Cornell University Medical College, New York Presbyterian Hospital

Prefácio

Este é o último livro de uma das séries mais populares publicadas pela Routledge em língua inglesa, Clinical Topics in Psychology and Psychiatry (CTPP). O objetivo geral da série é fornecer aos profissionais de saúde mental informações práticas sobre assuntos relacionados à psicologia e à psicofarmacologia. Cada livro, ainda que abrangente, é fácil de compreender e de integrar à prática clínica diária. Também é multidisciplinar, cobrindo tópicos relevantes para os campos da psicologia e da psiquiatria pertinentes a estudantes e profissionais iniciantes e experientes. Os livros escolhidos para a série são escritos ou organizados por especialistas nacionais e internacionais em suas respectivas áreas, e os colaboradores também são profissionais altamente respeitados. Este livro exemplifica a intenção, o escopo e os objetivos da série CTPP.

Em *Questionamento socrático para terapeutas*, Scott H. Waltman, R. Trent Codd III, Lynn McFarr e Bret A. Moore fornecem uma revisão completa de um dos aspectos mais importantes da TCC — o questionamento socrático. Esse método, também referido como descoberta guiada, tem sido apontado como uma das habilidades mais difíceis de serem aprendidas por terapeutas iniciantes no campo da TCC. Reconhecendo a importância de desenvolver proficiência nessa habilidade e os desafios inerentes à aprendizagem dessa técnica, os autores deste livro ensinam um modelo de quatro etapas para dominar a arte do questionamento socrático. O modelo inclui: (1) foco no conteúdo-chave; (2) desenvolvimento de uma compreensão fenomenológica da cognição; (3) estímulo de uma curiosidade colaborativa; e (4) criação de um resumo e de uma síntese. Ao longo do texto, os autores ilustram como esse modelo de quatro etapas se aplica a uma variedade de condições, abordagens de tratamento e estilos de profissionais. Por exemplo, o conteúdo é apresentado de forma simples e acessível, podendo interessar clínicos gerais, terapeutas ecléticos e clínicos da chamada "terceira onda". Os autores fazem um bom trabalho ao suavizar o jargão da psicologia e, quando são referenciados termos específicos que podem ser familiares a terapeutas experientes, mas não a profissionais em início de carreira, eles são habilmente explicados.

Estou convencido de que *Questionamento socrático para terapeutas* se tornará uma das principais referências na capacitação de clínicos para a aplicação efetiva desse método, porém mais ainda no treinamento de clínicos para se tornarem especialistas. Além disso, ajudará os profissionais já em atividade a aprimorarem suas habilidades e a se tornarem terapeutas mais eficazes e eficientes. Prevejo que este livro se tornará leitura obrigatória em programas de pós-graduação em psicoterapia de todos os tamanhos, formas e orientações teóricas.

Bret A. Moore
Doutor em Psicologia e membro da American Board of Professional Psychology
Editor da série Clinical Topics in Psychology and Psychiatry

Figuras, quadros e planilhas

FIGURAS

2.1	Estratégias compensatórias muitas vezes impedem novas aprendizagens e mantêm um conjunto de crenças	16
2.2	Mudando estratégias para promover nova aprendizagem	16
3.1	Modelo de aprendizagem experiencial de Kolb	40
3.2	Ciclo de ruminação-supergeneralização	45
3.3	Triângulo da TCC	49
4.1	Visão geral do diálogo socrático beckiano	58
4.2	Base revisada para questionamento socrático	59
5.1	Seta descendente	77
5.2	Seta descendente em branco	78
5.3	Seta lateral	79
5.4	Seta lateral em branco	80
6.1	Compreendendo a crença na crença	100
6.2	Panorama conceitual do modo de questionamento socrático	101
7.1	Esclarecendo a perspectiva	123
7.2	Expandindo a perspectiva	126
7.3	Panorama conceitual do modelo de questionamento socrático	129
7.4	Hipótese A/hipótese B	134
7.5	Diagrama simplificado de conceitualização de crenças funcionais	141
8.1	Panorama conceitual do modelo de questionamento socrático	151
9.1	*Checklist* de problemas comuns	164
9.2	É verdade e é útil?	170
9.3	Lidando com pensamentos discutivelmente verdadeiros	170
10.1	Panorama conceitual do modelo de questionamento socrático	175
10.2	Diagrama simplificado de conceitualização de crenças funcionais	177
10.3	Exemplo de camadas de registros de pensamento e experimentos comportamentais	178
10.4	Formulário de experimento comportamental	187

10.5	Exemplo de formulário de experimento comportamental	188
11.1	Mudança modal	197
11.2	Prós e contras das crenças centrais	201
11.3	Crença central A/crença central B	204
12.1	Registro de pensamento do método dialético socrático	226
12.2	Visão 3-D e dialética	227
15.1	Modelo de aprendizagem experiencial de Kolb	265
16.1	Registro de pensamento socrático.	275
16.2	Panorama do processo autossocrático	278

QUADROS

3.1	Estrutura da sessão de TCC	34
5.1	Dividindo a história	76
5.2	Identifique o pensamento quente	76
6.1	Estratégias para expressão sub e superemocional	103
6.2	Etapas do processamento emocional	103
6.3	Elementos de validação	108
7.1	Matriz de empirismo colaborativo	122
7.2	Ameaças à validade	127
7.3	Semelhanças entre distorções e crenças irracionais	136
15.1	Matriz de empirismo colaborativo	270
16.1	Semelhanças entre distorções e crenças irracionais	279

PLANILHAS

2.1	Diagrama simplificado de conceitualização de crenças funcionais	18
2.2	Diagrama aprofundado de conceitualização de crenças funcionais	19
2.3	Exemplo de um diagrama aprofundado de conceitualização de caso: Trisha	23
2.4	Exemplo de um diagrama simplificado de conceitualização de caso: Trisha	26
3.1	Estrutura da sessão e *handout* do plano	39
4.1	Registro de pensamento socrático	69
5.1	Planilha de focalização	83
5.2	Planilha de focalização: exemplo de Harold	95
10.1	Planilha de focalização	180
10.2	Registro de pensamento socrático	183
15.1	Matriz de classificação do diálogo socrático	271

Sumário

	Apresentação *Robert L. Leahy*	vii
	Prefácio *Bret A. Moore*	xi
1	Introdução: por que usar questionamento socrático?	1
2	Por que a aprendizagem corretiva não acontece automaticamente?	8
3	Começando	29
4	Uma base para o questionamento socrático: diálogo socrático beckiano	56
5	Foco no conteúdo-chave	71
6	Compreensão fenomenológica	98
7	Curiosidade colaborativa	120
8	Resumo e síntese	150
9	Solucionando problemas com as estratégias socráticas	162
10	Registros de pensamento, experimentos comportamentais e questionamento socrático	173
11	Trabalhando com crenças centrais e esquemas	194
12	Método socrático dialético: usando estratégias cognitivas e socráticas na terapia comportamental dialética para transtorno da personalidade *borderline*	207
13	Estratégias socráticas e a terapia de aceitação e compromisso	241
14	Estratégias socráticas para médicos e prescritores	252

15	Estratégias socráticas para o ensino de estratégias socráticas	263
16	O método autossocrático	273
	Índice	282

1

Introdução
Por que usar o questionamento socrático?

Scott H. Waltman

❖ O QUE VOCÊ VERÁ NESTE CAPÍTULO

Como um terapeuta se torna hábil no questionamento socrático?	2
Promovendo a mudança	4
Exemplo breve	4
Exemplo estendido	5
O que esperar do restante do livro	6

A noção de que a aprendizagem corretiva é essencial para a cura e o crescimento psicológico remonta às origens da psicoterapia (Alexander & French, 1946; Yalom, 1995). Esse fenômeno é comumente chamado de experiência emocional corretiva (Alexander & French, 1946; Yalom, 1995). De uma perspectiva integrativa, os elementos não biológicos de um transtorno psiquiátrico, muitas vezes, estão enraizados em uma crença patogênica subjacente (ver Silberschatz, 2013; Weiss, 1993). Provocar uma mudança nessa crença pode aliviar o sofrimento, levando a transformações saudáveis no afeto, no pensamento e no comportamento. Existem diferentes caminhos para mudar as crenças subjacentes: aprendizagem interpessoal em um ambiente de grupo (Yalom, 1995), experiência corretiva proporcionada pelo terapeuta em contraposição à aprendizagem precoce (Alexander & French, 1946; Silberschatz, 2013; Weiss, 1993), uso de questionamento e diálogo socrático para ajudar um cliente a ver as coisas de uma perspectiva diferente (Padesky, 1993) ou uso de questionamento socrático para canalizar o conhecimento inato, talvez de um inconsciente coletivo ou do campo espiritual (Peoples & Drozdek, 2017). Este livro se concentra no uso do questionamento socrático para a promoção direta de mudanças e no uso de estratégias socráticas para aprimorar os métodos experienciais/interpessoais de mudança.

Claro que Sócrates não era um terapeuta, e uma aplicação pura do método socrático com uma fidelidade perfeita não seria terapêutica (Kazantzis, Fairburn, Padesky, Reinecke, & Teesson, 2014). Este livro apresenta uma abordagem mais empática e colaborativa ao uso de estratégias socráticas em um contexto clínico. Esse método é integrado às boas práticas clínicas de maneira consistente com a base de evidências do que constitui uma terapia eficaz. O empirismo colaborativo descreve apropriadamente esse processo de usar estratégias colaborativas para se unir ao cliente na aplicação da curiosidade científica aos seus processos de pensamento (Tee & Kazantzis, 2011). *Diálogo socrático beckiano* ou *diálogo beckiano* também são descrições precisas do processo (ver Kazantzi et al., 2018).

Uma abundância de estratégias comprovadas de mudança cognitiva pode ser encontrada nas terapias cognitivas. O princípio básico subjacente à terapia cognitiva e às terapias cognitivas e comportamentais mais amplas é que a maneira como as pessoas pensam e dão sentido às suas vidas e às situações afeta o que elas fazem e, consequentemente, como elas se sentem (Beck, 1979; Waltman & Sokol, 2017). Assim, provocar mudanças na vida de uma pessoa é algo alcançado por meio de modificações na maneira como ela pensa. Esse processo é chamado de reestruturação cognitiva, e normalmente é mais complicado do que simplesmente fornecer uma reformulação ou uma explicação alternativa. Os métodos socráticos levam a uma mudança cognitiva mais profunda e duradoura e foram considerados preditivos da mudança dos sintomas (Braun, Strunk, Sasso, & Cooper, 2015) — essa relação permanece significativa mesmo após se controlar a variável da aliança terapêutica.

COMO UM TERAPEUTA SE TORNA HÁBIL NO QUESTIONAMENTO SOCRÁTICO?

Se você está com este livro em tela ou em mãos, provavelmente tem interesse em usar estratégias socráticas em ambientes clínicos. Você pode estar procurando melhorar sua própria prática ou pode estar procurando ferramentas para ajudar seus alunos a aprender esse valioso (ainda que complicado) conjunto de habilidades. Este livro é um excelente recurso para qualquer dessas situações. Coletivamente, treinamos vários milhares de terapeutas para utilizar efetivamente o questionamento socrático na terapia a fim de provocar mudanças cognitivas duradouras que se traduzem em mudanças emocionais e comportamentais. Melhoramos e refinamos nossos métodos ao longo do caminho, e este livro representa uma compilação das estratégias que consideramos mais eficazes em nosso próprio trabalho e na prática clínica dos clínicos que instruímos.

Então, como um terapeuta se torna proficiente no questionamento socrático? As pessoas aprendem bem por meio de métodos experienciais — aprender fazendo (Wenzel, 2019). No Capítulo 3, "Começando", revisaremos as quatro fases da aprendizagem experiencial de Kolb (1984): experiência concreta, observação reflexiva, conceitualização abstrata e experimentação ativa. Como em qualquer outra atividade, você deve ser capaz de correr riscos, de refletir, de melhorar e de persistir mesmo que inicialmente o processo não seja tão bom quanto gostaria.

Pode ser útil lembrar que Aaron Beck não começou sendo Aaron Beck, e Sócrates não começou sendo Sócrates. Você pode ser o próximo Aaron Beck/Sócrates ou, na verdade, seu nome pode se sustentar sozinho, já que você é o primeiro e único. À medida que aprendemos com nossos predecessores, descobrimos o valor da curiosidade e de ter uma mentalidade empírica. A curiosidade o levará muito longe nessa prática (Kazantzis et al., 2014), e cultivar uma curiosidade colaborativa ajudará você e seu cliente a ir além.

Uma pergunta comum dos terapeutas que estão aprendendo a usar as estratégias socráticas é sobre quais questionamentos serão mais eficazes para mudar a mente de seus clientes. Chegaremos lá, mas as primeiras questões a serem abordadas são a identificação do que avaliar, o significado emocional do alvo cognitivo e o modo como o cliente o vê de sua perspectiva. As melhores perguntas se baseiam em ter uma compreensão minuciosa do cliente e da situação. Se você puder ver a situação do ponto de vista dele, vocês poderão trabalhar para expandi-lo juntos.

O pragmatismo é outro atributo-chave a ser cultivado. Tenho boas lembranças de conversar sobre essa prática com Aaron Beck quando eu trabalhava para ele. Ele foi notavelmente pragmático em suas visões dos métodos socráticos e da modificação cognitiva. Ao discutir casos, ele tinha uma incrível capacidade de compreender rapidamente a essência da situação e formular uma hipótese do que pensava ser o conteúdo cognitivo-chave no qual se concentrar. Dependendo da complexidade do caso, era necessária muita criatividade. De forma consistente com os resultados de pesquisas sobre como os especialistas conduzem a psicoterapia (Solomonov, Kuprian, Zilcha-Mano, Gorman, & Barber, 2016), Beck estava apto a integrar estratégias que, para o observador, poderiam parecer ir além dos limites da terapia cognitiva tradicional — como estratégias interpessoais, focadas na emoção, baseadas em *mindfulness* e focadas em *insights*. Sempre que isso era apontado, ele costumava sorrir e dizer: "Se funcionar, é terapia cognitiva".

Da mesma forma, este livro representa uma abordagem inclusiva das estratégias socráticas, com foco naquilo que funciona. As estratégias cognitivas tradicionais são aprimoradas com elementos extraídos da terapia focada nas emoções, da terapia de aceitação e compromisso, da terapia comportamental dialética, da psicoterapia analítica funcional, da terapia do esquema e das tradições de psicoterapia existencial e humanista. Além disso, as estratégias são extraídas da lógica filosófica, epistemológica, formal e matemática, da gestão de negócios e do campo jurídico, de modo a construir uma estrutura robusta para o uso de estratégias socráticas, a fim de provocar mudanças cognitivas duradouras.

PROMOVENDO A MUDANÇA

As pessoas normalmente têm boas razões para acreditar no que acreditam — chegaram a essas conclusões honestamente. Nossa tarefa como terapeutas é nos alinharmos a nossos clientes, promover uma relação de confiança, desacelerar e esclarecer os processos cognitivos e comportamentais, e, em seguida, trabalhar em conjunto para promover mudanças. Isso pode ser mais facilmente dito do que feito. Nas últimas décadas, várias estratégias eficazes foram desenvolvidas para ajudar a promover mudanças cognitivas e comportamentais. Este livro oferece uma base para o uso de estratégias socráticas capazes de provocar essas mudanças.

Então, como um terapeuta promove a mudança cognitiva? O problema é que você não pode simplesmente dizer a alguém como pensar sobre uma situação. Tenho certeza de que todos já passamos por isso e podemos nos lembrar de um momento em que tentamos ajudar alguém a ver as coisas de uma perspectiva diferente, compartilhando a visão que pensávamos ser mais precisa — normalmente a nossa própria. Mas o que acontece é que, após semanas da mesma conversa, embora tenhamos dado às pessoas o que acreditamos ser a resposta certa, ela parece não funcionar. Assim, o objetivo do questionamento socrático é ajudar as pessoas a aprenderem a ver as situações de uma maneira diferente por conta própria. O pensamento é o seguinte: se elas puderem chegar a essas novas conclusões por conta própria, a nova perspectiva será mais impactante em suas vidas. Na terapia cognitiva, também há um foco em ajudar os clientes a aprender a chegar a essas novas conclusões por si mesmos, para que possam continuar esse processo sem nós. Em última análise, queremos que eles aprendam a ser seus próprios terapeutas (Beck, 2011).

EXEMPLO BREVE

Às vezes, uma única pergunta bem colocada pode funcionar muito bem e, outras vezes, o processo é muito mais demorado. Considere o exemplo de um jovem terapeuta que procurou terapia depois de sofrer um esgotamento emocional secundário à sua experiência de trabalhar com traumas de adolescentes no sistema de adoção. Esse terapeuta teve uma experiência precoce de parentalidade e sentiu imensa tristeza por não poder salvar o jovem com quem estava trabalhando. Sua terapeuta observou um paralelo entre suas primeiras experiências e suas dificuldades atuais e se perguntou que crenças ou atitudes desenvolvidas desde o início poderiam estar exacerbando sua situação atual. Ela percebeu uma cognição relacionada à responsabilidade de cuidar de outras pessoas e utilizou estratégias socráticas para avaliá-la. Algumas questões direcionadas sobre por que, quando criança, seu trabalho era cuidar da família e por que os membros adultos da família não se responsabilizaram mais foram suficientes para ajudar o jovem terapeuta a fazer as perguntas que ele nunca havia feito. Isso levou a atitudes mais razoáveis na esfera da responsabilidade pelos outros, à diminuição do esgotamento emocional e à melhora da eficácia clínica para o terapeuta.

EXEMPLO ESTENDIDO

Claro que nem sempre é tão fácil. Às vezes, uma crença subjacente excepcionalmente dolorosa ou contraproducente pode ser como um grande muro que foi construído tijolo por tijolo, isto é, experiência por experiência. Nesses casos, desmontar a crença e construir uma nova pode ser um processo gradual e contínuo. Considere o seguinte exemplo de um cliente com transtorno de estresse pós-traumático (Tept). Esse cliente cresceu em um ambiente emocionalmente imprevisível. Sua mãe tinha problemas com álcool e desregulação emocional; seu pai era abusivo. Ele relatou que academicamente se saiu bem na escola, mas teve dificuldades socialmente. Sua vida se tornou significativamente mais difícil na adolescência, quando decidiu se assumir *gay* para sua família, muito religiosa. Seu pai ocupou certo papel de liderança na igreja cristã que eles frequentavam, e o cliente experimentou várias invalidações, com diversos membros da congregação tentando pregar para "corrigi-lo". Esses primeiros esforços em uma terapia de conversão obviamente não mudaram sua orientação sexual, mas causaram-lhe muito sofrimento e levaram a um heterossexismo internalizado no qual ele passou anos trabalhando. Logo depois, seu pai se tornou física e emocionalmente abusivo em relação a ele, e isso continuou por anos.

Ele se formou em *marketing* e fundou uma empresa de muito sucesso. Conheceu um homem por quem se apaixonou e eles se casaram. Aproximadamente um ano antes de meu encontro com ele, seu parceiro experimentou seu primeiro episódio maníaco. Durante esse episódio, seu parceiro se tornou cada vez mais paranoico e errático; isso culminou com o homem mantendo-o em cativeiro e matando sua amada filha única na frente dele com uma faca de cozinha. Seu parceiro mais tarde foi preso e internado em uma instituição psiquiátrica estatal, depois de ser considerado inocente por motivo de insanidade ante acusações relacionadas ao evento traumático. Sem dúvida, o assassinato de sua filha foi extremamente angustiante, e o cliente acabou se culpando. Esse trauma horrível foi assimilado à sua crença anterior de que o mundo era perigoso. Ele se culpava por não ter sido capaz de prever que o desfecho aconteceria e por não ter sido capaz de impedi-lo.

Dizia a si mesmo que sabia que o mundo não era seguro e que tinha sido um tolo por baixar a guarda. Além disso, ele viu isso como uma falha moral. Ele dizia a si mesmo que, se tivesse sido uma pessoa melhor, teria conseguido impedir que os eventos acontecessem; em outras palavras, "Meu pai estava certo. Eu realmente sou uma má pessoa".

A mais angustiante de suas crenças associadas ao trauma estava relacionada à noção de que ele deveria ter sido capaz de antecipar e de impedir o que aconteceu. Por meio do uso de registros de pensamentos e questionamentos socráticos, trabalhamos incansavelmente nessas crenças. A noção de que ele deveria ter sido capaz de antecipar o trauma foi relativamente fácil de reavaliar. Sua culpa e sua ansiedade diminuíram pouco depois. A crença de que ele deveria ter feito algo para salvar sua filha era muito mais insidiosa. De forma consistente com a ênfase recente na literatura sobre foco atencional (Beck & Haigh, 2014), usamos recursos visuais para facilitar a descoberta guiada. Ele relatou que a intervenção mais impactante que usamos foi o quadro branco para mapear a casa e o que ele achava que faria diferente. Enquanto ele explicava seus cursos de ação alternativos hipotéticos, analisávamos o que seu parceiro teria feito de maneira diferente. Então, enquanto ele se questionava e apresentava o que, após meses de ruminação, emocionalmente parecia ser a "resposta certa", lançávamos mão dos cenários revisados para demonstrar que não havia uma opção realista que teria salvado sua filha. Ele relatou que isso o ajudou a ver que não havia literalmente nada que ele pudesse ter feito na situação e que, na realidade, ele teve sorte de ter escapado com vida. Após uma dose de terapia cognitiva, seus sintomas diminuíram, ele não preenchia mais os critérios diagnósticos para Tept e seu funcionamento no mundo real melhorou. Esse trabalho de usar estratégias socráticas para provocar mudanças cognitivas pode ser desafiador, mas as recompensas potenciais são enormes.

O QUE ESPERAR DO RESTANTE DO LIVRO

Os primeiros capítulos deste livro se concentrarão em por que as estratégias socráticas são necessárias e o que você, como terapeuta, pode fazer na sessão para criar as condições nas quais terá maior probabilidade de usar as estratégias socráticas de maneira eficaz. Em seguida, é apresentado um modelo de quatro etapas para o diálogo socrático beckiano. Cada etapa terá um capítulo dedicado e será revisada em detalhes e com amplos exemplos de casos. Os capítulos subsequentes se concentrarão em tópicos avançados, como solução de problemas, estratégias cognitivas e comportamentais específicas e trabalho com as crenças centrais. Serão apresentados tópicos de especialidade nas práticas mais atualizadas, por exemplo, o uso de estratégias socráticas com as terapias comportamentais contextuais, como a terapia de aceitação e compromisso (ACT, do inglês *acceptance and commitment therapy*) e a terapia comportamental dialética (DBT, do inglês *dialectical behavior therapy*). Além disso, são oferecidas considerações especiais aos capítulos sobre estratégias socráticas para clínicos prescritores e estratégias de treinamento para supervisores e instrutores clínicos. Este livro deve ser lido em ordem, mas você também pode pular capítulos de acordo com suas necessidades e preferências.

REFERÊNCIAS

Alexander, F., & French, T. M. (1946). *The corrective emotional experience. Psychoanalytic therapy: Principles and application*. New York: Ronald Press.

Beck, A. T. (1979). *Cognitive therapy and the emotional disorders*. New York: Meridian. Beck, A. T., & Haigh, E. A. P. (2014). Advances in cognitive theory and therapy: The Generic Cognitive Model. *Annual Review of Clinical Psychology, 10*, 1–24. doi:10.1146/annurev-clinpsy-032813-153734

Beck, J. S. (2011). *Cognitive behavior therapy: Basics and beyond* (2nd ed.). New York: Guilford Press.

Braun, J. D., Strunk, D. R., Sasso, K. E., & Cooper, A. A. (2015). Therapist use of Socratic questioning predicts session-to-session symptom change in cognitive therapy for depression. *Behaviour Research and Therapy, 70*, 32–37.

Kazantzis, N., Beck, J. S., Clark, D. A., Dobson, K. S., Hofmann, S. G., Leahy, R. L., & Wong, C. W. (2018). Socratic dialogue and guided discovery in cognitive behavioral therapy: A modified Delphi panel. *International Journal of Cognitive Therapy, 11*(2), 140–157.

Kazantzis, N., Fairburn, C. G., Padesky, C. A., Reinecke, M., & Teesson, M. (2014). Unresolved issues regarding the research and practice of cognitive behavior therapy: The case of guided discovery using Socratic questioning. *Behaviour Change, 31*(01), 1–17. doi:10.1017/bec.2013.29

Kolb, D. A. (1984). *Experiential learning: Experience as the source of learning and development.* Englewood Cliffs, NJ: Prentice-Hall.

Padesky, C. A. (1993). Socratic questioning: Changing minds or guiding discovery. Paper presented at the A keynote address delivered at the European Congress of Behavioural and Cognitive Therapies, London. Retrieved from: http://padesky. com/newpad/wpcontent/uploads/2012/11/socquest.pdf

Peoples, K., & Drozdek, A. (2017). *Using the Socratic method in counseling: A guide to channeling inborn knowledge.* New York: Routledge.

Silberschatz, G. (2013). *Transformative relationships: The control mastery theory of psychotherapy.* New York: Routledge.

Solomonov, N., Kuprian, N., Zilcha-Mano, S., Gorman, B. S., & Barber, J. P. (2016). What do psychotherapy experts actually do in their sessions? An analysis of psychotherapy integration in prototypical demonstrations. *Journal of Psychotherapy Integration, 26*(2), 202–216.

Tee, J., & Kazantzis, N. (2011). Collaborative empiricism in cognitive therapy: A definition and theory for the relationship construct. *Clinical Psychology: Science and Practice, 18*(1), 47–61.

Waltman, S., & Sokol, L. (2017). The Generic Cognitive Model of cognitive behavioral therapy: A case conceptualization-driven approach. In S. Hofmann & G. Asmundson (Eds.), *The science of cognitive behavioral therapy* (pp. 3–18). London: Academic Press.

Weiss, J. (1993). *How psychotherapy works: Process and technique.* New York: Guilford Press.

Wenzel, A. (2019). *Cognitive behavioral therapy for beginners: An experiential learning approach.* New York: Routledge.

Yalom, I. D. (1995). *The theory and practice of group psychotherapy.* New York: Basic Books.

2

Por que a aprendizagem corretiva não acontece automaticamente?

Scott H. Waltman

❖ O QUE VOCÊ VERÁ NESTE CAPÍTULO

Vieses cognitivos da psicologia social	9
O modelo cognitivo geral da TCC	10
Conceitualizando uma crença	11
Crenças fundamentais	11
Estratégias compensatórias	12
Regras e suposições	12
Filtros cognitivos	14
Planejando e usando a conceitualização da TCC para compor o tratamento	14
Diagrama de conceitualização de crenças funcionais	17
Ferramentas e estratégias durante a sessão	17
Exemplo de caso: Trisha	20
Resumo do capítulo	27

Uma revisão dos motivos por que a aprendizagem corretiva nem sempre acontece automaticamente é pertinente a uma discussão sobre o uso de estratégias socráticas para provocar mudanças cognitivas. Por que pessoas com familiares que as amam persistem na crença de que não são amáveis? Por que um jovem profissional começando um novo emprego que trabalhou duro para conseguir acredita ser um impostor ou um incompetente? Por que um perfeccionista que supera expectativas, com uma série de sucessos, pensa ser um fracasso? A resposta é que nossas expectativas tendem a orientar o que pensamos, como nos sentimos, o que fazemos e até como percebemos a realidade — tudo é mediado cognitivamente (ver Lorenzo-Luaces, German, & DeRubeis, 2015).

Esse princípio foi demonstrado com humor na mídia popular em um programa de televisão que apresentou um teste de sabor entre frutas cultivadas organicamente e de modo não orgânico (Jillette et al., 2009). Os participantes receberam dois pedaços de fruta e disseram qual foi cultivado organicamente. Consequentemente, eles descreveram a qualidade, o sabor e a textura das duas frutas como substancialmente diferentes. O apresentador então lhes mostrou que os dois pedaços haviam sido cortados da mesma fruta; por exemplo, uma única banana, cortada ao meio e apresentada como partes de duas bananas. Os participantes não conseguiram explicar por que as duas metades da mesma fruta tinham um sabor diferente para eles, mas sustentaram que suas experiências sensoriais foram distintas. Há uma série de princípios da psicologia social que ajudam a explicar esses resultados. Este capítulo fornecerá uma rápida revisão de conceitos relevantes da psicologia social, uma visão geral do modelo cognitivo atualizado, uma descrição da conceitualização cognitiva de casos, dicas rápidas para clínicos, um exemplo estendido de conceitualização cognitiva de casos e um exemplo de conceitualização colaborativa de casos em sessão.

VIESES COGNITIVOS DA PSICOLOGIA SOCIAL

Esses processos mentais incluem percepção seletiva, viés de confirmação, vieses de memória e profecias autorrealizadoras (Plous, 1993). A percepção seletiva é nossa tendência de ver o que esperamos ver e ignorar o que não esperamos ver. Esse construto se sobrepõe ao viés de confirmação (Nickerson, 1998), em que as pessoas (intencionalmente ou não) prestam seletivamente atenção a evidências que confirmam suas expectativas, reconhecem um peso excessivo nelas e podem até interpretar erroneamente algumas evidências para confirmar seus vieses (Nickerson, 1998).

Esses processos cognitivos são ilustrados por uma citação do influente livro *Opinião pública*, de Walter Lippman (2017): "Na maior parte dos casos nós não vemos em primeiro lugar para então definir, nós definimos primeiro e então vemos". O autor prossegue: "[As pessoas] vivem no mesmo mundo, mas pensam e sentem em mundos diferentes". Vários experimentos de psicologia social demonstraram esse princípio (Plous, 1993) e, de forma objetiva, ele também é facilmente observável no ambiente geopolítico atual. Se você refletir sobre a última controvérsia política (seja ela qual for), certamente constatará que houve coberturas e interpretações marcadamente diferentes da situação. Uma pessoa lendo vários relatos das mídias pode se perguntar se os repórteres estão cobrindo o mesmo evento.

É difícil encontrar um terreno comum quando vieses cognitivos levam a diferentes realidades de consenso.

Outros fatores complicadores incluem a falta de confiabilidade da memória humana. No passado, as pessoas comparavam nossa memória a um computador, onde um arquivo é codificado, armazenado e recuperado. Essa é uma comparação excessivamente generosa para a mente humana, pois muitas vezes aquilo que é recuperado não é o que foi inicialmente armazenado (Plous, 1993). Um modelo mais recente compara a memória humana com algo semelhante a uma pilha de compostagem (Randall, 2007), em que as memórias se sobrepõem, se degradam e se misturam. Embora uma metáfora perfeita para a memória humana ainda esteja sendo buscada, a descoberta de que as memórias nem sempre são confiáveis está bem estabelecida (Foley, 2015; Plous, 1993). Isso talvez seja mais bem demonstrado pelo fenômeno das memórias impossíveis, em que as pessoas formam memórias com base em eventos que não poderiam ter acontecido (Foley, 2015). Além disso, a crença em falsas memórias pode persistir mesmo diante de evidências contraditórias (Foley, 2015).

Outro conceito da psicologia social que é importante revisar é algo chamado profecia autorrealizadora. A ideia é a de que as expectativas moldam o comportamento, que, por sua vez, pode moldar o resultado — possivelmente fazendo com que as expectativas se realizem (Plous, 1993). Isso é bem demonstrado por um estudo seminal em que os professores foram levados a acreditar que uma amostra aleatória de seus alunos era de fato superdotada ou tinha um potencial maior do que o de seus colegas. Em um acompanhamento de oito meses, esses alunos melhoraram a uma taxa maior do que a de seus pares. Essa descoberta foi explicada pelas expectativas do professor em relação aos alunos, levando ao aumento da atenção, dos elogios e do encorajamento aos alunos selecionados aleatoriamente (Rosenthal e Jacobson, 1968). Assim, a "profecia" se autorrealizou, e podemos ver que nossas expectativas impactam não apenas o modo como percebemos, mas também aquilo que fazemos, e ambas as coisas podem nos levar a moldar a realidade factual e percebida para confirmar as expectativas preexistentes. Esses achados da psicologia social são consistentes com o modelo cognitivo-comportamental, também chamado de modelo cognitivo geral (Beck & Haigh, 2014; Waltman & Sokol, 2017).

O MODELO COGNITIVO GERAL DA TCC

O princípio básico do modelo cognitivo geral é que a percepção de uma situação influencia diretamente a emoção, a fisiologia e o comportamento (Beck, 1963 e 1964). Essa ideia não é exclusiva da terapia cognitivo-comportamental (TCC). Ellis foi rápido em apontar que o filósofo estoico Epicteto escreveu "As pessoas não se incomodam com as coisas, mas com as opiniões que têm a respeito das coisas" (Epicteto, 125, citado em Ellis & Harper, 1961). Isso é sustentado pela ciência básica e pela pesquisa de resultados clínicos (ver Lorenzo-Luaces, German, & DeRubeis, 2015).

O modelo cognitivo geral sustenta que os pensamentos específicos da situação ou os pensamentos automáticos em geral surgem de forma espontânea, costumam ser breves e fugazes, assumem a forma de um pensamento ou imagem e são considerados verdadeiros sem reflexão ou avaliação. Esses pensamentos automáticos derivam de um sistema de crenças subjacente e influenciam o modo como nos sentimos e o que fazemos. Enquanto os terapeutas da TCC podem visar diretamente à mudança de comportamentos (Barlow et al., 2010; Meichenbaum & Goodman, 1971) usando estratégias focadas na emoção (Leahy, 2018), as estratégias de mudança cognitiva são ferramentas clínicas valiosas que podem mudar os sistemas de crenças e as crenças e respostas emocionais correspondentes (Waltman & Sokol, 2017). Como a TCC possui uma tradição robusta de pesquisa e investigação científica, o modelo cognitivo geral da TCC foi revisado e refinado ao longo dos anos (Beck & Haigh, 2014).

Um avanço no modelo cognitivo é a inclusão de algo chamado modos (Beck & Haigh, 2014). Os modos podem ser entendidos como a ativação do esquema (um padrão de pensamento) e as estratégias de enfrentamento/compensação associadas. A ativação modal descreve o estado emocional, cognitivo e comportamental atual de uma pessoa (Fassbinder, Schweiger, Martius, Brand-de Wilde, & Arntz, 2016).

O conceito de modos foi introduzido pela primeira vez na literatura da terapia do esquema para explicar as rápidas mudanças na apresentação de clientes com transtorno da personalidade *borderline*. Os terapeutas do esquema observaram que, quando se desregulam, esses clientes têm padrões de pensamento extremos, alta ativação emocional e se envolvem em comportamentos impulsivos (ver Fassbinder et al., 2016). Alternativamente, quando regulados, seu pensamento não é extremo, suas emoções não são elevadas e seu comportamento não é impulsivo. Essas diferentes apresentações representam estados modais distintos (Fassbinder et al., 2016). À medida que o modelo cognitivo geral foi revisto ao longo dos anos, outros modos foram identificados (p. ex., o modo depressivo; Beck & Haigh, 2014). Clinicamente, esse conceito é bastante útil quando seu cliente apresenta grande variabilidade em suas apresentações. Quando uma apresentação clínica inclui modos em extremos relativos (p. ex., supercontrole e subcontrole), o objetivo do tratamento pode ser promover um modo mais equilibrado.

Outro avanço no modelo cognitivo geral é a continuidade entre a função adaptativa e a mal-adaptativa (Beck & Haigh, 2014); ou seja, as pessoas não têm apenas crenças centrais negativas ou mal-adaptativas, mas também crenças positivas e adaptativas. Portanto, clinicamente nos esforçamos não apenas para atingir as crenças que estão associadas ao sofrimento e à disfunção, mas também para construir crenças saudáveis previamente existentes. Essa prática é bem demonstrada por meio da TCC baseada em pontos fortes, em que há uma avaliação e um direcionamento dos alvos tradicionais do tratamento (ou seja, crenças e comportamentos desadaptativos) e uma promoção de pontos fortes e crenças adaptativas (Padesky & Mooney, 2012).

CONCEITUANDO UMA CRENÇA

Crenças centrais

A TCC é uma teoria de aprendizagem, e as crenças centrais são as ideias que formulamos sobre os outros, sobre o mundo e sobre nós mesmos ao longo do tempo, por meio de nossas experiências e das percepções de nossas experiências. Essas ideias podem ser positivas ou negativas e normalmente são aceitas como verdades absolutas, independentemente de sua validade. Muitas vezes, as crenças centrais negativas são generalizações exageradas de verdades parciais e, às vezes, são um reflexo do completo oposto da verdade factual. Enquanto os pensamentos automáticos refletem a visão sobre uma determinada situação, as crenças centrais são ideias mais globais que existem independentemente de qualquer situação.

As crenças centrais negativas sobre si mesmo geralmente se enquadram em dois temas principais, competência ou conveniência (Dozois & Beck, 2008). Uma pessoa pode ter crenças em ambos os domínios ou pode endossar mais fortemente visões negativas sobre si mesma em apenas um domínio. Exemplos de rótulos de crenças centrais que refletem a incompetência são os seguintes: eu sou incompetente; eu sou um fracasso; eu sou fraco; eu não sou suficientemente bom; eu sou inferior; eu sou burro. Exemplos de rótulos de crenças centrais que refletem indesejabilidade são os seguintes: eu sou indesejável; eu não sou atraente; eu não sou amado; eu sou desagradável; eu estou mal; eu sou inútil. É possível abraçar uma ou muitas crenças globais negativas sobre si mesmo. Essas crenças centrais podem sempre prevalecer, influenciando todas as situações que a pessoa enfrenta, ou apenas governar quando a pessoa está enfrentando uma situação difícil ou desafiadora, ou lutando com um transtorno psicológico, como depressão ou ansiedade. O modelo cognitivo geral explica isso sustentando que certas crenças ou esquemas podem, às vezes, estar inativos, mas ser desencadeados ou energizados sob certos estressores (Beck & Haigh, 2014); por exemplo, o fim repentino de um relacionamento romântico pode ativar crenças anteriormente adormecidas de não ser amado ou de ser um fracasso.

Estratégias compensatórias

Os comportamentos são outro componente importante na conceitualização. De acordo com o conceito de profecia autorrealizadora (Rosenthal & Jacobson, 1968), comportamentos associados a crenças centrais podem levar a resultados que reforçam essas crenças. Por exemplo, considere um homem com a crença de que é fraco e vulnerável e uma suposição de que o mundo é um lugar perigoso. Se ele reagir sendo rápido em detectar um desrespeito, rápido em ficar com raiva e rápido em brigar, provavelmente receberá agressão em troca. Isso só reforçaria suas suposições. As estratégias compensatórias podem ser consistentes com a crença (ou seja, o sujeito as realiza porque acredita que a crença é verdadeira), supercompensatórias (ou seja, o sujeito faz tentativas desesperadas de provar que a crença está errada) ou evitativas (ou seja, o sujeito tenta evitar a crença esquivando-se de situações em que ela possa ser ativada) (Young, 1999).

Regras e suposições

Entre pensamentos automáticos, específicos de uma situação, e crenças centrais mais abrangentes, estão o que chamamos de regras ou suposições. Regras são ideias universais que as pessoas têm sobre si mesmas, sobre os outros ou sobre o mundo, como as seguintes: as coisas nunca vão dar certo para mim; todos os outros são capazes; o mundo é um lugar perigoso. Suposições são declarações condicionais que ligam estratégias comportamentais a crenças centrais. Elas são enquadradas em um formato "se comportamento, então resultado" e normalmente são uma maneira de conectar o que uma pessoa tem medo de que aconteça e o que ela está fazendo para evitar esse prejuízo percebido.

- Por exemplo, uma pessoa com crenças sobre incompetência pode ser cautelosa em correr riscos por medo de que uma falha prove que ela é incompetente. Essas pessoas provavelmente aprenderiam a evitar coisas difíceis nas quais poderiam fracassar ou a desistir ao primeiro sinal de fracasso — porque desistir é menos doloroso do que fracassar para esses indivíduos. Uma pessoa assim provavelmente desenvolveria a seguinte suposição condicional: "Se eu tentar, então vou falhar; mas, se eu não tentar, então não haverá falha".
- Alternativamente, uma pessoa com uma crença central semelhante, mas uma resposta comportamental supercompensatória, pode ter a ideia de que deve realizar grandes coisas e correr riscos, caso contrário as pessoas a verão como incompetente. Essa pessoa pode desenvolver a suposição condicional: "Se eu não conseguir, então as pessoas verão como sou incompetente; mas, se eu me esforçar mais e me empenhar o máximo que puder, então talvez possa impedir que as pessoas percebam que sou completamente incompetente".

Estes são outros exemplos de suposições condicionais:

- "Se eu disser a outras pessoas o que quero, então ficarei vulnerável a prejuízos; mas, se eu guardar para mim, então talvez eu fique bem."
- "Se eu me permitir ficar triste, então sou fraco; mas, se eu evitar meus sentimentos, então não terei que me sentir fraco."
- "Se eu deixar as pessoas realmente me conhecerem, então elas verão o quão terrível eu sou e me deixarão; mas, se eu mantiver meus relacionamentos realmente superficiais/focar em cuidar de outras pessoas, então talvez ninguém perceba o quão ruim eu sou."
- "Se eu disser não, então eles não vão gostar de mim; mas, se eu sempre concordar e disser sim, então as pessoas vão gostar de mim."

As suposições condicionais representam um ponto estratégico de intervenção, pois demonstram como as crenças e os comportamentos se encaixam. Visar tanto à crença quanto ao comportamento correspondente pode ser especialmente importante quando o comportamento é uma estratégia de evitação. Tome o exemplo da pessoa que tem medo de falhar e por isso não corre riscos nem tenta coisas difíceis. Se você avaliasse a evidência da incompetência percebida junto a uma pessoa assim, não haveria muitas experiências úteis das quais se valer para demonstrar a competência dela. Da mesma forma, tome o exemplo da pessoa que tem medo de que as outras não gostem dela se ela recusar seus pedidos. Se ela nunca disser "não", então haverá um conjunto limitado de experiências para examinar.

Filtros cognitivos

O modelo cognitivo geral atualizado enfatiza o papel dos processos de atenção e dos filtros mentais na manutenção de um conjunto de crenças (Beck & Haigh, 2014), embora textos seminais sobre o tema também abordem isso (Beck, 2011; Padesky, 1994). Judy Beck (2011) refere-se a esse processo mental como o modelo de processamento de informações no qual as pessoas atentam seletivamente para informações negativas que confirmam suas crenças centrais e ignoram ou interpretam erroneamente informações positivas que não confirmariam seu conjunto de crenças. Outros usam a metáfora de um "triturador mental", imperceptível à nossa consciência, que "tritura" ou molda experiências discrepantes para serem consistentes com crenças preexistentes (Butler, Fennell, & Hackmann, 2010). Considere o exemplo de um homem que acreditava ser uma má pessoa e que, no início da sessão, contou como se sentia mal por ter mandado o veterinário fazer a eutanásia de seu cachorro mais cedo naquele dia. Para esse homem, isso era mais uma evidência do sujeito miserável que ele era; no entanto, havia muito contexto que ele estava deixando de lado. Ao discutir a situação com ele, o terapeuta descobriu que o cachorro havia sido um cão resgatado e que esse cliente tinha uma propensão a receber esses animais, geralmente focando aqueles que ninguém mais aceitaria. O cão em questão sofria de uma condição neurológica degenerativa que o tornava violento e imprevisível. Esse homem havia exaurido todas as opções médicas e não tinha mais condições de abrigar o cão de forma segura em sua casa.

Ele entrou em contato com vários protetores para verificar se alguém poderia levar o cão e não teve sucesso. A decisão de sacrificar o cão foi sua última opção e foi fortemente recomendada pelo veterinário. Para o observador objetivo, esse exemplo não evidencia que o cliente é uma pessoa completamente má, então por que ele via essa situação como uma evidência de que ele era uma má pessoa? Isso ocorria porque ele estava atentando seletivamente apenas aos elementos da história que eram consistentes com sua crença anterior e estava distorcendo as informações para se adaptarem à sua suposição.

Existe um eufemismo popular sobre ver o mundo através de lentes cor-de-rosa, o que significa ter uma visão excessivamente positiva de uma situação. Da perspectiva da TCC, as pessoas veem o mundo através de lentes esquemáticas que filtram as informações de uma maneira que confirma seus vieses (ver Nickerson, 1998).

PLANEJANDO E USANDO A CONCEITUALIZAÇÃO DA TCC PARA COMPOR O TRATAMENTO

Foram desenvolvidos vários métodos diferentes para formar a conceitualização de caso. O diagrama de conceitualização cognitiva (DCC), de Judy Beck, está entre os mais populares (ver Beck, 2011). Outros métodos comumente usados incluem um desenvolvido por Persons (2012), que é semelhante ao DCC. Padesky e Mooney (2012) modificaram a forma de conceitualização de casos colaborativa para incorporar fatores de força e resiliência, e Moorey (2010) desenvolveu um formato de conceitualização de "flor viciosa", usado para desenhar o ciclo de pensamentos, crenças, comportamentos e outros fatores envolvidos na manutenção das dificuldades de um cliente. Vale destacar que mesmo as melhores conceitualizações de caso são hipóteses (suposições informadas), e os terapeutas estão propensos aos mesmos erros de julgamento e de percepção que todos os outros (ver Ruscio, 2007). Portanto, é importante tratar sua conceitualização de caso como uma hipótese de trabalho em que você está procurando informações confirmatórias e não confirmatórias para ajudar a refinar sua formulação ao longo do tempo.

Independentemente do formato específico usado para ajudar a construir uma conceitualização cognitiva de caso, há uma série de elementos comuns, que compreendem as situações problemáticas atuais do indivíduo, seus pensamentos, sentimentos e comportamentos correspondentes e as crenças subjacentes que os estão conduzindo. O terapeuta da TCC emprega uma abordagem estratégica e está mais interessado no que está mantendo esses conjuntos de crenças; portanto, um objetivo principal da conceitualização de caso é verificar como as crenças subjacentes estão impactando os pensamentos e comportamentos atuais e como os estilos cognitivos atuais fortalecem e reafirmam crenças centrais ativamente sustentadas e suposições subjacentes. Por exemplo, considere a suposição mencionada anteriormente: "Se eu tentar, então vou falhar; mas, se não tentar, então não posso falhar". Esse tipo de suposição provavelmente corresponderia a crenças centrais de incompetência e estratégias comportamentais de evitar tarefas difíceis e de desistir ao primeiro sinal de fracasso. Esse tipo de padrão tende a ficar cada vez mais forte ao longo do tempo. Esses indivíduos provavelmente sentem vergonha e tristeza ao ter pensamentos sobre sua inadequação: "Eu sou um fracasso"; "Não consigo fazer nada direito"; "Não tenho nada de que me orgulhar em minha vida". Consequentemente, eles não correm muitos riscos — por que tentar se você tem certeza de que vai falhar? Portanto, eles têm um baixo nível de realização em sua vida, o que interpretam como evidência de que são incompetentes. "Claro, sou um fracasso; não consegui nada na minha vida." Isso leva a mais pensamentos sobre sua inadequação e mais evitação comportamental.

É um ciclo. E um terapeuta cognitivo buscaria romper esse padrão usando estratégias cognitivas e experimentos comportamentais. De forma correspondente, há uma série de potenciais alvos de intervenção e oportunidades para estratégias socráticas.

Às vezes, o padrão é menos óbvio. Imagine uma profissional altamente bem-sucedida com um medo constante de falhas. Ela tem diversas realizações tanto em sua vida pessoal quanto em sua vida profissional; ainda assim, por que ela vive atormentada com pensamentos e previsões de fracasso? É porque seu estilo de processamento de informações não permite que ela forme crenças mais equilibradas sobre sua competência e seu sucesso. Enquanto crescia, grandes expectativas foram colocadas sobre si e ela aprendeu que mesmo pequenos erros podem gerar críticas. Isso a levou a desenvolver uma suposição rígida: "Se eu cometer um erro, então os outros verão como sou incompetente. Mas, se eu trabalhar o máximo que puder, mais do que qualquer outra pessoa, talvez não percebam que sou incompetente e me mantenham por perto por enquanto". Esse processo de pensamento levou a uma grande produtividade e a diversas realizações, nenhuma das quais ela foi capaz de desfrutar, pois estava constantemente preocupada em ser descoberta como o fracasso que ela tinha certeza de ser. Esse viés de atenção a levou a se fixar em pequenos

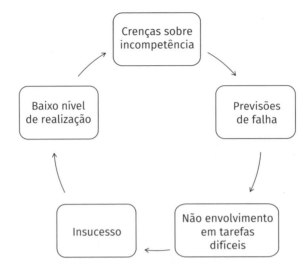

FIGURA 2.1 Estratégias compensatórias muitas vezes impedem novas aprendizagens e mantêm um conjunto de crenças.

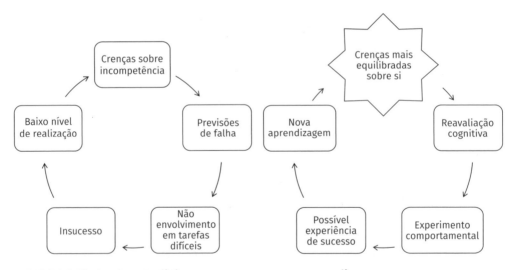

FIGURA 2.2 Mudando estratégias para promover nova aprendizagem.

erros, perdendo o quadro geral. Um terapeuta cognitivo menos sofisticado pode tentar abordar suas crenças sobre incompetência concentrando-se em suas realizações. Uma abordagem mais sutil seria perguntar: "Por que ela ainda pensa ser um fracasso dado seu sucesso?". Em outras palavras, "Por que esse problema não foi resolvido sozinho?". Esse é o alvo principal do tratamento. Nesse caso, a estrutura cognitiva-chave a ser atingida é seu pensamento de tudo ou nada relacionado a como ela define o sucesso e a quão humana ela pode ser até fracassar.

DIAGRAMA DE CONCEITUALIZAÇÃO DE CRENÇAS FUNCIONAIS

Na discussão anterior, revisamos como as crenças de uma pessoa influenciam o modo como ela pensa e o que ela faz; e isso, por sua vez, influencia o que acontece e como ela percebe o que acontece. Todos esses fatores podem criar um ciclo de *feedback* que, em última análise, fortalece a crença preexistente. Traçar esse ciclo pode ajudar o clínico a entender como a crença está sendo mantida e identificar pontos estratégicos de intervenção. Se esse ciclo for concluído de forma colaborativa (e flexível), também pode servir como intervenção na sessão que ajuda o cliente a mentalmente dar um passo atrás para ver o ciclo no qual está preso e criar motivação para fazer algo novo. Já existe uma série de diagramas e formatos de conceitualização de caso de alta qualidade (p. ex., Beck, 2011; Moorey, 2010; Padesky & Mooney, 2012; Persons, 2012), todos reconhecidos por sua excelência e sua utilidade clínica. Apresentamos um novo formato baseado nos diagramas existentes e na literatura revisada até aqui.

O propósito específico do novo diagrama de conceitualização de caso é traçar o padrão que leva ao reforço da crença preexistente — o que está mantendo o problema? Este é um formato simplificado e não pretende ser um substituto para diagramas de conceitualização mais extensos. Em compensação, o diagrama simplificado de conceitualização de crenças funcionais que apresentamos pode ser usado colaborativamente na sessão. Historicamente, tem havido cautela com o uso de formulários alternativos e mais complicados de conceitualização de caso na sessão, pois o cliente pode sentir que você está tentando colocá-lo em uma caixa (Beck, 2011); inversamente, essa nova forma simplificada é uma análise funcional da crença e do seu impacto. Ela implica uma tarefa mais simples (e menos cansativa) do que a de tentar encaixar plenamente uma pessoa em um único formulário durante a sessão. Apresentamos também um diagrama aprofundado para ajudar o clínico a pensar sobre o caso fora da sessão.

FERRAMENTAS E ESTRATÉGIAS DURANTE A SESSÃO

Há uma série de perguntas que os terapeutas podem se fazer para orientar esse processo, incluindo:

- Qual é a crença subjacente?
- Que tipos de situações podem ativar essa crença?
- Qual é o resultado previsto? / Se essa crença fosse verdadeira, o que o cliente prevê que aconteceria nessas situações?
- Como alguém se comportaria se essas previsões fossem verdadeiras?
- Como as pessoas podem tentar compensar essa crença?
- Como as pessoas podem evitar situações que ativam a crença?
- Quais são as consequências do comportamento observado?
- Quais são as consequências a curto prazo?

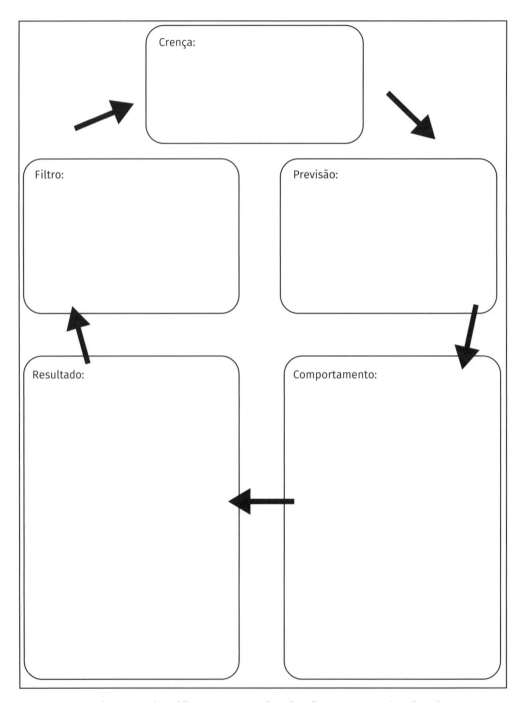

PLANILHA 2.1 Diagrama simplificado de conceitualização de crenças funcionais.

© Waltman, S.H.; Codd, R.T. III; McFarr, L.M; Moore, B. A. Socratic Questioning for Therapists and Counselors: Learn How to Think and Intervene like a Cognitive Behavior Therapist. New York, NY: Routledge, 2021.

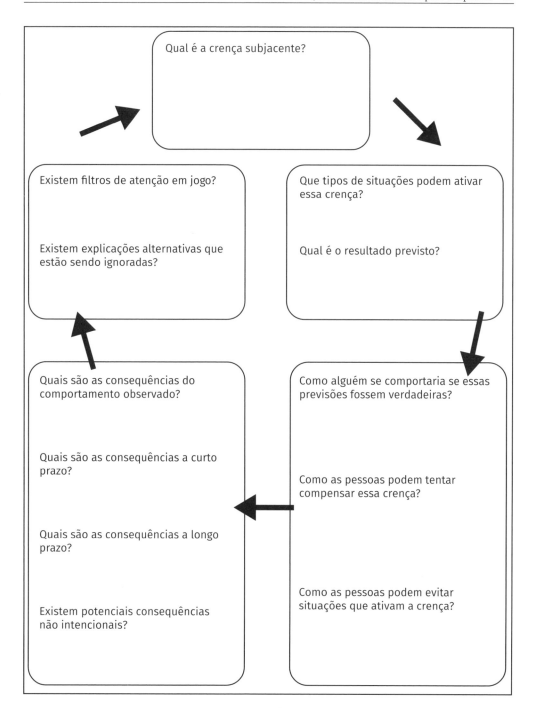

PLANILHA 2.2 Diagrama aprofundado de conceitualização de crenças funcionais.

© Waltman, S.H.; Codd, R.T. III; McFarr, L.M; Moore, B. A. Socratic Questioning for Therapists and Counselors: Learn How to Think and Intervene like a Cognitive Behavior Therapist. New York, NY: Routledge, 2021.

- Quais são as consequências a longo prazo?
- Existem potenciais consequências não intencionais?
- Existem filtros de atenção em jogo?
- Existe evidência de viés de confirmação, filtro seletivo ou profecia autorrealizadora?
- Existem explicações alternativas que estão sendo ignoradas?
- Existe contexto para as evidências que esteja sendo ignorado?
- Existem fatores ainda a serem identificados?
- Que fatores têm levado à manutenção dessa crença?
- Como tudo isso se encaixa?
- Objetivamente, como podemos fazer um mapeamento?

A seguir, um exemplo de como isso pode se dar na prática.

EXEMPLO DE CASO: TRISHA

Trisha (pseudônimo) é uma mulher latina cisgênero heterossexual de 50 anos de idade. Apresentou-se à terapia com queixas a respeito de sintomas de depressão e ansiedade. Ela tem histórico de transtorno de déficit de atenção/hiperatividade (TDAH), fazia psicoterapia de forma intermitente e tinha idas e vindas no uso da sua medicação. Sua principal preocupação era: "Eu simplesmente não consigo tomar jeito. Tenho estado uma bagunça desde que meu pai faleceu, há mais ou menos uma década. Não sei o que há de errado comigo". Ela relatou que sua educação foi normal, tendo crescido sem problemas e percebendo sua vida como bem organizada. Foi observado em sessão que Trisha se desculpava e parecia envergonhada sempre que manifestava emoções negativas, como a tristeza que sentia em relação ao falecimento do pai. Isso levou a uma discussão a respeito da maneira como as pessoas lidavam com emoções e com a tristeza na sua infância, e ela compartilhou a visão de que ninguém nunca estava triste. Depois de mais algumas perguntas minuciosas, ela esclareceu: "ao crescer, não era OK não estar OK", apontando algumas regras familiares tácitas sobre emoções.

Suas dificuldades atuais eram tipificadas por sua rotina matinal. Ela acordava, percebia-se ansiosa e deprimida e ficava desanimada pelo resto do dia. Seus processos de pensamento foram esclarecidos como uma série de autojulgamentos e previsões pessimistas. Ela se castigava por ser tão fraca e emotiva, e "simplesmente sabia" que o dia seria terrível e que ela não seria capaz de fazer nada. Esses pensamentos levavam a sintomas secundários de depressão, ansiedade e culpa — ficar deprimida por estar deprimida (ver Ellis & Harper, 1961). Consequentemente, ela tinha um dia improdutivo em que ruminava principalmente sobre o quão terrível ela era e como não conseguia fazer nada certo. No final do dia, ela refletia sobre o quão "horrível" havia sido, dizia a si mesma que deveria estar fazendo mais do que estava fazendo, e tentava usar uma conversação interna repreensiva para se forçar a sair da rotina. Ela estava tão exausta desse ciclo que se afastou de atividades anteriormente apreciadas e sua depressão só piorou. Isso prosseguiu por alguns anos.

O terapeuta fez a si mesmo estas perguntas para ajudar a desenvolver uma conceitualização da apresentação e das crenças de Trisha:

Questionamento socrático para terapeutas **21**

- Qual é a crença subjacente? *No início, ainda estamos identificando a crença precisa, mas crenças sobre incompetência são pronunciadas. Ela também parece ter uma regra ou uma suposição sobre as emoções em geral.*
- Que tipos de situações podem ativar essa crença? *Esse pensamento é ativado pela manhã quando ela pensa em seu dia e no final de seu dia quando ela reflete sobre tudo o que não realizou. Esse padrão vem ocorrendo há anos e pode haver outras situações evitadas que ainda não foram identificadas.*
- Qual é o resultado previsto? / Se essa crença fosse verdadeira, o que o cliente prevê que aconteceria nessas situações? *De manhã, ela prevê que terá um dia terrível e não realizará nada.*
- Como alguém se comportaria se essas previsões fossem verdadeiras? *Assim como ela. Presume-se o fracasso e a incompetência e, como resultado, tem-se baixa produtividade. Ela também passa horas ruminando sobre essa crença.*
- Como as pessoas podem tentar compensar essa crença? *As pessoas podem exagerar e trabalhar em ritmos insustentáveis ou estabelecer metas inatingíveis. No início da vida, ela fez um pouco disso, mas depois da morte de seu pai houve menos supercompensação.*
- Como as pessoas podem evitar situações que ativam a crença? *Evitando situações em que possam falhar ou provar que são incompetentes.*
- Quais são as consequências do comportamento observado? *Ela fica dispersa e exausta da ruminação, o que a torna menos produtiva e menos eficaz.*
- Quais são as consequências a curto prazo? *Exaustão, desânimo, aumento da angústia, evitação de tarefas difíceis.*
- Quais são as consequências a longo prazo? *Baixo nível de realização, depressão crônica, crenças arraigadas sobre si mesma.*
- Existem potenciais consequências não intencionais? *Ela está tão cansada de ruminar sobre ser incompetente que mal tem energia para fazer qualquer coisa. Às vezes, ela é capaz de se repreender para fazer algo, mas o efeito cumulativo de sua autodepreciação é que seu pensamento sobre si mesma se torna cada vez mais extremo.*
- Existem filtros de atenção em jogo? *Sim, ela ignora por completo todas as coisas que faz corretamente.*
- Existe evidência de viés de confirmação, filtro seletivo ou profecia autorrealizável? *Acredito que todos podem estar em jogo, exemplificados por sua previsão pela manhã de que será um dia terrível e por sua conclusão no final do dia de que ela estava certa.*
- Existem explicações alternativas que estão sendo ignoradas? *Problemas de luto não resolvidos? Ela se comporta como se fosse incompetente e, portanto, acredita que é.*
- Existe contexto para as evidências que esteja sendo ignorado? *Sim, suas relações com suas emoções parecem ser importantes. Se ela acha que não é certo se sentir triste, isso só vai levar a emoções mais angustiantes. Essencialmente, parece ser uma armadilha.*
- Existem fatores ainda a serem identificados? *Certamente. Dada sua evitação de emoções, tenho certeza de que há fatores que não estamos percebendo e que esperamos que surjam conforme o tratamento progride.*
- Que fatores têm levado à manutenção dessa crença? *Comportamento de ruminação e crenças sobre emoções.*

- Como tudo isso se encaixa? *Parece que há uma tristeza natural pela morte de seu pai e uma dificuldade em expressar e tolerar essa emoção. Ela tem medo e vergonha de seus sentimentos, o que acaba gerando mais angústia e uma infelicidade agravada. Ela internalizou mensagens iniciais sobre "não ser OK não estar OK" e, correspondentemente, é dada a ruminação excessiva sobre o quão inaceitável e incompetente ela é por não ser capaz de simplesmente "sair dessa". Tudo isso reforça crenças sobre incompetência.*
- Objetivamente, como podemos fazer um mapeamento? *É útil mapear visualmente e depois verificar com o cliente.*

A seguir, um exemplo de como um terapeuta pode apresentar e testar a formulação:

TERAPEUTA (T): Trisha, passamos algum tempo conversando sobre pensamentos que você tem sobre ser incompetente, fraca e preguiçosa. Eu queria saber se poderíamos passar algum tempo vendo como tudo se encaixa.

CLIENTE (C): Hum, sim, eu acho (parecendo um pouco confusa).

T: Eu só quero conversar com você sobre o que estou ouvindo e entendendo do que você já compartilhou comigo. Quero ter certeza de que estou entendendo você corretamente e quero ver se podemos aprender alguma coisa que possa ajudá-la com esse padrão em que você parece estar presa. Tudo bem por você?

C: Se você acha que vai ajudar. Sinto que sou uma grande bagunça.

T: Eu sei que você tem muitos pensamentos sobre a bagunça que você pensa que é.

C: (Acena com a cabeça.)

T: Pelo que você compartilhou comigo, parece que há um padrão comum que acontece com você. As manhãs parecem um momento especialmente difícil para você.

C: São! Odeio as manhãs. Sinto-me péssima. Só sei que o dia vai ser terrível, e não há nada que eu possa fazer a respeito.

T: E parece que você passa muito tempo pensando em como o dia vai ser terrível também.

C: Sim. Eu sei que vai ser mais um dia terrível. Eu penso no quanto eu tenho que fazer e em como eu sei que não vou fazer nada disso, porque sou uma bagunça tão fraca que não pode fazer nada direito.

T: Há muitas camadas aqui. Primeiro, parece uma maneira terrível de começar o dia. Você acorda se sentindo deprimida, tem pensamentos sobre como o dia vai ser terrível. Então você começa a ter pensamentos sobre si mesma?

C: Sim, eu penso em como é minha culpa que o dia vai ser terrível, penso que, se eu pudesse me recompor, então não seria tão ruim. Mas eu sou muito incapaz para fazer qualquer coisa.

T: Mesmo agora, posso ver quão duros são esses pensamentos que você tem sobre si mesma. Quando você tem esses pensamentos sobre si mesma pela manhã, como isso faz você se sentir?

C: Com raiva... triste... como se eu fosse uma causa perdida.

T: Então, você começa a pensar que é uma causa perdida. Sente tristeza e raiva. E a raiva é dirigida para onde?

C: Para mim, fico muito irritada comigo mesma.

T: O que você fez para justificar essa raiva?

Qual é a crença subjacente?
Crenças sobre incompetência são pronunciadas. Ela também parece ter uma regra ou uma suposição sobre as emoções em geral.

Existem filtros de atenção em jogo?
Sim, ela ignora por completo todas as coisas que faz corretamente.

Existem explicações alternativas que estão sendo ignoradas?
Problemas de luto não resolvidos e profecia autorrealizável.

Que tipos de situações podem ativar essa crença?
Ao planejar ou se preparar para o dia.

Qual é o resultado previsto?
De manhã, ela prevê que terá um dia terrível e não realizará nada.

Quais são as consequências do comportamento observado?
Dispersa, exausta, menos produtiva e menos efetiva.

Quais são as consequências a curto prazo?
Exaustão, desânimo, aumento da angústia, evitação de tarefas difíceis.

Quais são as consequências a longo prazo?
Baixo nível de realização, depressão crônica, crenças arraigadas sobre si mesma.

Existem potenciais consequências não intencionais?
Aumento da exaustão.

Como alguém se comportaria se essas previsões fossem verdadeiras?
Presume-se o fracasso e a incompetência e, como resultado, tem-se baixa produtividade. Ela também passa horas ruminando sobre essa crença.

Como as pessoas podem tentar compensar essa crença?
Histórico de exagero.

Como as pessoas podem evitar situações que ativam a crença?
Evitando situações em que possam falhar ou provar que são incompetentes.

PLANILHA 2.3 Exemplo de um diagrama aprofundado de conceitualização de caso: Trisha.

© Waltman, S.H.; Codd, R.T. III; McFarr, L.M; Moore, B. A. Socratic Questioning for Therapists and Counselors: Learn How to Think and Intervene like a Cognitive Behavior Therapist. New York, NY: Routledge, 2021.

C: Nada, esse é o problema, eu não faço nada e deveria fazer melhor do que isso. Fui criada melhor do que isso.

T: Você fica irritada por não ser melhor do que é. Você não é a pessoa que foi criada para ser.

C: Sim.

T: Quanto tempo você passa pensando nisso pela manhã?

C: Horas, talvez mais, estou sempre pensando em como sou terrível e como devo melhorar.

T: Isso é muito tempo e, eu presumo, muita energia.

C: Sim, é muito, mas tenho que ser dura comigo mesma ou não farei nada.

T: Então, você meio que se molda.

C: Sim.

T: Todos os dias.

C: Sim.

T: Como é isso para você?

C: É muito cansativo, sou uma bagunça muito grande para que as coisas sejam diferentes.

T: Então, vamos começar a organizar isso. Você acorda de manhã se sentindo triste. Você tem pensamentos de que será um dia ruim, de que você não será capaz de fazer nada certo e de que você é fraca por estar deprimida e por não realizar nada.

C: Parece uma manhã típica.

T: Isso deixa você se sentindo triste, com raiva e exausta.

C: Sim.

T: Você costuma responder a isso passando horas ruminando sobre o quão terrível você é e tentando se forçar figurativamente a fazer alguma coisa.

C: (Acena com a cabeça.)

T: Às vezes isso funciona e você consegue fazer alguma coisa e outras vezes, não. Mas é sempre exaustivo.

C: Muito cansativo.

T: Quais são os efeitos a curto e a longo prazo desse padrão de comportamento?

C: Estou cansada e minha vida está uma bagunça.

T: Isso parece exaustivo. Vamos tentar analisar um pouco mais. O efeito imediato a curto prazo da dureza com que você se trata é?

C: Às vezes, eu faço coisas.

T: Sim, e?

C: Eu me sinto terrível e exausta.

T: Você tem todo o peso da depressão que normalmente tem e, em cima disso, coloca esse peso de estar com raiva de si mesma por estar deprimida.

C: Por que faço isso comigo mesma?

T: Tenho certeza de que você adotou esse comportamento de forma honesta. Parece que pode ter havido algumas mensagens que você recebeu precocemente sobre se estava tudo bem se sentir triste.

C: Com certeza. Não era algo tranquilo.

T: Então, você diz a si mesma agora que não é certo se sentir triste?

C: Acho que sim, não gosto; na verdade, odeio.

T: Eu definitivamente quero lhe dar algum alívio. Eu só me preocupo que se sentir mal por estar se sentindo mal não vai fazer você parar de se sentir assim.

C: (Leve expiração e quase uma risada.)

T: Não podemos resolver o problema com mais do problema.

C: Certo.

T: Então, vamos continuar olhando para isso. O efeito a curto prazo de ser dura consigo mesma é que você pode fazer algo e se sentir exausta; quais são os efeitos a longo prazo?

C: Em algum momento, comecei a acreditar em todas as coisas terríveis que digo a mim mesma a meu respeito.

T: É um preço alto; mais alguma coisa?

C: Acho que não.

T: Então, fico me perguntando sobre uma possível consequência não intencional desse comportamento. Posso conduzi-la nesse raciocínio?

C: Isso seria bom.

T: Você acorda de manhã sentindo-se deprimida e é muito dura consigo mesma por se sentir assim e por supor que não fará nada.

C: Isso.

T: Então você se sente horrível e isso é muito exaustivo.

C: Sim.

T: Então, dia após dia, isso afeta muito você. Você começa a acreditar cada vez mais nessas coisas que diz a si mesma e se sente mais cansada e mais esgotada.

C: Tão cansada de tudo isso.

T: Parece muito exaustivo. Aqui é onde fico me perguntando. Essa exaustão não é parte do motivo pelo qual é difícil para você fazer as coisas?

C: Sim, me sinto cansada o tempo todo.

T: Você se cansa dizendo a si mesma que é uma pessoa horrível por não fazer nada e fica cansada demais para fazer qualquer coisa.

C: Hum?

T: Eu me pergunto se parte do motivo pelo qual você está tão cansada, a ponto de não conseguir fazer nada, é esse comportamento de autocensura em que você se envolve.

C: Acho que nunca percebi isso.

T: Tudo bem, a mente tem esses filtros que ficam fora de nossa consciência e nos tornam mais propensos a ver as coisas de uma maneira que fortaleceria nossa crença preexistente. Então, se você acredita ser incompetente, faz todo o sentido você interpretar esse curso de eventos como evidência da sua incompetência.

C: Isso não significa apenas que eu sou um fracasso?

T: Não tenho certeza se cheguei à mesma conclusão. Deixe-me desenhar no quadro como estou compreendendo. Você acredita que não sabe fazer nada corretamente e que é incompetente. Você faz uma previsão (com base nessa crença) de que não será capaz de fazer nada por causa da sua incompetência. Você responde a essa previsão com um comportamento de diálogo interno muito severo. O resultado (ou efeito) desse comportamento de diálogo interno crítico é que você se preocupa e se exaure. De uma perspectiva de recursos, há apenas menos energia e atenção para fazer as coisas. Isso leva a menos

Crença:
Sou incompetente

Filtro:
Eu me culpo não pela minha autocensura, mas pela incompetência que enxergo em mim

Previsão:
Não serei capaz de realizar nada hoje porque sou incompetente

Resultado:
Fico preocupada e exausta com esse diálogo. Tenho menos energia e atenção para fazer as coisas.

Comportamento:
Diálogo interno de autocensura (castigar-se para tomar jeito)

PLANILHA 2.4 Exemplo de um diagrama simplificado de conceitualização de caso: Trisha.

© Waltman, S.H.; Codd, R.T. III; McFarr, L.M; Moore, B. A. Socratic Questioning for Therapists and Counselors: Learn How to Think and Intervene like a Cognitive Behavior Therapist. New York, NY: Routledge, 2021.

coisas sendo feitas, o que, por meio de seus filtros mentais, você interpreta como mais uma evidência de que você é incompetente. E o ciclo segue com você cansada e exausta aprendendo a realmente acreditar nessa crença sobre ser incompetente.

C: Sim. Nossa! OK, hum, sim, é isso que acontece comigo.

T: OK, se isso parece razoavelmente preciso, a boa notícia é que temos muitos pontos de intervenção. Podemos mirar essa crença sobre ser incompetente. Podemos mirar essas previsões que você faz de que terá um dia terrível e esses pensamentos de que você é fraca. Podemos mirar esse diálogo interno contundente e ruminante que é tão corrosivo para você. Ao abordar esses elementos, podemos mudar o resultado e ajudá-la a começar a ter alguns dias mais produtivos. E também queremos analisar seu processo de filtragem, como você está pegando todas essas informações complexas e reduzindo-as para confirmarem a pessoa terrível que você é. O que você acha?

C: Acho que preciso disso.

T: Ótimo, vamos escolher um alvo e ver quais estratégias podemos começar a usar hoje para desmontar o padrão de crença e comportamento.

Ao repassar isso com Trisha, aprendi algo sobre o padrão que eu não conhecia anteriormente, e foi o quão dura era sua ruminação. Percorrer o ciclo juntos nos ajudou a atentar às informações que estávamos perdendo e a criar uma compreensão compartilhada do problema para que pudéssemos trabalhar conjuntamente em suas dificuldades e em direção a seus objetivos.

RESUMO DO CAPÍTULO

Neste capítulo, nos concentramos em revisar por que a aprendizagem corretiva pode não acontecer de forma implícita. Isso incluiu uma breve revisão de itens relevantes do campo da psicologia social, uma visão geral do modelo cognitivo genérico, uma introdução à conceitualização de caso e um exemplo estendido de caso que demonstrou os elementos anteriores e indicou como abordar os conceitos na sessão. Incluímos um diagrama de conceitualização de crenças funcionais simplificado e um aprofundado para seu uso na prática clínica.

REFERÊNCIAS

Barlow, D. H., Farchione, T. J., Fairholme, C. P., Ellard, K. K., Boisseau, C. L., Allen, L. B., & May, J. T. E. (2010). Unified *protocol for transdiagnostic treatment of emotional disorders: Therapist guide*. New York: Oxford University Press.

Beck, A. T. (1963). Thinking and depression I. *Idiosyncratic content and cognitive distortions*. Archives of General Psychiatry, 9, 324–333. doi:10.1001/ archpsyc.1963.01720160014002

Beck, A. T. (1964). Thinking and depression II. *Theory and therapy. Archives of General Psychiatry*, 10(6), 561–571. doi:10.1001/archpsyc.1964.01720240015003

Beck, A. T., & Haigh, E. A. P. (2014). Advances in cognitive theory and therapy: The Generic Cognitive Model. *Annual Review of Clinical Psychology*, 10, 1–24. doi:10.1146/annurev-clinpsy-032813-153734

Beck, J. S. (2011). *Cognitive behavior therapy: Basics and beyond (2nd ed.)*. New York: Guilford Press.

Butler, G., Fennell, M., & Hackmann, A. (2010). *Cognitive-behavioral therapy for anxiety disorders: Mastering clinical challenges*. New York: Guilford Press.

Dozois, D. J., & Beck, A. T. (2008). Cognitive schema, beliefs, and assumptions. In K. S. Dobson & D. J. Dozois (Eds.), *Risk factors in depression* (pp. 122–144). Amsterdam: Elsevier/Academic.

Ellis, A., & Harper, R. A. (1961). *A guide to rational living*. Englewood Cliffs, NJ: Prentice-Hall.

Fassbinder, E., Schweiger, U., Martius, D., Brand-de Wilde, O., & Arntz, A. (2016). Emotion regulation in schema therapy and dialectical behavior therapy. *Frontiers in Psychology*, 7, 1–19.

Foley, M. A. (2015). Setting the records straight: Impossible memories and the persistence of their phenomenological qualities. *Review of General Psychology*, 19(3), 230–248.

Jillette, P., Penn, Price, S., Melcher, S., Goudeau, S., Wechter, D. (Writers), Price, S., Rogan, T., Selby, C., Uhlenberg, S., & Wechter, D. (Directors). (2009). Organic Foods [Television series episode]. In S. Adagio (Supervising Producer), Penn & Teller: Bullshit! Las Vegas, NV: Showtime.

Leahy, R. L. (2018). *Emotional schema therapy: Distinctive features*. New York: Routledge.

Lippmann, W. (2017). *Public opinion*. New York: Routledge.

Lorenzo-Luaces, L., German, R. E., & DeRubeis, R. J. (2015). It's complicated: The relation between cognitive change procedures, cognitive change, and symptom change in cognitive therapy for depression. *Clinical Psychology Review*, 41, 3–15.

Meichenbaum, D. H., & Goodman, J. (1971). Training impulsive children to talk to themselves: A means of developing self-control. *Journal of Abnormal Psychology*, 77(2), 115.

Moorey, S. (2010). The six cycles maintenance model: Growing a "vicious flower" for depression. *Behavioural and Cognitive Psychotherapy*, 38(2), 173–184.

Nickerson, R. S. (1998). Confirmation bias: A ubiquitous phenomenon in many guises. *Review of General Psychology*, 2(2), 175–220.

Padesky, C. A. (1994). Schema change processes in cognitive therapy. *Clinical Psychology & Psychotherapy*, 1(5), 267–278.

Padesky, C. A., & Mooney, K. A. (2012). Strengths-based cognitive-behavioural therapy: A four-step model to build resilience. *Clinical Psychology & Psychotherapy*, 19(4), 283–290.

Persons, J. B. (2012). *The case formulation approach to cognitive-behavior therapy*. New York: Guilford Press.

Plous, S. (1993). *The psychology of judgment and decision making*. New York: McGraw-Hill.

Randall, W. L. (2007). From computer to compost: Rethinking our metaphors for memory. *Theory & Psychology*, 17(5), 611–633.

Rosenthal, R., & Jacobson, L. (1968). Pygmalion in the classroom. *The Urban Review*, 3(1), 16–20.

Ruscio, J. (2007). The clinician as subject: Practitioners are prone to the same judgment errors as everyone else. In S. O. Lilienfeld & W. T. O'Donohue (Eds.), *Great ideas of clinical science: 17 principles that every mental health professional should understand* (pp. 29–47). New York: Routledge.

Waltman, S., & Sokol, L. (2017). The Generic Cognitive Model of cognitive behavioral therapy: A case conceptualization-driven approach. In S. Hofmann & G. Asmundson (Eds.), *The Science of Cognitive Behavioral Therapy* (pp. 3–18). London: Academic Press.

Young, J. E. (1999). *Cognitive therapy for personality disorders: A schema-focused approach*. Sarasota, FL: Professional Resource Press.

3

Começando

Scott H. Waltman

❖ O QUE VOCÊ VERÁ NESTE CAPÍTULO

Introdução	30
Aliança terapêutica	30
Objetivos	31
Tarefas	32
Vínculos	33
Estrutura da sessão	34
Estrutura básica da sessão	34
Problemas com a estrutura	37
Abordagem de treinamento de habilidades	38
Experiência concreta	40
Observação reflexiva	42
Conceitualização abstrata	42
Experimentação ativa	43
Automonitoramento	44
Coletando novas informações por meio do automonitoramento	44
Aumentando a autoconsciência dos pensamentos	45
Aumentando a autoconsciência das emoções	47
Aumentando a autoconsciência dos comportamentos	48
Demonstrando o modelo de TCC com automonitoramento	49
Orientação para o modelo de TCC	49
Exemplo com um comportamento: ativação comportamental	51
Exemplo com um pensamento: terapia cognitiva	52
Resumo do capítulo	53

INTRODUÇÃO

Há uma série de coisas que um terapeuta pode fazer para tentar viabilizar o uso de estratégias socráticas eficazes. Você deve ter notado que alguns clientes parecem ser mais receptivos a estratégias de mudança cognitiva. Com esses clientes, muitas vezes, você pode incluir na sessão algumas perguntas bem colocadas que levam a uma discussão muito perspicaz. De forma alternativa, existem alguns clientes que parecem nem notar suas perguntas brilhantes ou até mesmo situações em que suas perguntas parecem não dar certo. Existem algumas estratégias gerais que facilitam esse processo, que serão revisadas neste capítulo. As estratégias podem ser usadas de forma a se basearem nas habilidades abordadas no capítulo anterior.

Como responsáveis por treinamentos em TCC, com frequência analisamos amostras de áudio de estagiários e clínicos que desejam ser certificados como terapeutas qualificados em TCC. Notamos uma grande diferença entre os clínicos que usam essas estratégias e aqueles que não o fazem. Alguns clínicos parecem agir como pais que tentam disfarçar os vegetais na comida de seus filhos pequenos. Muitas vezes, o cenário é uma sessão de terapia de apoio muito agradável, em que o terapeuta muda seu comportamento e começa a fazer perguntas sobre ponderação de evidências ou distorções cognitivas e o cliente não sabe exatamente o que fazer com isso. O cliente pode se envolver na prática por alguns momentos, mas invariavelmente acaba continuando sua história ou contando uma história diferente. Da perspectiva de um avaliador, parece que cliente e terapeuta podem não estar em sintonia. Em geral, existem quatro elementos de tratamento que facilitam o uso de estratégias socráticas eficazes e sessões de terapia produtivas: aliança terapêutica, estrutura da sessão, abordagem de treinamento de habilidades e automonitoramento.

ALIANÇA TERAPÊUTICA

A aliança terapêutica refere-se à relação de trabalho que existe entre o terapeuta e o cliente (Creed & Waltman, 2017; Okamoto, Dattilio, Dobson, & Kazantzis, 2019). Pode-se dizer que essa aliança tem três componentes interdependentes: objetivos, tarefas e vínculos (ver Creed & Waltman, 2017; Gilbert & Leahy, 2007). Objetivos referem-se a se há acordo sobre as metas do tratamento; tarefas referem-se a como esses objetivos serão alcançados (o processo de terapia); e vínculos referem-se ao laço afetivo entre o clínico e o cliente (Creed & Waltman, 2017).

A expressão "aliança terapêutica" é frequentemente usada de forma intercambiável com expressões como "relacionamento terapêutico", "relacionamento de trabalho" e "aliança de trabalho". A aliança terapêutica está entre os fatores mais estudados na pesquisa em psicoterapia. Baixas taxas de aliança no início do tratamento mostraram ser preditoras consistentes de abandono do tratamento. De outro modo, uma relação positiva moderada e robusta foi encontrada entre a consistência da aliança e os resultados do tratamento. No entanto, a direção da associação entre aliança e resultado do tratamento permanece incerta (ver Creed & Waltman, 2017). Embora algumas evidências sugiram que, conforme a aliança terapêutica melhora, o funcionamento do cliente também o faz, algumas evidências contraditórias sugerem que, à medida que os clientes melhoram, isso se reflete também em seu relacionamento com o terapeuta. Ainda que a direção do efeito permaneça incerta, a associação entre a aliança terapêutica e o resultado do tratamento indica que esse elemento merece atenção clínica cuidadosa (Gilbert & Leahy, 2007).

Todas as terapias bem estabelecidas enfatizam a importância da aliança terapêutica; por isso, ela é referida como um fator comum, por ser comumente observada em todas as terapias (Wampold, 2001). Existem também fatores que são particulares ou específicos a determinadas terapias — eles são chamados de fatores específicos (Wampold, 2001). O uso eficaz de estratégias socráticas na terapia depende da implementação bem-sucedida de fatores comuns e específicos, o que é ilustrado pelo conceito de empirismo colaborativo.

"Empirismo colaborativo" é uma expressão paralela a "diálogo socrático". Essas expressões designam conceitos sobrepostos, mas distintos. O empirismo colaborativo é um componente central da TCC e mostra quão bem o terapeuta e o cliente estão juntos no processo de descoberta e mudança (Beck, Rush, Shaw, & Emery, 1979). O empirismo colaborativo também é considerado um elemento central para formar um vínculo forte na TCC (Kazantzis, Beck, Dattilio, Dobson, & Rapee, 2013). Em termos práticos, o empirismo colaborativo eficaz depende da capacidade da díade da terapia de colaborar e da aplicação de uma mentalidade empírica a uma situação ou a uma crença (Tee & Kazantzis, 2011). Para haver empirismo colaborativo, você precisa ter os dois componentes (ou seja, colaboração e empirismo; Tee & Kazantzis, 2011). Um terapeuta pode ter uma boa aplicação de uma mentalidade empírica, mas se faltar colaboração ele poderá se assemelhar a um terapeuta apontando que os pensamentos de um cliente estão distorcidos (ver Tee & Kazantzis, 2011) ou a um terapeuta pulando à frente e se engajando no processo de "descoberta fornecida", em que ele dá a resposta ao cliente em vez de ajudá-lo a chegar a uma nova conclusão por conta própria (Waltman, Hall, McFarr, Beck, & Creed, 2017). Alternativamente, uma sessão pode ter um bom uso da colaboração, mas carecer de uma mentalidade empírica; essas sessões geralmente são agradáveis, mas correm o risco de serem limitadas.

Objetivos

Um primeiro passo para estabelecer uma aliança terapêutica é chegar a um objetivo de tratamento acordado. Se o seu objetivo é reestruturar ou desafiar as crenças do seu cliente e o objetivo dele é se sentir melhor, você pode ter problemas caso ele não considere a reestruturação cognitiva parte do "se sentir melhor". Uma boa prática geral é definir desde o início, em termos práticos, o que se está tentando realizar. Isso geralmente é alcançado por meio de uma lista de problemas e uma lista de metas. Alguns clientes estarão mais focados em problemas como sintomas ou questões práticas; outros estarão mais focados em objetivos ou ambições. Com os clientes mais orientados para o problema, talvez seja necessário gastar algum tempo desenvolvendo a parte da meta. Comumente, esse processo implica formular alguma variação da onipresente pergunta do milagre (M. Stith, Miller, Boyle, Swinton, Ratcliffe, & McCollum, 2012). Existem diferentes maneiras de fazer isso, mas normalmente o terapeuta pede ao cliente que imagine que ocorreu um milagre e que seu problema foi resolvido. O terapeuta então pergunta como as coisas estão diferentes, e isso pode orientar a definição das metas. Então, o que o cliente estaria fazendo se esse problema não fosse um problema? Esse é um objetivo que pode ser focado durante o tratamento?

Outra maneira de abordar essa questão é por meio do princípio de metas para pessoas vivas da psicologia positiva e da psicologia comportamental contextual (ver David, 2016). A ideia é a de que, quando os clientes chegam dizendo que seu objetivo é a ausência do mal — talvez algo como "Quero eliminar a ansiedade da minha vida" —, fornecem um contexto para falar sobre metas para pessoas vivas *versus* metas para pessoas mortas. A ausência do mal não é necessariamente boa ou potencializadora. Pessoas mortas são muito boas em não ter ansiedade ou ataques de pânico; inversamente, há muitos custos associados a estar morto — perder a vida, por exemplo. Além disso, a ansiedade é uma parte fundamental de estar vivo — assim como todas as emoções (David, 2016). Queremos metas que sejam expressas em termos positivos. O que você quer? Não, o que você não quer? Como diz o Gato de Cheshire em *Alice no país das maravilhas*, "Se você não sabe para onde quer ir, então qualquer caminho serve" (Carroll, 2011). Precisamos, então, encontrar uma direção compartilhada, fazendo as seguintes perguntas: "O que você quer em vez disso?"; "Como você prefere gastar seu tempo e sua energia em vez de ficar infeliz por estar ansioso?"; "O que você acha que poderia fazer se não estivesse ansioso, e por que isso importa para você?". Esse processo pode ser aprimorado por estratégias baseadas em valores (Hayes & Smith, 2005). Em algum momento da terapia, vamos pedir aos clientes para fazer algo difícil, e precisamos saber de antemão por que vale a pena tolerar a angústia a serviço da busca de seus objetivos e de seus valores.

A TCC é inerentemente um processo direcionado ou orientado a objetivos (Beck, 2011). Os objetivos individuais do cliente podem ser perdidos quando há adesão rígida a um manual de tratamento; no entanto, o empirismo colaborativo, a descoberta guiada e o método socrático podem ser usados de forma a "ajudar a terapia a ir além da aplicação mecânica de um manual de tratamento" (Overhosler, 2011, p. 62). Isso pode e deve incluir a definição de metas de tratamento colaborativo.

Tarefas

Quando sabemos o que o cliente quer, podemos tentar descobrir de forma colaborativa quais obstáculos estão no caminho e o que será necessário para superá-los. É assim que criamos um plano de tratamento colaborativo para mirar problemas clínicos (barreiras) e mecanismos que mantêm esses problemas, além de promover os fatores que ajudarão os clientes a obter o que desejam. Uma boa maneira de fazer isso é basear-se na conceitualização. Se você consultar o diagrama de conceitualização no capítulo anterior, verá uma maneira de traçar o ciclo de uma crença subjacente que leva a previsões cognitivas (ou seja, pensamentos automáticos), as quais levam a respostas comportamentais (provavelmente alguma forma de evitação), que por sua vez conduzem a consequências de curto e longo prazos e não intencionais, todas elas filtradas por meio de nossos vieses cognitivos para reforçar a crença preexistente.

Desenhar o padrão pode ser uma justificativa para fazer algo diferente com a finalidade de mudar o padrão (ou seja, criar um entendimento compartilhado das tarefas que serão necessárias para atingir os objetivos). Durante a sessão, pode soar assim:

Se o problema é ter crenças preexistentes sobre si mesmo que fazem você se sentir mal, vamos usar estratégias cognitivas para direcionar essas previsões negativas que você está fazendo. Também vamos usar estratégias de mudança de comportamento (treinamento de habilidades, experimentos comportamentais, ativação comportamental, exposição, etc.) para mudar a forma como você responde a essas previsões. Isso nos ajudará a obter algumas experiências novas e discrepantes, e vamos nos concentrar em seus filtros cognitivos para que você não perca todas essas novas informações incompatíveis com sua crença subjacente. Esse processo geral nos ajudará a construir uma vida mais alinhada com aquela que você deseja ter, e isso nos ajudará a construir novas crenças e novos padrões de comportamento que persistirão depois que pararmos de nos encontrar. Parece bom para você?

Outro método para promover a concordância de que as tarefas/estratégias de terapia ajudarão o cliente a atingir suas metas de tratamento é uma fase inicial do processo de tratamento chamada automonitoramento. Essas tarefas serão discutidas com mais detalhes posteriormente neste capítulo. O fluxo desse processo compreenderá orientar o cliente para o modelo cognitivo-comportamental e, em seguida, aplicar o modelo à sua vida e às situações angustiantes, para demonstrar a adequação entre o modelo e a sua situação. Na medida em que seu cliente perceber, na vida real, que a forma como ele pensa e o que ele está fazendo afetam o modo como ele está se sentindo, estará mais disposto a se concentrar em estratégias cognitivas e comportamentais. Gastar tempo visando a esse entendimento é, muitas vezes, um foco inicial de tratamento que será recompensado em sessões posteriores.

Vínculos

Há uma série de coisas que um terapeuta pode fazer para facilitar um vínculo forte, e essas estratégias não são exclusivas da TCC. Habilidades básicas de aconselhamento como empatia, cordialidade, validação e escuta reflexiva também são componentes importantes da TCC (Gilbert & Leahy, 2007). Theodore Roosevelt teria dito: "Ninguém se importa com o quanto você sabe até que se saiba o quanto você se importa". Em nossa experiência, os clínicos novos em TCC, mas não em terapia, geralmente têm pouca dificuldade com os vínculos da aliança terapêutica (ver Waltman et al., 2017). Às vezes, eles podem ficar tão focados no que é novo que se esquecem de continuar praticando as estratégias de terapia focadas no *rapport* (Waltman et al., 2017); normalmente, um simples lembrete para continuar usando todas as suas maravilhosas estratégias empáticas e de validação é suficiente para corrigir isso. A relação terapêutica está entre os temas mais pesquisados na literatura psicoterapêutica (ver Creed & Waltman, 2017; Gilbert & Leahy, 2007; Wampold, 2001); portanto, os leitores interessados devem consultar o excelente livro de Gilbert e Leahy (2007) sobre o tema para uma revisão e uma instrução mais completas.

As principais habilidades de perguntas abertas, afirmação, escuta reflexiva e resumo (OARS, do *open-ended questions, affirmation, reflective-listening, summarize*) da entrevista motivacional (ver Miller & Rollnick, 2012) são uma boa estrutura para abordagens consistentes de vínculos que se alinharão bem com o princípio do empirismo colaborativo (Westra & Dozois, 2006). Ao fazer perguntas abertas que são guiadas por sua curiosidade, ao fornecer afirmações precisas e autênticas, ao engajar-se em uma escuta reflexiva que demonstre que você está realmente ouvindo e tentando entender seus clientes e ao amarrar tudo isso com resumos periódicos, você descobrirá que desenvolve um forte vínculo com seu cliente. Você também obterá muitas informações que podem ser usadas para embasar sua conceitualização geral e suas intervenções socráticas posteriores.

ESTRUTURA DA SESSÃO

As pessoas são frequentemente atraídas à TCC pelas intervenções, enquanto os aspectos estruturais muitas vezes parecem menos excitantes. Você pode até ter pensado em pular esta seção ao ler o título. A abordagem semiestruturada da TCC é algo que pode ser novo para os clínicos (Waltman et al., 2017). O valor da estrutura da sessão é que ela ajuda a facilitar intervenções como o questionamento socrático. O que se segue é uma breve visão geral e um guia prático para a estrutura da sessão de TCC. No início da sessão, um terapeuta de TCC planejará de forma colaborativa com o cliente como passar seu tempo juntos e, no final da sessão, eles examinarão como foi o encontro e se são necessárias modificações para ajudar a personalizar o tratamento. Normalmente, a sessão segue uma estrutura que começa com uma avaliação do humor, seguida por uma ponte com a sessão anterior, uma revisão do plano de ação (tarefa de casa), a definição da agenda e a finalização dessa agenda. Então a dupla trabalha a agenda. Mais tarde, eles resumem a sessão, buscam *feedback* e fazem um novo plano de ação (tarefa de casa). Há alguma variação em como isso acontece, mas essas são as etapas comuns.

QUADRO 3.1 Estrutura da sessão de TCC

No início da sessão	Verificação de humor Ponte Revisão do plano de ação Produção de itens para a agenda Finalização do plano da agenda
Ao longo da sessão	Trabalho com o plano da agenda
Ao final da sessão	Resumo da sessão Busca de *feedback* Definição de novo plano de ação

Estrutura básica da sessão

A verificação de humor é uma maneira rápida de descobrir como o cliente está se sentindo. Não se destina a ser uma atualização longa, em que você ouve sobre tudo o que aconteceu na semana. Em vez disso, pretende ser uma maneira rápida de avaliar como o cliente está se saindo para orientar o foco da sessão. Normalmente, um terapeuta fará com que o cliente avalie seu humor geral em uma escala de 1 a 10 ou 1 a 100. Às vezes, os terapeutas rastreiam humores específicos (p. ex., depressão de 1 a 10) e outras vezes rastreiam o humor do cliente em geral, considerando que um número mais alto pode ser um humor mais positivo e um número mais baixo, um humor mais negativo. Você é livre para escolher como deseja fazê--lo; é recomendável que você seja consistente com a escala enquanto ensina ao cliente como monitorar seu humor por meio desse processo.

A ponte pretende ser uma edificação figurativa entre as sessões para ajudá-lo a retomar de onde parou. Se você pensar em como era assistir a um programa de televisão antes da era do *streaming*, se dará conta de que as pessoas costumavam esperar uma semana para ver o que acontecia; e, se o enredo fosse importante, haveria uma rápida recapitulação que cobria o que havia acontecido no programa da semana passada, assim seria possível continuar de onde o episódio anterior parou. Isso é semelhante ao que é uma ponte. Não se destina a ser um teste de memória. Você pode pedir ao cliente para fornecer a ponte ou você mesmo pode fornecer, ambos são aceitáveis. Uma revisão do resumo da sessão anterior pode ser uma boa ponte.

Como o plano de ação (tarefa de casa) é idealmente uma extensão do que aconteceu na sessão, revisar os pontos principais da sessão anterior é uma boa maneira de fazer a transição para a revisão do plano de ação anterior ou da tarefa de casa da semana anterior. Notadamente, a expressão "tarefa de casa" pode ter conotações desfavoráveis ou ser associada a experiências negativas anteriores; portanto, as pessoas costumam usar termos alternativos, como plano de ação, compromisso, prática de habilidades, objetivo ou atividades fora da sessão (ver Cohen, Edmunds, Brodman, Benjamin, & Kendall, 2013). Ao revisar o plano de ação da semana anterior do cliente, queremos perguntar "Como foi?" e "O que você aprendeu?". Se ele tiver um sucesso ou um novo tipo de experiência, podemos colocar isso na agenda e gastar mais tempo desvendando e sintetizando as novas informações. Se ele tiver problemas, queremos reforçar seus esforços e nos engajar na solução de problemas para verificar o que deu errado e como podemos ajustar a prática para a próxima vez. Se o cliente não completou a tarefa de casa, é importante avaliar sem julgamentos o que aconteceu: "O que atrapalhou?". Nessa avaliação, é importante identificar se foi um problema relacionado ao fato de a tarefa ser muito difícil, pouco clara ou não ser percebida como útil. Queremos tentar resolver o problema da barreira para que o cliente tenha maior probabilidade de sucesso no futuro; por exemplo, se o cliente "esqueceu" e ainda acha que seria útil realizar essa prática, são indicadas formas de solução de problemas para lembrar futuras tarefas de casa. Também podemos optar por fazer a tarefa juntos na sessão.

Pode ser útil pensar na definição da agenda como duas tarefas distintas: gerar possíveis itens da agenda e finalizar o plano. Ao definir uma agenda, é importante ser realista (tentar mantê-la em um ou dois itens) e colaborativo (equilibrar as sugestões do cliente e os objetivos do tratamento). Até que um cliente esteja totalmente orientado para a TCC, é bastante comum que ele comece a falar sobre o que está em sua mente antes que a agenda tenha sido definida ou finalizada. Nesses casos, é importante interromper gentilmente o cliente para definir e finalizar a agenda antes de iniciar a sessão (Beck, 2011) — só porque algo surge no *check-in*, não significa que seja a questão mais premente/angustiante. A próxima etapa será colocar questões ou problemas específicos na agenda. Itens gerais (ou tópicos), como "minha mãe está me visitando", tendem a dirigir a uma sessão menos focada de atualizações e histórias, enquanto problemas específicos, como "lidar com o estresse relacionado à próxima visita da minha mãe" ou "planejar uma visita bem-sucedida da minha mãe", se relacionam a uma sessão mais ativa. Ao definir a agenda, você deve se perguntar se há um objetivo claro para a sessão: "O que esperamos realizar hoje?". Outra estratégia para tornar uma agenda mais específica é pedir exemplos particulares de quando o problema ocorreu. Por exemplo, se, ao definir uma agenda, o cliente afirma que quer falar sobre sua alimentação emocional, você pode perguntar: "Houve algum momento essa semana que foi particularmente ruim?"; "Devemos colocar a conversa sobre isso na agenda?". Quando tivermos algumas ideias de como podemos aplicar nosso tempo, finalizaremos a agenda. Isso inclui priorizar os itens da agenda. Um bom hábito a se adquirir é ler o plano que você escreveu para se certificar de que há concordância e compreensão mútua dele.

Se o cliente não tem certeza sobre o que quer falar, você ainda tem algumas boas opções. Você pode ler a lista de objetivos e problemas do cliente e pedir que ele escolha um para trabalhar — trabalhar em algo é melhor do que gastar muito tempo tentando descobrir no que trabalhar. Você pode falar sobre qual seria o próximo passo natural, dada a ponte (ou como foi o plano de ação). Você pode sugerir a prática de habilidades existentes ou a aprendizagem de novas habilidades. Essas estratégias abordarão a maioria dos problemas que surgirem.

Depois de ter finalizado uma agenda, você trabalha com o plano que tem. Idealmente, você deseja reservar de 5 a 10 minutos no final da sessão para o encerramento. Uma boa maneira de iniciar a transição para a estrutura de encerramento é começar a resumir a sessão. Resumos periódicos são fornecidos ou coletados após cada experiência de aprendizagem e intervenção, e então o *feedback* é obtido. De modo geral, estamos interessados em um *feedback* relacionado à reação/satisfação do cliente com a sessão e à sua aprendizagem/compreensão do que estamos fazendo e por que estamos fazendo. Essas informações podem nos ajudar a adaptar o tratamento aos nossos clientes. A pergunta "Como foi a sessão?" pode ser seguida de perguntas sobre áreas específicas de pontos fortes e áreas a serem alteradas: "Do que você gostou na sessão?"; "O que você mudaria da próxima vez?". Além disso, é importante extrair resumos encapsulados: "O que você aprendeu hoje?"; "Qual é a mensagem da sessão de hoje?". Essas perguntas podem ser informativas mesmo que o cliente não saiba exatamente como respondê-las. Se o seu cliente não está acompanhando bem o que você está dizendo na sessão, esse será um bom indicador disso. Você pode usar essas informações para modificar sua abordagem, talvez diminuindo a velocidade, desenhando as coisas em uma lousa ou pedindo ao seu cliente que reformule as ideias com suas próprias palavras durante a sessão.

Finalmente, queremos desenhar um novo plano de ação. Idealmente, queremos que esse seja um processo colaborativo, embora, notavelmente, colaborar não seja a mesma coisa que seguir o que seu cliente sugere. Muitas vezes, especialmente no início do tratamento, você precisará moldar as sugestões dele e fornecer suas próprias sugestões. Se acontecer de você receber uma boa mensagem de retirada quando estiver buscando *feedback*, pode usá-la como âncora para o plano de ação: "Como você pode aplicar isso à sua próxima semana?", ou "Eu gosto dessa ideia. Posso sugerir uma pequena modificação que acho que a tornará mais impactante?", ou "Isso soa como um bom autocuidado geral que eu apoiaria, posso sugerir algo mais que você possa fazer para praticar as habilidades que estamos aprendendo aqui, para ajudá-lo a tirar o máximo proveito da terapia?". É sábio evitar atribuir algo que você não faria sozinho. Em relação à quantidade e à dificuldade das tarefas, muito fácil é muito melhor do que muito difícil, especialmente quando você ainda está ganhando impulso. Queremos encontrar os clientes onde estão e, portanto, introduzir novas habilidades/planilhas como tarefa de casa não é o ideal. A ideia do plano de ação é que queremos que o cliente pratique a aplicação dessas habilidades em sua vida. Idealmente, praticaríamos as habilidades atribuídas juntos na primeira sessão e depois as passaríamos como tarefa de casa, se o cliente achar útil. Frequentemente, e com a melhor das intenções, o cliente deixa a semana passar e se esquece de fazer a tarefa de casa. Então, queremos ajudá-la a planejar quando a fará e como se lembrará de fazê-la. Também abordaremos e solucionaremos outras barreiras previsíveis que possam surgir.

Problemas com a estrutura

Quando o cliente está relutante em participar dos aspectos estruturais da sessão (p. ex., hesitação em definir ou seguir uma agenda de sessão), podemos incentivá-lo a tratá-la como um experimento (Beck, 2011). Tal proposta pode soar assim:

> Suponho que você não esteja convencido dessa ideia de estruturar nossas sessões. Você parece inseguro quanto a escolher uma meta específica para trabalhar em cada sessão e, em seguida, concentrar-se apenas nesse objetivo com a esperança de que isso nos ajude a progredir o máximo possível em nossas sessões. Posso sugerir que tratemos isso como um experimento? E se reservássemos nossas próximas quatro sessões para usar essa estrutura e verificar se isso realmente faz diferença? O que você acha disso?

Da mesma forma, se você não tiver certeza sobre toda a noção de estrutura, considere usá-la como um experimento. Alguns dos comentários mais comuns que recebemos em treinamentos em TCC giram em torno de como as pessoas ficam surpresas com o quanto gostam da estrutura da sessão. Muitas vezes, as pessoas relatam usá-la em geral, mesmo com seus clientes que não estão recebendo TCC. Você pode pensar na agenda como um orçamento de tempo. Se você se reúne com seus clientes durante uma hora por semana, eles estão gastando menos de 1% do tempo com você; portanto, precisamos fazer com que essa hora clínica vá o mais longe possível, orçando nosso tempo para priorizar os itens mais importantes — da mesma forma que, se não se tem muito dinheiro, é importante ter um orçamento específico para priorizar o que precisa ser pago.

Outra estratégia para abordar os clientes mais difíceis de conter, ou menos dispostos a seguir uma agenda definida, é propor a divisão da agenda entre o tempo de apoio e o tempo para o trabalho mais ativo (Beck, 2011). Esse arranjo pode ser sugerido dizendo:

> Eu posso ver que há muita coisa acontecendo com você, e eu sei que você não tem muitos lugares para falar sobre isso. Então, quero encontrar uma maneira de garantir que você

esteja recebendo o suporte necessário e, ao mesmo tempo, não quero apenas falar sobre como as coisas estão ruins, quero trabalhar para melhorar as coisas. Sugiro que tentemos dividir nosso tempo de sessão. Vamos reservar 10 minutos a cada sessão apenas para apoio e histórias, e então usaremos o restante do tempo para trabalhar resolução de problemas, treinamento de habilidades e trabalho em algumas dessas crenças muito dolorosas que você tem. Como seria para você?

Quando você decide implementar a estrutura da sessão de TCC, ter uma folha de dicas de estrutura como a encontrada na planilha deste capítulo é uma maneira fácil de se acostumar a seguir essa organização.

Em essência, essa abordagem de tratamento como um experimento é uma maneira de contornar potenciais lutas de poder e demonstrar os princípios do empirismo colaborativo. Se a estrutura torna suas sessões mais produtivas (e, por extensão, aumenta sua probabilidade de poder empregar estratégias socráticas eficazes), será fácil falar sobre continuar a usá-la. Se parece não fazer nenhuma diferença real, talvez você não precise se preocupar tanto com a estrutura — embora, primeiro, você queira reavaliar seu diagnóstico, a formulação e o plano de tratamento, pois uma correção geral do curso pode ser indicada.

ABORDAGEM DE TREINAMENTO DE HABILIDADES

Usar estratégias socráticas para provocar mudanças cognitivas e comportamentais não se trata de mágica — podemos ensinar nossos clientes a fazer isso por si mesmos. Dessa forma, um objetivo principal da terapia é o treinamento de habilidades, e estamos ensinando os clientes a serem seus próprios terapeutas (Beck, 2011). Interessa-nos que eles aprendam a avaliar seus pensamentos tanto quanto que eles cheguem a desenvolver novas crenças (Overholser, 2011). Se você empregar uma abordagem de treinamento de habilidades para a terapia, fica mais fácil usar e ensinar habilidades na sessão. No entanto, o sucesso dessa abordagem provavelmente dependerá dos itens anteriores. Você precisa de uma forte aliança terapêutica em que haja o consenso de que aprender novas habilidades ajudará o cliente a conseguir o que deseja. Você também precisa usar a estrutura da sessão de TCC para maximizar o tempo disponível para treinamento e uso de habilidades.

Em geral, o treinamento de habilidades é realizado da seguinte maneira: primeiro, apresentando uma habilidade e explicando como ela funciona; segundo, demonstrando a habilidade e depois usando-a em conjunto; terceiro, observando a habilidade e como ela funciona; quarto, capitalizando novas aprendizagens e experiências discrepantes para facilitar a aprendizagem geral e a mudança cognitiva; finalmente, praticando a habilidade no aqui e agora do mundo real. As pessoas aprendem bem por meio de métodos experienciais — aprender fazendo (Wenzel, 2019). Esses elementos do treinamento de habilidades podem se encaixar nas quatro fases da aprendizagem experiencial de Kolb (1984), a saber, experiência concreta, observação reflexiva, conceitualização abstrata e experimentação ativa (ver Edmunds et al., 2013), que serão discutidas a seguir.

Nome:	Data:
Diagnóstico:	Objetivo do tratamento atual:
Metas de tratamento cognitivo, comportamental e afetivo:	
Sessão de hoje	
Verificação de humor:	
Ponte:	
Revisão do plano de ação: *Qual era o plano?* *Como foi?* *O que aprendemos com isso?* *Qual seria o próximo passo natural?* *Existem barreiras a serem superadas para aumentar o sucesso futuro?*	
Potenciais tópicos da agenda: *Eles estão relacionados aos nossos objetivos de tratamento?* *Quais habilidades podemos praticar? Qual é a questão mais urgente?*	
Plano de agenda finalizado:	
Avaliação do item da agenda: *Por que isso parece estar acontecendo? Quais são os elementos mais* *perturbadores? Quais elementos estão sob o controle do cliente?* *Quais pensamentos e comportamentos relevantes podemos direcionar?* *Isso está relacionado à conceituação geral?*	
Intervenções: *Focando em cognições-chave:* *Entendendo por que o pensamento faz sentido:* *Curiosidade colaborativa:* *Resumo e síntese:*	
Como foram as intervenções? Qual foi o impacto? Qual é o próximo passo?	
Resumo da sessão:	
Feedback (aprendizagem/compreensão do cliente)	
Feedback (satisfação do cliente/reação à sessão)	
Novo plano de ação *Como podemos estender a sessão praticando a habilidade que usamos ou* *aplicando a conclusão a que chegamos?*	

PLANILHA 3.1 Estrutura da sessão e *handout* do plano.

© Waltman, S.H.; Codd, R.T. III; McFarr, L.M; Moore, B. A. Socratic Questioning for Therapists and Counselors: Learn How to Think and Intervene like a Cognitive Behavior Therapist. New York, NY: Routledge, 2021.

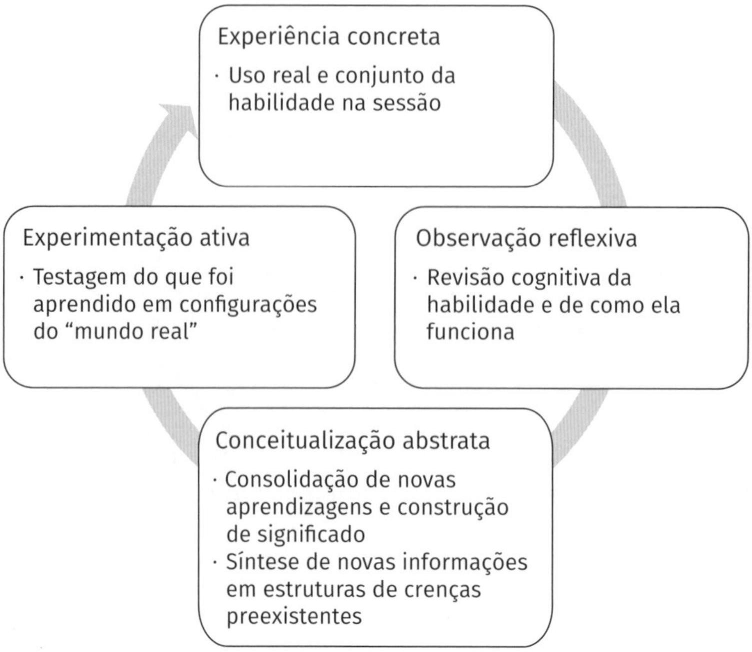

FIGURA 3.1 Modelo de aprendizagem experiencial de Kolb.

Experiência concreta

O primeiro passo no treinamento de habilidades é obter experiência concreta com a habilidade. As estratégias psicológicas podem ser abstratas ou cheias de jargões, por isso não queremos atribuir ao cliente a leitura de uma apostila como dever de casa para que ele descubra uma habilidade por conta própria. Queremos primeiro explicar o que é a habilidade e por que a estamos usando. Como a TCC é uma abordagem estratégica (Waltman et al., 2017), a habilidade que você seleciona para ensinar ou usar deve estar enraizada na conceitualização individual do cliente ou na formulação do problema (Wenzel, 2019). Você deve explicar como a habilidade funciona e como vai resolver o problema e, talvez, demonstrá-la rapidamente para que o cliente saiba no que está se envolvendo. Por exemplo, ao ensinar habilidades cognitivas, você pode apontar a conexão entre um pensamento e a angústia ou o comportamento problemático do cliente. Você pode introduzir algo como um registro de pensamento e apresentar um panorama geral do que é e como funciona; então, você pode caminhar pelo registro de pensamentos usando um exemplo que já discutiu ou que você acha que pode abordar rapidamente. Pode ser mais ou menos assim:

> OK, Francine, passamos algumas sessões falando sobre como você está infeliz e como se sente muito mal com a morte de seu irmão. Também tocamos em alguns pensamentos de que talvez tenha sido sua culpa e talvez houvesse mais que você pudesse ter feito. Quero passar a avaliar esses pensamentos com você. Deixe-me explicar brevemente como isso vai ser e como funciona. A estratégia básica é que queremos mudar nosso foco para alguns dos

pensamentos mais angustiantes que você tem. Queremos rompê-los e verificar se conseguimos encontrar uma maneira mais equilibrada e menos dolorosa de ver as coisas. Primeiro, falaremos sobre a situação para tentar escolher qual pensamento achamos mais perturbador. Então, vamos começar a olhar para esse pensamento específico tentando entender por que pode fazer sentido que você tenha pensado dessa maneira. Depois que tivermos uma boa ideia de por que isso faz sentido, vamos analisar juntos o que você pode estar deixando passar ou se há alguma indicação de que a perspectiva inicial não é verdadeira. Por fim, vamos mentalmente dar um passo atrás e ver como tudo se encaixa. Assim teremos uma ideia melhor do quadro geral e seremos capazes de apresentar um novo pensamento que seja crível. Parece bom para você?

Francine, posso dar um exemplo rápido para oferecer uma ideia melhor do que é essa habilidade? Depois que você pega o jeito, não é complicado, e, no fim das contas, quero ajudá-la a aprender a fazer tudo sozinha, para que também possa obter algum alívio fora da sessão. Lembro-me da nossa primeira sessão. Você falou sobre como, ao crescer, não era bom demonstrar emoções, e então você desenvolveu a ideia de que estar triste era fraqueza. Então, há esse pensamento, "estar triste é fraqueza". Faz sentido que você tenha tido esse pensamento anteriormente, porque é algo que lhe foi dito por pessoas em posição de autoridade. Além disso, havia algumas coisas que você estava deixando passar, você falou sobre como um terapeuta anterior a ajudou a entender que os sentimentos são naturais, e não vergonhosos. Então, juntando tudo, você anteriormente tinha a ideia de que estar triste era fraqueza, isso se baseou em lições que você aprendeu enquanto crescia. Você aprendeu novas lições quando adulta que sugerem que talvez não haja problema em ficar triste e você as acomodou de modo a chegar à conclusão de que seus pais podem ter ficado desconfortáveis com seus sentimentos, mas isso não os torna errados. Creio que ainda pode haver algum trabalho a fazer, mas é assim que funciona o processo de mudança cognitiva — a mudança pode ser gradual. Podemos nos concentrar em seus sentimentos de culpa e pensamentos de responsabilidade com estratégias semelhantes na sessão de hoje?

Se o cliente disser "não", ele não concordaria com isso de qualquer maneira, e você pode verificar o que ele acha que seria útil e elaborar um plano de ataque colaborativo. Se a resposta for "sim", vocês dois estão em sintonia e será muito mais fácil usar estratégias socráticas eficazes na sessão. Além disso, como você está sendo transparente sobre qual é a habilidade e como ela funciona, você está começando a ensinar ao cliente como fazer isso por conta própria — embora normalmente demore um pouco até que ele domine a habilidade.

Depois de demonstrar a habilidade, vocês deverão trabalhá-la em conjunto na sessão. Os capítulos posteriores do livro se concentrarão mais nas particularidades das intervenções gerais e específicas baseadas em questionamentos socráticos para atingir mudanças cognitivas e comportamentais. Se você é novo em uma habilidade específica, provavelmente desejará praticá-la algumas vezes por conta própria. Isso ajudará você a entender melhor como a habilidade funciona por meio de sua própria aprendizagem experiencial (Wenzel, 2019). Também lhe dá o benefício de poder atestar a habilidade e apresentá-la como algo amplamente útil — um pouco como os antigos comerciais do *Hair Club for Men*: "Não sou apenas o presidente, também sou um cliente". Então, você e seus clientes precisarão realmente ganhar muita experiência prática com as habilidades que você está ensinando.

Observação reflexiva

Muitos clínicos pulam essa etapa. Eles praticam a habilidade e depois confiam que o cliente entendeu tudo tão bem quanto eles. O ponto a se ter em mente é que o conteúdo do que estamos discutindo provavelmente será mais emocionalmente carregado para o cliente do que para o terapeuta. Ele pode estar emocionalmente inundado, hipnotizado pelo processo, inseguro a esse respeito ou distraído pensando nos detalhes da história que você discutiu. Portanto, é importante fazer uma pausa e verificar como ele está se saindo e qual é a impressão dele sobre a habilidade. Aqui está um exemplo de como fazer isso:

> "Francine, acabamos de fazer muito e quero verificar como você está se saindo e o que você faz com toda essa avaliação de sua estratégia de pensamentos que estamos usando."
> "Como você está se sentindo depois do exercício que fizemos juntos?"
> "Quais são suas opiniões sobre esse exercício?"
> "Isso parece ser útil para você?"
> "Isso é algo que você quer passar mais tempo praticando e aprendendo a fazer?"
> "Você tem alguma dúvida sobre o processo?"

É importante empregar tempo para esclarecer quaisquer equívocos e responder a perguntas que os clientes possam ter. E você pode conduzir a conversa fornecendo *feedback* positivo (Bellack, Mueser, Gingerich, & Agresta, 2013). Reforce o que os clientes fizeram bem e reitere sua vontade de se envolver no processo. Você também deve fornecer *feedback* construtivo (Bellack et al., 2013). Talvez você precise revisitar o treinamento de habilidades na próxima sessão. Normalmente, há alguns ajustes a serem feitos depois que os clientes começam a usar as habilidades como tarefa de casa; normalizar isso de antemão pode facilitar mais tarde: "OK, parece que temos uma ideia geral de como a habilidade funciona. O próximo passo é colocá-la em prática, para que você possa trazer de volta suas experiências. Podemos conversar sobre como foi e suavizá-la para você".

Conceitualização abstrata

Essa é a consolidação da etapa de aprendizagem. Aqui, queremos ajudar os clientes a entender o que aprenderam com a prática de habilidades. Existem dois níveis principais nos quais podemos nos concentrar: (1) sua autoeficácia e (2) seu esquema.

Mesmo que você não esteja mirando diretamente no sistema de crenças dos clientes, você ainda pode conectar o que está fazendo com as crenças deles sobre si mesmos.

Os clientes muitas vezes se veem como incapazes de várias maneiras. Devemos aproveitar qualquer chance de destacar e chamar a atenção para os momentos de competência. Se eles foram capazes de usar o relaxamento muscular progressivo para diminuir sua angústia geral, há uma lição aqui sobre eles terem algum controle sobre como estão se sentindo. Se eles praticaram uma habilidade da qual realmente não gostam, mas a exercitaram mesmo assim porque queriam tentar, há uma lição aqui sobre sua capacidade de persistir em fazer coisas que não são divertidas, mas que acreditam que devem ser feitas. Se eles tentaram uma habilidade e não funcionou como pretendido, há uma lição aqui sobre sua vontade de tentar e de ter uma mente aberta. Reforce as habilidades e os atributos que melhorarão a vida e facilitarão o tratamento.

Quando você visa à mudança cognitiva, seja diretamente por meio de estratégias socráticas ou indiretamente por meio da mudança de padrões de comportamento, haverá novas experiências e novas informações para extrair e reforçar. Devemos tentar integrar essas novas informações ao sistema geral de crenças do cliente. As principais perguntas a serem feitas incluem: como essa nova experiência ou informação se encaixa com suas suposições anteriores? E, se necessário, como elas explicam a discrepância? "Então, acabamos de resolver a situação e chegamos à nova conclusão de que existem algumas pessoas em sua vida que parecem realmente se importar com você. Como você concilia isso com sua crença de que não é amável?" "Então, você tinha uma previsão de que não seria capaz de fazer isso. Esse é um assunto de interesse para você, prever e presumir que é incapaz. Mas, na situação que acabamos de analisar, você concluiu que essa habilidade ajudou a ter sucesso. O que isso significa sobre você e sua capacidade de fazer as coisas?" Um capítulo posterior (Capítulo 8) se concentrará nas habilidades de resumo e síntese. Essas questões são parte essencial do processo de treinamento de habilidades, pois ajudam você a aproveitar ao máximo a nova experiência.

Experimentação ativa

A aprendizagem experiencial é um processo contínuo. O quarto elo no ciclo de aprendizagem experiencial de Kolb (1984) é a experimentação ativa; é quando o cliente pratica as habilidades no mundo fora da sala de terapia. Isso pode ser enquadrado como uma forma de validar os resultados da sessão. "Vamos ver se essa habilidade funciona no mundo real.". Por outro lado, pode ser bom moderar as expectativas. O que acontece com frequência é que um cliente espera para praticar uma habilidade até entrar em crise e, nesse ponto, não é exatamente proficiente na habilidade; consequentemente, não produz o resultado desejado. Eles, por sua vez, vêm à sessão dizendo que a habilidade não funciona. O problema com essa conclusão é que a habilidade não teve um julgamento justo. O princípio comportamental a ser empregado é a superaprendizagem (ver Bellack et al., 2013): "Você precisa aprender até que se torne automático". Para ajudar o cliente a definir as expectativas apropriadas, você deve conversar com ele sobre como e quando praticar. Assim como aprendemos a dirigir em um estacionamento e não em uma rodovia, queremos que eles pratiquem suas habilidades com frequência e inicialmente em situações de baixa demanda. Não é aconselhável que eles esperem até estarem em crise para usarem a habilidade: "Quando você começar a usar essa habilidade, ela não funcionará tão bem quanto nós precisamos, você precisa continuar praticando, então você pode desenvolvê-la e ela funcionará quando você precisar".

A prática de habilidades no "mundo real" é idealmente feita como tarefa de casa (ou prática externa de habilidades). No entanto, realmente será uma perda tratar as habilidades como recursos que o cliente deve usar apenas fora da sessão — você também não conhecerá seu domínio ou a sua fluidez em relação à habilidade. A prática de habilidades de "estar no momento presente" pode ser muito valiosa. Se você ensinou ao seu cliente habilidades de *grounding*, deve treiná-lo para usá-las se ele estiver se dissociando durante a sessão. Se você ensinou ao seu cliente habilidades de regulação emocional e ele está emocionalmente desregulado, você pode treiná-lo para usar suas habilidades — supondo que isso não seja contrário a uma atividade de exposição. À medida que seu cliente se torna mais proficiente nas estratégias de mudança socráticas, você pode fazer com que ele comece a conduzir a prática quando vocês avaliam os pensamentos juntos em uma sessão.

AUTOMONITORAMENTO

Beck (1979) salientou em suas observações que as pessoas precisavam ser treinadas para se concentrar em certos tipos de pensamentos. Sua estratégia inicial era usar mudanças para afetos desagradáveis como um sinal e ensinar as pessoas a olhar para o que estavam pensando antes da mudança. Essa fase inicial do tratamento é chamada de automonitoramento. É aqui que ensinamos as pessoas a ter maior autoconsciência para facilitar a percepção e a rotulação de seus pensamentos e sentimentos (Foster, Laverty-Finch, Gizzo, & Osantowski, 1999; Korotitsch & Nelson-Gray, 1999). Em seguida, usamos essas habilidades para coletar dados que podem ser usados para conduzir nossa conceitualização e nossas intervenções posteriores (Cohen, Edmunds, Brodman, Benjamin, & Kendall, 2013). Estamos interessados em rastrear a frequência, a intensidade e a duração do alvo do automonitoramento (Cohen et al., 2013). Também devemos aprender sobre o contexto no qual ocorre o pensamento, o comportamento ou a emoção. Qual é a função do comportamento? Quais são os antecedentes? Quais são as consequências? Isso ajudará a desvendar por que o comportamento está ocorrendo e se existe uma recompensa a curto prazo (Cohen et al., 2013; Rizvi & Ritschel, 2014; Waltman, 2015). A análise funcional ou análise em cadeia comportamental (ver Rizvi & Ritschel, 2014) será posteriormente abordada de modo mais extensivo no capítulo sobre a incorporação de estratégias socráticas na DBT (Capítulo 12).

Coletando novas informações por meio do automonitoramento

No capítulo anterior, revisamos os processos cognitivos e os vieses que afetam as percepções de uma pessoa. Quando combinamos esses vieses com uma possível baixa autoconsciência, pode ficar evidente que podemos estar perdendo algumas peças importantes do quebra-cabeça se baseamos nossa conceitualização e nosso plano de tratamento apenas nas informações obtidas nas primeiras sessões. Embora você possa ter ouvido falar de algo chamado realismo depressivo em um curso de graduação em psicologia (ver Ackerman & DeRubeis, 1991), grande parte dessa pesquisa foi feita em amostras não clínicas, e a ideia de que pessoas com níveis clínicos de depressão tenham uma visão mais realista do mundo não é exatamente precisa (Ackerman & DeRubeis, 1991). Elas são talvez menos propensas ao excesso de confiança ou a previsões excessivamente otimistas, mas sua visão do passado é, muitas vezes, distorcida (Ackerman & DeRubeis, 1991).

As pessoas com depressão com frequência tendem a generalizar excessivamente. Ou seja, elas têm mais dificuldade em lembrar especificamente o que aconteceu e tendem a lembrar aquilo que creem ter acontecido com base em processos ruminativos supergeneralizados (Brittlebank, Scott, Mark, & Williams, 1993; Kuyken & Dalgleigh, 1995). Além disso, pode haver dificuldade especial em recordar experiências ou memórias positivas (Brittlebank et

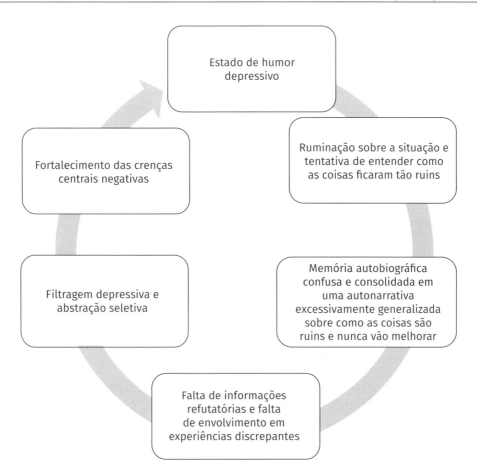

FIGURA 3.2 Ciclo de ruminação-supergeneralização.

al., 1993; Williams & Scott, 1988). Avalia-se que isso se deve a seus processos de pensamento ruminativo (Watkins & Teasdale, 2001). Na medida em que revolvem suas memórias do passado (ver Randall, 2007), há uma reconstituição e uma consolidação das lembranças de uma forma que produz memórias supergeneralizadas — aquelas que tendem a se encaixar em suas crenças e suposições centrais depressivas (Watkins & Teasdale, 2001). Processos cognitivos semelhantes e problemas com memórias autobiográficas também são observados em outros transtornos psiquiátricos (ver McNally, Lasko, Macklin, & Pitman, 1995).

Aumentando a autoconsciência dos pensamentos

Um pensamento automático por definição é um pensamento avaliativo rápido que ocorre fora de nossa consciência (Beck, 1963 e 1964). As pessoas precisam ser ensinadas a perceber e reconhecer seus pensamentos, especialmente aqueles que estão afetando seu humor (Beck, 1979). Alguns clientes aceitarão isso mais naturalmente do que outros. Eles normalmente aceitam e declaram seus pensamentos como fatos. Nosso trabalho é ajudá-los a dar o primeiro passo para fazer uma pausa e captar seus pensamentos. Existe uma técnica simplificada em TCC chamada 3Cs, *catch it, check it, change it* (perceba, avalie, mude; ver Creed, Waltman, Frankel e Williston, 2016), que na verdade trata de três habilidades distintas que precisam ser ensinadas separadamente. Antes que você possa verificar e mudar pensamentos, você precisa ensinar seus clientes a percebê-los.

Queremos capturar pensamentos com os quais estamos interessados em trabalhar. Um capítulo posterior (Capítulo 5) sobre o foco nas cognições-chave tratará com mais detalhes sobre como encontrar os pensamentos mais estratégicos a serem avaliados. Quando inicialmente ensinamos o cliente a perceber seus pensamentos automáticos, muitas vezes usamos uma forte reação emocional como pista.

- "O que estava passando pela sua cabeça antes de você ficar chateada?"
- "O que você estava dizendo a si mesma?"
- "O que você estava pensando que ia acontecer?"
- "Como você estava processando o que estava acontecendo?"

Alguns clientes poderão facilmente dizer o que estavam pensando, mas outros precisarão de ajuda. Muitas vezes, as pessoas podem compartilhar um pensamento que é de fato uma situação ou uma emoção e você precisará ajudá-las a identificar o pensamento preciso, como no exemplo a seguir:

TERAPEUTA (T): OK, então seu turno tinha acabado, seu supervisor estava tentando falar com você sobre algo que talvez não fosse muito urgente, e você se viu ficando muito irritado. O que você estava pensando para deixar você com tanta raiva?

CLIENTE (C): Eu estava pensando que era hora de ir para casa.

T: Certo, seu turno acabara e era a hora planejada para ir para casa. Mas o que estava passando pela sua mente? O que você estava dizendo a si mesmo no momento?

C: Eu estava pensando em como estava irritado e o quanto eu o odeio.

T: Então, você estava realmente com raiva. Você teve essa emoção. Do ponto de vista comportamental, parece que você caiu em uma pequena ruminação sobre o trabalho. Além disso, houve o comportamento posterior de atacar seu chefe. Mas qual foi o pensamento inicial que o levou a isso?

C: Não tenho certeza do que você quer dizer.

T: OK, isso pode ser algo bom. Podemos ser capazes de identificar o pensamento que levou a toda essa cadeia de eventos e toda aquela sensação ruim que você teve. Vamos aprofundar um pouco. Quero que feche os olhos e imagine aquele dia, digo, aquela tarde. Como é o seu trabalho? O que as pessoas estão vestindo? Como soa e cheira? Você está olhando o relógio, é hora de sair e seu chefe chega e começa a conversar sobre algo que não parece urgente. O que está passando pela sua mente?

C: Ele é um completo idiota por esperar até o final do dia para vir falar comigo. É tão imprudente!

T: Excelente trabalho! Identificamos alguns pensamentos em potencial que surgiram para você. Você pensou que seu chefe era um idiota por esperar até o final do dia. Você também pensou que ele estava sendo imprudente. Esses pensamentos o deixaram emocionalmente irritado, e isso o levou ao comportamento de ruminar sobre sua raiva, sentir-se emocionalmente mais irritado e, em seguida, explodir verbalmente com seu chefe.

C: Sim, parece certo, você resumiu bem.

T: Você está fazendo um ótimo trabalho. Esses são exatamente os tipos de pensamentos que queremos aprender a captar. Esses são os pensamentos que estão piorando uma situação ruim para você.

C: Se isso me ajudar a não explodir no trabalho... realmente não posso me dar ao luxo de perder meu emprego.

O primeiro passo é ouvir os pensamentos e rotulá-los como tal. Na verdade, rotular situações como situações, pensamentos como pensamentos, emoções como emoções e comportamentos como comportamentos o levará muito longe nessa prática. Alguns clientes terão mais dificuldade com isso e pode haver a tentação de pular essa etapa.

Essa habilidade de autoconsciência e automonitoramento é fundamental e será muito difícil implementar a etapa posterior se o cliente não for capaz de dar mentalmente um passo atrás e perceber o que estava pensando. Estratégias de imagem, como as ilustradas anteriormente, podem ser úteis. Desenhar uma linha do tempo pode ser útil. Pedir uma interpretação da situação fará você se aproximar do pensamento automático, que é algo com que você pode trabalhar. Idealmente, não fornecemos aos clientes palpites sobre o que achamos que eles estavam pensando. Judy Beck (2011) apresenta a brilhante estratégia de adivinhar o oposto do que você acha que eles podem estar pensando. Isso de fato é bastante útil. Então, para o cenário, o terapeuta pode ter adivinhado: "Você estava pensando que seu chefe estava sendo realmente atencioso esperando até a hora da saída para falar com você sobre isso?". Embora queiramos evitar dizer aos clientes o que achamos que eles estavam pensando, podemos rotular seus pensamentos como tal quando os ouvimos. As fases iniciais do tratamento geralmente se concentram na construção de *rapport*, e você pode rotular pensamentos como tal em sua escuta reflexiva. Isso é ilustrado no exemplo anterior.

Aumentando a autoconsciência das emoções

Os clientes se apresentarão ao tratamento com uma ampla variabilidade em sua consciência emocional, em sua tolerância emocional e em suas crenças sobre emoções (Leahy, 2018). Portanto, a quantidade de trabalho que precisa ser feita nesse item dependerá da apresentação de cada cliente. Em alguns casos, a educação emocional básica é uma parte importante do tratamento, e talvez uma espécie de pré-tratamento. Em outros casos, você pode abordá-la à medida que avança. No mínimo, seu cliente deve ser capaz de citar algumas das emoções básicas (raiva, nojo, medo, felicidade, tristeza e surpresa; ver Ekman, 1992). Veja Persons (2012) para uma revisão mais completa das teorias da emoção relacionadas à TCC e Leahy (2018) para um guia mais completo de como trabalhar com emoções na TCC.

TERAPEUTA (T): Então, você está mexendo no telefone do seu namorado e encontra algumas mensagens de texto da ex-namorada dele. Como você estava se sentindo naquele momento?

CLIENTE (C): Mal... muito mal.

T: Você se sentiu mal, e quais emoções estava experimentando?

C: (Parece confusa.)

T: Irritada, enojada, com medo, feliz, triste ou surpresa?

C: Ah, várias dessas. Irritada com certeza.

T: Então você estava com raiva. Alguma outra emoção surgiu?

C: Acho que também estava sentindo um pouco de medo e tristeza, mas principalmente raiva, muita raiva.

T: Você estava principalmente com raiva, mas também havia um pouco de tristeza e preocupação, estou certo?

C: Sim.

T: Você fez um bom trabalho identificando todos os diferentes sentimentos, parece que foi uma situação muito intensa e você estava sentindo muita raiva, mas também alguma tristeza e medo. À medida que identificamos essas fortes reações emocionais, podemos usá-las para nos indicar as áreas mais importantes a serem trabalhadas. Você acha que muitas vezes está se sentindo zangada, triste e com medo ultimamente?

C: Sempre.

T: Isso pode ser muito difícil de administrar e parece complicado com todas as camadas da situação. Acho que pode fazer sentido passar algum tempo desvendando a situação, identificando todos os diferentes pensamentos e sentimentos correspondentes. Parece que pode fazer sentido começar a monitorar seu humor. Deixe-me mostrar-lhe um formulário que pode ser útil para você.

À medida que o cliente se torna mais capaz de identificar suas emoções, você pode passar para estratégias de automonitoramento, como o triângulo da TCC ou o registro de pensamento de três colunas, que serão discutidos a seguir. Se o cliente continua com problemas para identificar seus sentimentos, você pode fazer com que ele rastreie situações perturbadoras, e você pode ajudá-lo a descompactar as situações e rotular suas emoções na sessão.

Aumentando a autoconsciência dos comportamentos

Podemos usar o automonitoramento para direcionar comportamentos que estamos tentando reforçar ou reduzir (Korotitsch & Nelson-Gray, 1999). A primeira pergunta a se fazer é se o cliente está ciente do comportamento quando este ocorre. Caso contrário, talvez seja necessário primeiro rastrear a ocorrência das consequências do comportamento. À medida que ele começa a monitorar um comportamento, pode haver um efeito reativo, em que vemos uma diminuição em um efeito indesejado como subproduto de o cliente estar mais consciente de seu comportamento (ver Korotitsch & Nelson-Gray, 1999). Se houver comportamentos específicos que você deseja atingir, é aconselhável acompanhar o que está acontecendo antes e depois do comportamento para ajudar a esclarecer possíveis alvos de tratamento. Acompanhar os comportamentos gerais de um indivíduo em um dia pode ser uma maneira útil de entender melhor sua situação e seu funcionamento. Você normalmente encontrará algo inesperado ou algo que teria perdido se simplesmente confiasse na lembrança retrospectiva uma semana depois em sua sessão de terapia (Brittlebank et al., 1993;

Williams e Scott, 1988). Os comportamentos podem ser registrados de várias maneiras (Cohen et al., 2013). Elementos típicos são registros de comportamentos ou ocorrências que monitoram quando um comportamento aconteceu, o contexto, o humor e os pensamentos concomitantes.

DEMONSTRANDO O MODELO DE TCC COM AUTOMONITORAMENTO

Orientação para o modelo de TCC

Orientar seu cliente para o modelo de TCC é um processo de várias etapas. Você primeiro explicará o modelo e, depois, precisará mostrá-lo a ele com o conteúdo de sua própria vida. Há muitas maneiras de explicar o modelo de TCC, as mais comuns utilizam uma situação hipotética ambígua para demonstrar que pessoas diferentes podem ter reações diferentes diante da mesma situação. Outra opção é usar um triângulo (ou losango; ver Greenberger & Padesky, 2015). A seguir está um exemplo que combina essas possibilidades.

TERAPEUTA (T): Eu queria falar um pouco com você sobre como eu trabalho e por que eu faço o que faço. Diferentes terapeutas fazem as coisas de formas diferentes, e eu queria apresentar uma das ideias principais para este tratamento. Primeiro, quero que você imagine um cenário comigo. Imagine que você publica uma foto nas redes sociais e não recebe *likes* nem comentários. Como você se sente nessa situação?

CLIENTE (C): Acho que ficaria irritado. Eu não gostaria nada disso.

T: Então, nessa situação você ficaria irritado. Você conhece alguém que teria uma reação diferente?

C: Sim, minha irmã ficaria bem triste. E o meu pai acho que sequer notaria.

T: Então, pessoas diferentes em situações semelhantes têm reações diferentes. Por que você acha que isso acontece?

C: Acho que significaria mais para mim do que para meu pai, mas minha irmã também ficaria chateada.

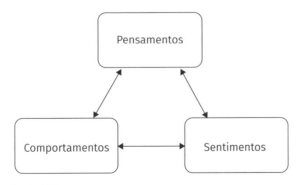

FIGURA 3.3 Triângulo da TCC.

T: Nesse cenário hipotético, o que você estaria dizendo a si mesmo para ficar tão irritado?

C: Eu estaria bravo com meus amigos. Dou *like* em todas as coisas deles, mesmo que não sejam grandes coisas, então por que eles seriam tão rudes comigo?

T: Então, você pensa que seus amigos estão sendo rudes e sente raiva. O que sua irmã pensaria para deixá-la triste?

C: Ela poderia pensar que ninguém gosta dela.

T: Esse é um pensamento triste, imagino como ela se sentiria. E seu pai?

C: Ele é engraçado, ele poderia apenas pensar que gosta da foto e não se preocupa com isso como eu.

T: O que você acha dessas três situações?

C: Eu só preciso ser menos negativo.

T: Parece que você tem pensamentos até sobre seus pensamentos. Então, a ideia é que vocês três tiveram três pensamentos diferentes e três reações emocionais diferentes. Portanto, não é apenas o que acontece que afeta como nos sentimos, mas também como interpretamos ou damos sentido ao que acontece. O tipo de terapia que uso é focado não apenas em tentar melhorar a situação geral, mas também em observar seu sistema de criação de significado, seu pensamento e suas crenças, para que possamos maximizar o benefício que você obtém.

C: Faz sentido.

T: Aqui está outra maneira de pensar sobre isso (desenhando um triângulo com pensamentos, sentimentos e comportamentos nos diferentes cantos). Você já descobriu que é difícil simplesmente não ficar com raiva ou não ficar triste?

C: Uh, como é difícil não ser sempre feliz?

T: Isso quer dizer que você já tentou simplesmente não ficar com raiva ou triste, e apenas ser feliz?

C: História da minha vida!

T: E as pessoas provavelmente lhe dizem coisas como "não fique tão irritado" ou "não fique triste", talvez "não se preocupe". Quão fácil é isso?

C: É difícil.

T: Sim, é muito difícil, e acho que se fosse fácil ninguém viria me ver. A questão é que, embora não tenhamos muito controle direto sobre como estamos nos sentindo, temos algum controle sobre nosso pensamento e ainda mais controle sobre o que estamos fazendo. Olhando para esse diagrama, o que descobrimos é que nossos pensamentos, sentimentos e comportamentos estão conectados. Então, ajustando o que você está fazendo e como você está pensando, podemos promover mudanças no modo como você está se sentindo. O que você acha?

C: Faz sentido.

T: Eu sei que pode ser um pouco abstrato, então a primeira coisa que quero fazer é passar algum tempo nas próximas semanas falando mais sobre suas preocupações e vendo como esse modelo se aplica a você. Quero testar com você se seus pensamentos, sentimentos e comportamentos estão conectados, porque, se estiverem, esse modelo deve ser adequado para o que está acontecendo com você. Tudo bem?

C: Sim. Eu gosto da ideia de testar primeiro para ter certeza de que o ajuste é bom.

O próximo passo é conversar com o cliente sobre suas preocupações e situações perturbadoras recentes e, em seguida, incluir essas situações no modelo para testar se a TCC será adequada para ele. Depois de ter feito isso algumas vezes, você pode começar a fazer perguntas para ajudá-lo a ver a conexão entre pensamentos, sentimentos e comportamentos. Ao ver essa conexão, será muito mais fácil avançar nas estratégias de mudança cognitiva e de comportamento.

Exemplo com um comportamento: ativação comportamental

A fase de "início" é chamada na literatura de automonitoramento e atende a dois objetivos: ajudar a orientar ainda mais o cliente para o modelo e ajudar a descobrir metas estratégicas. Pode haver um grande desejo de pular direto para tentar mudar pensamentos ou comportamentos. Essas tentativas podem fracassar se ainda não soubermos onde intervir ou se o cliente não perceber a conexão entre como pensa, como age e como se sente. Tomemos, por exemplo, a ativação comportamental (Martell, Dimidjian, & Herman-Dunn, 2013). É comumente entendido que o objetivo da ativação comportamental é tornar o cliente mais ativo para ajudá-lo a se sentir menos deprimido. A abordagem senso comum se resume a dizer ao seu cliente diretamente para se tornar mais ativo pois isso o ajudará a se sentir melhor. O problema é que, se você tem depressão clínica, tem energia muito baixa e muitas vezes pensa que não vai gostar de nada, que não terá energia para fazer nada e que está muito deprimido para fazer qualquer coisa. Então, quando seu terapeuta lhe diz para ficar mais ativo, você diz a si mesmo: "Claro, mas estou deprimido. Não tenho essa energia. Não consigo". Você pode até dizer a si mesmo: "Quando eu começar a me sentir melhor, farei mais". Isso é uma armadilha, porque você provavelmente não se sentirá melhor antes de começar a mudar seu comportamento.

Então, o que o terapeuta deve fazer? O objetivo inicial é resistir à tentação de dar aos clientes conselhos que eles provavelmente não seguirão e, em vez disso, alinhar-se com eles para ajudá-los a ver por si mesmos que o que estão fazendo está afetando como estão se sentindo. Idealmente, essa é uma descoberta conjunta (empirismo colaborativo), chamada de monitoramento de atividades. A ideia é simples — usar detalhes da vida do cliente para comprovar o modelo cognitivo-comportamental e buscar pontos estratégicos para intervir. O monitoramento de atividades envolve observar a semana do cliente como ela é e, em seguida, enquadrá-la como uma maneira de aprender mais sobre ele. Considere o exemplo a seguir.

Chad era um jovem preso em um trabalho do qual não gostava e lutava para sustentar um filho que ele e sua esposa não planejaram ter. Ele estava deprimido há vários meses e se apresentava na sessão emocionalmente vazio e extremamente apático. Muitas vezes, quando os sintomas são graves, a mudança de comportamento é o primeiro alvo e, à medida que os sintomas melhoram, estratégias cognitivas são usadas para ganhos adicionais (Beck et al., 1979). Expliquei a Chad como seus sentimentos e comportamentos estavam conectados. Eu tinha algumas ideias iniciais sobre coisas diferentes que ele poderia fazer para se sentir melhor, mas resisti à tentação de dizer a ele quais eu achava que eram as respostas e, em vez disso, sugeri que estudássemos sua depressão juntos. Pedi a ele que acompanhasse sua depressão por uma semana. Isso implicava monitorar o que ele estava fazendo e como ele estava se sentindo. Pedi a ele que procurasse variações sutis em sua depressão — as vezes em que se sentia mais deprimido e as vezes em que se sentia um pouco menos deprimido. Na semana seguinte, revisamos seu diário juntos. Ele estava bastante infeliz no trabalho e tinha uma alta frequência de "sonecas de depressão", que muitas vezes o deixavam se sentindo pior. Percebi que ele passou por uma leve "sacudida" no início da noite, e então me concentrei na curiosidade sobre isso. Ele explicou que realmente se divertiu quando estava cozinhando o jantar. "Excelente!", eu exclamei internamente. Mostrei mais curiosidade sobre isso. O que havia em cozinhar o jantar que era agradável para ele? Ele explicou que se sentia como se não fosse realmente bom em seu trabalho, ou em ser pai, ou em muitas outras coisas, mas que sabia cozinhar muito bem. E, quando estava cozinhando, sentiu (pensou) que finalmente estava fazendo algo certo.

Isso foi extremamente importante. Havíamos identificado uma atividade que ajudava a aliviar seus sintomas depressivos. Olhando para o registro geral, perguntei se ele via alguma conexão entre o que estava fazendo e como estava se sentindo. Ele podia ver essa conexão. Perguntei a ele o que queria fazer com relação a essa conexão. Ele disse que poderia fazer algumas mudanças em sua agenda para ver se isso o ajudaria a se sentir melhor. Conversamos sobre outras maneiras de sentir mais uma sensação de domínio e, à medida que aumentamos suas experiências de domínio, sua depressão desapareceu. Ele se tornou um pai e um cônjuge mais engajado e encontrou uma carreira mais gratificante. A aprendizagem para mim era evidente. Se eu tivesse dito a ele para fazer a primeira coisa em que pensei, teria perdido completamente essa grande intervenção; orientá-lo a descobrir isso por si mesmo aumentou sua adesão e sua motivação para a atividade.

Exemplo com um pensamento: terapia cognitiva

O fluxo básico desse processo é a estratificação direta. Primeiro, ensinamos o cliente a perceber seus pensamentos e seus sentimentos. À medida que ele aprende a fazer isso, construímos uma conexão entre seus pensamentos e seus sentimentos. Conforme o cliente percebe uma conexão entre o que está pensando e como está se sentindo, usamos isso a fim de construir uma lógica para aprender estratégias de mudança cognitiva. A seguir está um exemplo dessa lógica sendo construída, com uma continuação de um exemplo de caso anterior.

TERAPEUTA (T): Jasmine, estamos conversando há algum tempo sobre a situação do seu recente rompimento. É claro que isso tem sido muito difícil para você.
CLIENTE (C): Tem sido um inferno, eu me sinto tão mal.
T: É muito ruim, e a emoção?
C: Tristeza, muita tristeza.
T: Então, você está se sentindo muito triste e estamos analisando alguns dos pensamentos por trás dessa tristeza. Quais se destacam para você?
C: Esse pensamento de que "estarei sempre sozinha e ninguém nunca me amará" é um grande problema.
T: Você tem esses pensamentos muito dolorosos de que sempre estará sozinha e de que ninguém jamais a amará e acaba se sentindo profundamente triste.

C: Isso não é verdade?

T: Você vê uma conexão entre esses pensamentos de ficar sozinha para sempre e não ser amada e seus sentimentos de tristeza?

C: Acho que sim. Eu acho que eles estão conectados. Eu certamente me sinto pior quando passo mais tempo pensando nisso.

T: Então, o que você quer fazer sobre isso?

C: Talvez eu só precise me distrair desses pensamentos. Eu só preciso ficar ocupada, então eu não teria tempo para ficar triste.

T: Você já tentou isso?

C: Eu fiz e acabei chorando no trabalho e depois brigando com alguém que não fez nada de errado.

T: Se a distração não resolver o problema, o que mais podemos tentar?

C: Não sei, é por isso que estou aqui.

T: Reunimos alguns bons dados para orientar nosso plano. Você descobriu que esses pensamentos de não ser amada tendem a deixá-la mais triste.

C: Verdade.

T: Então, o que você quer fazer sobre isso?

C: Acho que encontrar alguns novos pensamentos que sejam menos deprimentes.

T: Espere. Devagar, isso parece importante, deixe-me escrever isso. Você está sugerindo que, se seus pensamentos são parte do que está a deixando tão triste, ter novos pensamentos pode ajudá-la a se sentir melhor?

C: Faz sentido.

T: Gostei. Na verdade, tenho muitas habilidades e estratégias úteis que posso ensinar a você para nos ajudar a encontrar novos pensamentos equilibrados e verossímeis. Parece bom para você?

C: Parece exatamente o que eu preciso.

RESUMO DO CAPÍTULO

Há uma série de técnicas que um terapeuta pode usar para aumentar a probabilidade de ser capaz de usar estratégias socráticas eficazes durante a sessão. Ter uma forte aliança terapêutica é importante em todas as terapias, e uma forte aliança sugeriria um acordo sobre os objetivos do tratamento e o método para atingi-los. A estrutura da sessão de TCC ajuda a maximizar a eficiência da sessão e contribui para sessões produtivas. A TCC é inerentemente uma terapia de treinamento de habilidades, e estamos tão interessados em ensinar seus clientes a aplicar estratégias socráticas em seus próprios processos de pensamento quanto em provocar mudanças cognitivas. O automonitoramento é um primeiro passo crucial no tratamento, por meio do qual ensinamos os clientes a observar seus pensamentos, seus sentimentos e seus comportamentos. À medida que eles percebem uma conexão entre pensamentos, sentimentos e comportamentos, usamos isso para construir uma justificativa para o uso de estratégias de mudança cognitiva e comportamental, como o questionamento socrático. Desenvolvendo o domínio nessas áreas, você e seus clientes terão mais facilidade ao usar estratégias socráticas para ajudar a superar as barreiras em suas vidas.

REFERÊNCIAS

Ackermann, R.; DeRubeis, R.J. (1991). Is depressive realism real? Clinical Psychology Review, 11(5), 565–584.

Beck, A.T. (1964). Thinking and depression II. Theory and therapy. Archives of General Psychiatry, 10(6), 561–571. doi:10.1001/archpsyc.1964.01720240015003

Beck, A.T. (1963). Thinking and depression I. Idiosyncratic content and cognitive distortions. Archives of General Psychiatry, 9, 324–333. doi:10.1001/ archpsyc.1963.01720160014002

Beck, A.T. (1979). Cognitive therapy and the emotional disorders. New York: Meridian.

Beck, A.T.; Rush, A.J.; Shaw, B.F.; Emery, G. (1979). Cognitive therapy of depression. New York: Guilford Press.

Beck, J.S. (2011). Cognitive behavior therapy: Basics and beyond (2nd ed.). New York: Guilford Press.

Bellack, A.S.; Mueser, K.T.; Gingerich, S.; Agresta, J. (2013). Social skills training for schizophrenia: A step-by-step guide. New York: Guilford Press.

Brittlebank, A.D.; Scott, J.; Mark, J.; Williams, G.; Ferrier, I.N. (1993). Autobiographical memory in depression: State or trait marker?. The British Journal of Psychiatry, 162(1), 118–121.

Carroll, L. (2011). Alice's adventures in wonderland. Ontario, Canada: Broadview Press.

Cohen, J.S.; Edmunds, J.M.; Brodman, D.M.; Benjamin, C.L.; Kendall, P.C. (2013). Using self-monitoring: Implementation of collaborative empiricism in cognitive-behavioral therapy. Cognitive and Behavioral Practice, 20(4), 419–428.

Creed, T.A.; Waltman, S.H. (2017). Therapeutic alliance. In A. Wenzel (Ed.). The SAGE encyclopedia of abnormal and clinical psychology (pp. 3511). Thousand Oaks, CA: SAGE.

Creed, T.A.; Waltman, S.H.; Frankel, S.A.; Williston, M. A. (2016). School-based cognitive behavioral therapy: Current status and alternative approaches. Current Psychiatry Reviews, 12(1), 53–64.

David, S. (2016). Emotional agility: Get unstuck, embrace change, and thrive in work and life. New York: Penguin.

Edmunds, J.M.; Beidas, R.S.; Kendall, P.C. (2013). Dissemination and implementation of evidence-based practices: Training and consultation as implementation strategies. Clinical Psychology: Science and Practice, 20(2), 152–165.

Ekman, P. (1992). An argument for basic emotions. Cognition & Emotion, 6(3–4), 169–200.

Foster, S.L.; Laverty-Finch, C.; Gizzo, D.P.; Osantowski, J. (1999). Practical issues in self-observation. Psychological Assessment, 11(4), 426.

Gilbert, P.; Leahy, R. L. (Eds.). (2007). The therapeutic relationship in the cognitive behavioral psychotherapies. London: Routledge.

Greenberger, D.; Padesky, C.A. (2015). Mind over mood: Change how you feel by changing the way you think. New York: Guilford Press.

Hayes, S.C.; Smith, S. (2005). Get out of your mind and into your life: The new acceptance and commitment therapy (2nd ed.). Oakland, CA: New Harbinger Publications.

Kazantzis, N.; Beck, J.S.; Dattilio, F.M.; Dobson, K.S.; Rapee, R.M. (2013). Collaborative empiricism as the central therapeutic relationship element in CBT: An expert panel discussion at the 7th international congress of cognitive psychotherapy. International Journal of Cognitive Therapy, 6(4), 386–400.

Kolb, D.A. (1984). Experiential learning: Experience as the source of learning and development. Englewood Cliffs, NJ: Prentice-Hall.

Korotitsch, W.J.; Nelson-Gray, R.O. (1999). An overview of self-monitoring research in assessment and treatment. Psychological Assessment, 11(4), 415.

Kuyken, W., & Dalgleish, T. (1995). Autobiographical memory and depression. British Journal of Clinical Psychology, 34(1), 89–92.

Leahy, R.L. (2018). Emotional schema therapy: Distinctive features. New York: Routledge.

M. Stith, S.; Miller, M.S.; Boyle, J.; Swinton, J.; Ratcliffe, G.; McCollum, E. (2012). Making a difference in making miracles: Common roadblocks to miracle question effectiveness. Journal of Marital and Family Therapy, 38(2), 380–393.

Martell, C.R.; Dimidjian, S.; Herman-Dunn, R. (2013). Behavioral activation for depression: A clinician's guide. New York: Guilford Press.

McNally, R.J.; Lasko, N.B.; Macklin, M.L.; Pitman, R.K. (1995). Autobiographical memory disturbance in combat-related posttraumatic stress disorder. Behaviour Research and Therapy, 33(6), 619–630.

Miller, W.R.; Rollnick, S. (2012). Motivational interviewing: Helping people change. New York: Guilford Press.

Okamoto, A.; Dattilio, F.M.; Dobson, K.S.; Kazantzis, N. (2019). The therapeutic relationship in cognitive-behavioral therapy: Essential features and common challenges. Practice Innovations, 4(2), 112–123.

Overholser, J.C. (2011). Collaborative empiricism, guided discovery, and the Socratic method: Core processes for effective cognitive therapy. Clinical Psychology: Science and Practice, 18(1), 62–66.

Persons, J.B. (2013). The case formulation approach to cognitive-behavior therapy. New York: Guilford Press.

Randall, W.L. (2007). From computer to compost: Rethinking our metaphors for memory. Theory & Psychology, 17(5), 611–633.

Rizvi, S.L.; Ritschel, L.A. (2014). Mastering the art of chain analysis in dialectical behavior therapy. Cognitive and Behavioral Practice, 21(3), 335–349.

Tee, J.; Kazantzis, N. (2011). Collaborative empiricism in cognitive therapy: A definition and theory for the relationship construct. Clinical Psychology: Science and Practice, 18(1), 47–61.

Waltman, S.H. (2015). Functional analysis in differential diagnosis: Using cognitive processing therapy to treat PTSD. Clinical Case Studies, 14(6), 422–433.

Waltman, S.H.; Hall, B.C.; McFarr, L.M.; Beck, A. T.; Creed, T.A. (2017). In-session stuck points and pitfalls of community clinicians learning CBT: Qualitative investigation. Cognitive and Behavioral Practice, 24, 256–267. doi:10.1016/ j.cbpra.2016.04.002

Wampold, B.E. (2001). The great psychotherapy debate models, methods, and findings. Mahwah, NJ: Lawrence Erlbaum.

Watkins, E.D.; Teasdale, J.D. (2001). Rumination and overgeneral memory in depression: Effects of self-focus and analytic thinking. Journal of Abnormal Psychology, 110(2), 353.

Wenzel, A. (2019). Cognitive behavioral therapy for beginners: An experiential learning approach. New York: Routledge.

Westra, H.A.; Dozois, D.J. (2006). Preparing clients for cognitive behavioral therapy: A randomized pilot study of motivational interviewing for anxiety. Cognitive Therapy and Research, 30(4), 481–498.

Williams, J.M.G.; Scott, J. (1988). Autobiographical memory in depression. Psychological Medicine, 18(3), 689–695.

4

Uma base para o questionamento socrático:
diálogo socrático beckiano

Scott H. Waltman e R. Trent Codd III

❖ O QUE VOCÊ VERÁ NESTE CAPÍTULO

O modelo de diálogo socrático de 1993 de Padesky	57
Base revisada para questionamento socrático	59
Exemplo de caso: Fiona	59
Passo 1: foco	60
Passo 2: compreensão fenomenológica	62
Passo 3: curiosidade colaborativa	64
Passo 4: resumo e síntese	66
Resumo do capítulo	70

Sócrates usou questionamentos e confrontação para ajudar as pessoas a chegarem ao que ele considerava verdades universais. Seu método consistia em desmontar o argumento do aluno e, em seguida, construir um novo ponto de vista que era consistente com o seu (Peoples & Drozdek, 2017). Ele conseguiu isso fazendo uma sequência de perguntas com base nas respostas antecipadas do interlocutor (Hintikka, 2007). Filosofia e terapia têm objetivos diferentes, no entanto. Em filosofia, o uso de métodos socráticos pode ser chamado de *elenchus*. Sócrates e outros filósofos teriam se considerado parteiros de pensamentos, crenças e ideias (Grimes & Uliana, 1998; Overholser, 2018). Sócrates se concentrou em questões relacionadas à ética e à moralidade (Peoples & Drozdek, 2017). Já o foco da terapia é ajudar os clientes a encontrarem suas próprias verdades, constituídas por suas experiências, suas evidências e seus valores. Assim, o questionamento socrático em psicoterapia difere do que Sócrates realmente faria com alguém cuja mente estava tentando mudar. Para explicar isso, Leahy sugeriu que talvez as expressões *diálogo socrático beckiano* e *diálogo beckiano* sejam descrições mais precisas do processo (ver Kazantzis et al., 2018). O princípio abrangente que orienta um diálogo socrático beckiano é chamado de descoberta guiada ou empirismo colaborativo, o que denota que na díade terapêutica há uma parceria e que os terapeutas também precisam incorporar princípios como abertura e disposição (ver Hayes, 2005).

Há alguma evidência de que as estratégias socráticas estão entre as habilidades mais difíceis de aprender a executar com competência. Por exemplo, em um estudo qualitativo e quantitativo das armadilhas comuns associadas à aprendizagem da TCC, os problemas com a descoberta guiada foram a dificuldade observada com mais frequência (Waltman, Hall, McFarr, Beck, & Creed, 2017). Além disso, também foi observado que, mesmo com suporte contínuo, esse conjunto de habilidades pode ser difícil de aprender (Waltman et al., 2017). Um dos instrutores desse estudo descreveu bem a armadilha comum: "Os terapeutas têm uma propensão a se envolver em 'descoberta fornecida' em vez de descoberta guiada" (p. 263). Isso significa tentar dar as respostas aos clientes em vez de ajudá-los a encontrá-las por conta própria. Padesky (1993) notou essa dificuldade em sua palestra seminal sobre o tema do diálogo socrático. Ela detalhou como os terapeutas tinham dificuldade em saber quais perguntas fazer e caíam na armadilha de tentar convencer o cliente ou tentar fazê-lo chegar a uma conclusão específica.

O MODELO DE DIÁLOGO SOCRÁTICO DE 1993 DE PADESKY

Padesky (1993) desenvolveu um modelo de diálogo socrático em quatro etapas que incluía: (1) perguntas informativas, (2) escuta ativa, (3) resumo e (4) perguntas sintéticas ou analíticas. Esse modelo serviu de base para o treinamento em estratégias socráticas por décadas. Foi demonstrado que esse processo não envolve um confronto em que o objetivo é eviscerar o argumento do indivíduo. Em vez disso, foi ilustrada a importância de o terapeuta primeiro aprender com seu cliente, seguindo-se a aplicação conjunta dessa aprendizagem à situação do cliente para ajudar na formação de uma nova perspectiva no contexto de sua linha colaborativa de investigação.

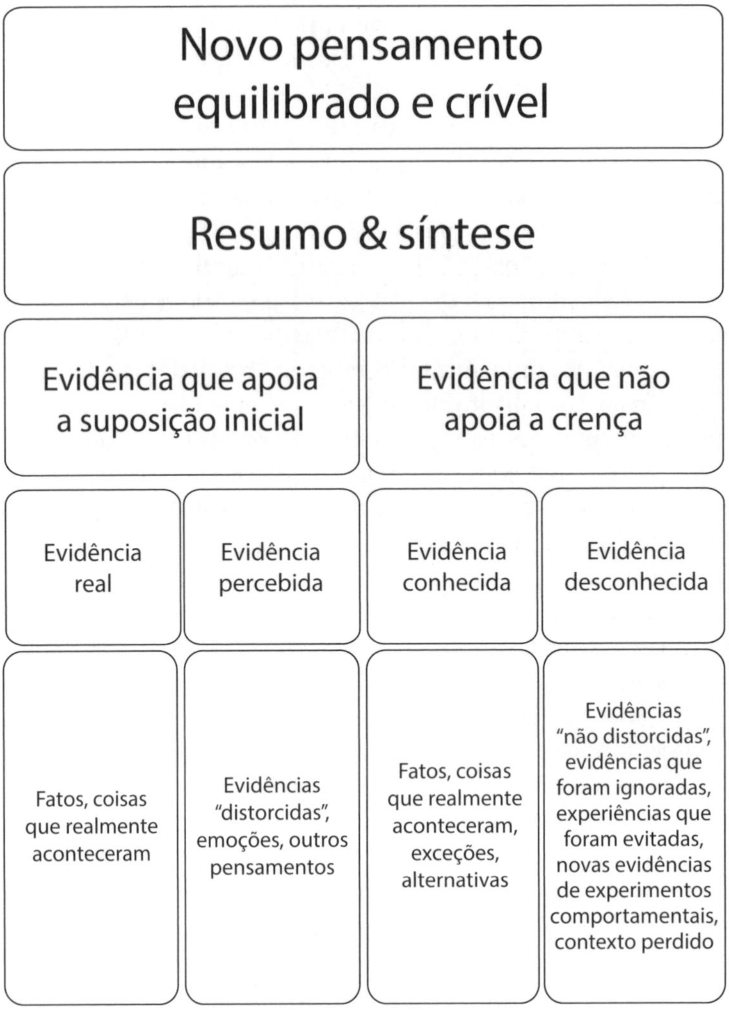

Novo pensamento equilibrado e crível

Resumo & síntese

Evidência que apoia a suposição inicial		Evidência que não apoia a crença	
Evidência real	Evidência percebida	Evidência conhecida	Evidência desconhecida
Fatos, coisas que realmente aconteceram	Evidências "distorcidas", emoções, outros pensamentos	Fatos, coisas que realmente aconteceram, exceções, alternativas	Evidências "não distorcidas", evidências que foram ignoradas, experiências que foram evitadas, novas evidências de experimentos comportamentais, contexto perdido

FIGURA 4.1 Visão geral do diálogo socrático beckiano.

Estávamos interessados em como os terapeutas seniores da TCC aplicavam essa estrutura ao empregar estratégias de mudança, como reestruturação cognitiva ou modificação de comportamento, por isso realizamos uma pesquisa com terapeutas e instrutores especialistas com habilidades robustas de questionamento socrático. Embora tenhamos encontrado alguma variabilidade, a maioria dos terapeutas de TCC pesquisados usou a estrutura de Padesky ou um modelo semelhante. Também perguntamos a esses entrevistados como aplicaram esse modelo, como avançaram de um passo para outro nessa abordagem e quais eram seus processos mentais internos ao percorrer as quatro etapas. Alguns temas surgiram de nossa análise. Estes incluíram: fatores relacionais, atendimento ao *feedback* do cliente, conceitualização cognitiva e comportamental e orientação para a tarefa.

BASE REVISADA PARA QUESTIONAMENTO SOCRÁTICO

Com base nesses resultados e no *feedback* de experiências como instrutores de TCC, fizemos algumas revisões na estrutura original de Padesky (1993). Descobrimos que essas revisões são úteis para os terapeutas da linha de frente e os alunos de pós-graduação que ensinamos, e se encaixa em nosso estudo indutivo de como os terapeutas especialistas realmente conduzem o questionamento socrático.

O modelo revisado consiste em primeiro focar as principais cognições a serem atingidas. Depois que um alvo adequado ou estratégico é identificado, o terapeuta trabalha para desenvolver uma compreensão fenomenológica do pensamento. Ou seja, ele busca entender como faz todo o sentido que o cliente tenha pensado de determinada forma. Uma vez considerada a perspectiva do cliente, trabalhamos juntos para expandir essa visão por meio do processo de curiosidade colaborativa. A pedra angular desse processo é um resumo e uma síntese, em que o terapeuta ajuda o cliente a entender o quadro geral e tenta reconciliar suas suposições iniciais com sua perspectiva recém-desenvolvida e mais equilibrada. O que se segue é um breve resumo desse processo. Uma apresentação mais refinada é realizada ao longo do livro: dividimos essas etapas em habilidades e competências componentes que são abordadas em exemplos de casos e dicas.

EXEMPLO DE CASO: FIONA

Fiona (pseudônimo) era uma mulher negra, heterossexual, cisgênero e casada de 34 anos. Ela cresceu em um ambiente emocionalmente invalidante, em que a emotividade era motivo de vergonha e as realizações eram enfatizadas. Consequentemente, a emoção humana normativa foi interpretada como perigosa, confusa e vergonhosa. Embora Fiona fosse muito bem-sucedida nos estudos e nos esportes, muitas vezes sentia que algo estava errado com ela, e desenvolveu a crença de que não era boa o suficiente e de que era defeituosa. Essas sensações e crenças eram muito vergonhosas para ela, o que só agravava seus sentimentos de

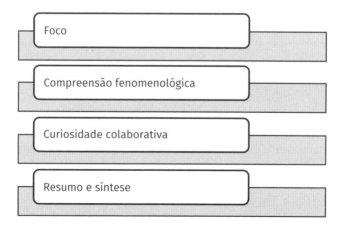

FIGURA 4.2 Base revisada para questionamento socrático.

depressão. Com o tempo, Fiona desenvolveu as estratégias compensatórias de se reinventar constantemente, esperando que, se pudesse aprender a ser como as pessoas que admirava, finalmente seria boa o suficiente. Uma consequência não intencional desses comportamentos foi que seu senso de identidade permaneceu subdesenvolvido e seus relacionamentos tendiam a ser superficiais.

Passo 1: foco

O primeiro passo na aplicação das estratégias socráticas é identificar os alvos para essas estratégias. Em um sentido prático, simplesmente não temos tempo para abordar todos os pensamentos que achamos que podem estar distorcidos. Queremos mirar os pensamentos que são centrais aos problemas dos clientes e que estão relacionados às suas dificuldades principais e crenças subjacentes. Esses pensamentos são frequentemente chamados de pensamentos quentes (Greenberger & Padesky, 2015), então os terapeutas são ensinados a seguir o afeto ou a "encontrar o calor". Há uma série de perguntas que os terapeutas podem fazer a si mesmos e ao cliente para facilitar essa etapa, incluindo as seguintes:

- O que é tão perturbador ou difícil na situação para o cliente?
- Qual é a parte mais perturbadora?
- Como o cliente está entendendo isso?
- Como isso se relaciona com suas crenças subjacentes?
- Qual é o pensamento mais angustiante?
- Podemos dividir esse pensamento em diferentes componentes?
- O que esse pensamento significa para o cliente?
- Como estamos definindo a cognição-alvo?
- Como podemos enquadrar esse pensamento para facilitar o empirismo colaborativo?
- O cliente está acessível para avaliar o pensamento?

A seguir, um exemplo de como isso pode se dar na prática.

TERAPEUTA (T): Então, Fiona, você mencionou que está passando por um momento muito complicado e, ainda assim, foi muito difícil para você decidir vir fazer terapia.

FIONA (F): Sim, estou travada há muito tempo, mas a ideia de fazer terapia sempre foi tão assustadora... então... não está tudo bem.

T: Acho que você preferiria resolver isso sozinha.

F: Sim!

T: Então, é difícil para você estar aqui e provavelmente foi preciso coragem para entrar. Vamos parar um momento e apenas honrar o esforço que foi necessário para chegar aqui. (Pausa por um momento.) Posso perguntar o que pareceu tão perigoso para você na possibilidade de fazer terapia?

F: Crescendo, me ensinaram que terapia é para pessoas fracas.

T: Vir à terapia significa que você é fraca?

F: Olha, eu só... eu... você nem sabe como é difícil para mim sentar aqui e admitir que... que estou deprimida.

T: Para você, o que é pior, estar deprimida ou admitir que está deprimida?

F: (Chorando) Acho que estou deprimida há um tempo, mas isso, estar aqui, é bem difícil.

T: O que significa você estar aqui no meu consultório admitindo para outra pessoa e para si mesma que está se sentindo deprimida?

F: Significa que há algo errado comigo.

T: Ajude-me a entender isso. É mais porque isso significa que há algo errado com você, e não está certo ter algo errado com você, ou porque há algo errado com você e você é a única com algo errado?

F: As duas coisas.

T: OK, então é muito intenso para você estar aqui no meu consultório. Qual desses pensamentos é mais perturbador para você, o pensamento de que há algo errado com você ou o de que você é a única com algo errado?

F: Sinto que sou a única que se sente assim e é por isso que não gosto de falar sobre isso.

T: Então, é meio que um segredo que há algo errado com você, que você se sente deprimida.

F: Meu maior segredo.

T: Como esse segredo faz você se sentir?

F: Mal, suja, como se eu estivesse quebrada.

T: Vergonha?

F: Sim!

T: Então, você tem o pensamento de que é a única com esse problema específico e isso faz você se sentir envergonhada e, assim, você guarda seus problemas para si mesma, como um segredo sujo. E esse segredo é tão vergonhoso que é difícil dizer para mim, seu terapeuta, que você se sente deprimida?

F: Muito difícil. Eu realmente gostaria de ter resolvido isso sozinha.

T: Acho que estou tendo algumas ideias sobre o que podemos mirar. Você tem esses sentimentos de depressão de longa data, e então você tem esses pensamentos e sentimentos sobre sua depressão que criam uma camada extra de sofrimento. Podemos passar algum tempo nas próximas semanas avaliando essas ideias de que há algo errado com você e de que você é a única que tem esse segredo sujo?

F: Se você acha que vai ajudar... estou tão cansada de me sentir assim.

Com Fiona, cognições específicas a serem direcionadas incluíam: "Há algo errado comigo"; "Eu sou a única que se sente assim"; "Se minha família soubesse como eu estava me sentindo, eu seria rejeitada"; "Se as pessoas conhecessem o meu verdadeiro eu, não iriam gostar de mim". A beleza do empirismo colaborativo é que ele nos permite ser transparentes com nossos clientes. Como seu terapeuta, conversamos abertamente com ela sobre esses pensamentos e ponderamos se ela estava interessada em avaliá-los, bem como a seus comportamentos correspondentes.

Há um ditado bem conhecido entre aqueles que ensinam cálculo: "No final do curso, os alunos podem não saber cálculo, mas certamente saberão álgebra". Esse sentimento reflete a importância do domínio da álgebra para o cálculo bem-sucedido. Muitas vezes, quando os alunos lutam para aprender cálculo, eles erroneamente culpam o cálculo. No entanto, a dificuldade é muitas vezes com habilidades de álgebra que não foram totalmente desenvolvidas. Da mesma forma, os alunos do questionamento socrático que vivenciam dificuldades na aprendizagem desse processo muitas vezes não conseguem identificar os procedimentos que ocorrem no início da cadeia. Ou seja, executar o passo 1 do processo socrático de forma eficaz é crucial para o sucesso das intervenções socráticas. Portanto, no Capítulo 3, "Começando", enfatizamos os procedimentos fundamentais que um terapeuta pode executar nas primeiras sessões para preparar o terreno para um questionamento socrático eficaz.

Passo 2: compreensão fenomenológica

Essa etapa pode ser pensada como uma prática de validação. Em termos de DBT, essa é uma oportunidade para a validação dos níveis 4, 5 e 6 (ver Linehan, 1997). Fornecemos recomendações específicas para integração, que serão discutidas posteriormente. A tarefa dessa etapa é entender o cliente e a cognição-alvo. O princípio orientador é que as pessoas seguem suas crenças honestamente, e queremos entender como faz todo o sentido que elas tenham pensado de determinada maneira. Essa ênfase inicial na validação também é estratégica, pois melhora o relacionamento e pode ser reguladora para o cliente. Em nossa experiência, as pessoas estão mais dispostas a ter uma mente aberta para alternativas quando sentem que você as ouviu verdadeira e sinceramente. Existem várias perguntas que os terapeutas podem se fazer para orientar esse processo:

- Em que experiências se baseia esse pensamento?
- Quais são os fatos que sustentam isso?
- Se isso fosse verdade, qual seria a evidência mais forte para apoiá-lo?
- Quais são as razões pelas quais o cliente acha que isso é verdade?
- Isso é algo que as pessoas lhe disseram diretamente no passado?
- Quanto o cliente acredita nisso?
- Há quanto tempo o cliente acredita nisso?
- Quando o cliente tende a acreditar mais e menos nisso?
- O que o cliente normalmente faz quando pensamentos como esse surgem?

A seguir, um exemplo de como isso pode se dar na prática.

TERAPEUTA (T): OK, então queremos começar analisando por que faz sentido que você tenha desenvolvido a crença de que há algo errado com você e de que você é a única nessa situação. Isso vai me ajudar a entendê-la melhor. Onde você acha que aprendeu isso?

FIONA (F): Eu cresci em um lar muito rígido, onde todos eram muito bem-sucedidos e não era certo não se destacar.

T: Havia grandes expectativas e não ir bem era um problema.

F: Sim, meu pai fez disso uma competição entre nós, ele estava sempre me dizendo como meu irmão estava indo bem e como eu precisava melhorar se não quisesse ficar para trás.

T: Quando criança, como era isso para você?

F: Foi realmente muito difícil. Como mãe agora, percebo que era uma maneira terrível de criar filhos, fazendo-os sentir que não são bons o suficiente quando estão fazendo o melhor que podem.

T: [*Fazendo anotações para mais tarde sobre ela reconhecer que algumas das regras com as quais cresceu não são aquelas que ela gostaria de usar com seus próprios filhos.*] Então, um dos contextos em que você aprendeu que não era certo ter problemas envolvia seu pai e as coisas que ele dizia quando você estava crescendo?

F: Sim, ele ficava tão bravo quando eu chorava, aprendi muito rápido como parar e fazer uma cara séria.

T: [*Anotando para mais tarde que, por algum motivo, estava tudo bem que o pai ficasse com raiva, mas não que Fiona ficasse triste.*] Então, você aprendeu a não ter sentimentos ou a esconder que tinha sentimentos?

F: A escondê-los, eu ainda os tinha, mas os escondi porque eles me causavam problemas e ninguém mais parecia ter os problemas que eu tinha.

T: E como você chegou à ideia de que é a única com esses problemas?

F: Não sei, acho que sempre soube.

T: OK, acho que perdi alguma coisa. Como você sabia que era a única?

F: Hum... Acho que nunca vi ninguém chorar do jeito que eu chorei ou explodir como eu.

T: Então, crescendo você nunca viu outra criança chorar?

F: Não, quer dizer, crianças choram, nunca vi as pessoas chorarem tanto quanto eu, e nunca vi meu irmão chorar.

T: Você pensou que tinha mais sentimentos do que as outras pessoas.

F: Sim!

T: Quando essas outras crianças chorassem, o que aconteceria?

F: Bem, seus pais iriam pegá-las e acalmá-las e elas não chorariam tanto.

T: Então, parecia que você choraria mais do que essas outras crianças e, além disso, elas pareciam viver em um sistema diferente do seu, em que os pais delas tinham uma resposta ao choro diferente da de seus pais.

F: Acho que sim, nunca pensei sobre isso ou falei sobre isso com eles.

T: Parece que você nunca falou sobre isso com ninguém.

F: Não, aprendi a controlar isso.

T: Deixe-me tentar encaixar tudo isso e ver se estou entendendo direito. Quando você estava crescendo, as conquistas eram elogiadas e a emotividade era punida. Você aprendeu desde cedo a esconder seus sentimentos. Você desenvolveu a ideia de que era única com emoções tão intensas quanto as suas, e há algumas evidências de que pode ter havido algum tipo de padrão duplo em que seu pai era mais rigoroso com você do que os pais de seus colegas eram com eles. Certo?

F: Sim, parece certo, faz um tempo que não penso nisso.

T: Olhando para o seu passado, faz todo o sentido você ter crescido com vergonha de seus sentimentos e que pense que há algo errado com você por ter sentimentos.

F: Eu posso ver isso, mas ainda é intenso.

Para Fiona, suas cognições-alvo se desenvolveram em resposta a mensagens que ela ouviu diretamente de seu pai, e os comportamentos resultantes criaram um sistema autossustentável, um ciclo vicioso. Ela tinha um segredo vergonhoso — ela tinha sentimentos —, e o fato de pensar que esses sentimentos eram vergonhosos fez com que ela tivesse sofrimento e vergonha. Ela acreditava que era a única que se sentia assim e que as pessoas a rejeitariam se realmente tivessem a chance de conhecê-la, mas esse era um risco que ela nunca corria. Mapear esse processo no quadro nos ajudou a entender melhor o contexto em que esses pensamentos se desenvolveram e a ter algumas ideias sobre o que os mantinha.

Passo 3: curiosidade colaborativa

Embora essa seja funcionalmente a etapa de evidência não confirmatória, a curiosidade é a chave para esse processo. No livro seminal de lógica matemática *How to solve it*, Polya (1973) descreve um passo fundamental para a resolução de problemas, a determinação da incógnita. Agora que consideramos o ponto de vista do cliente, podemos trabalhar para expandir essa visão juntos. Nós nos perguntamos: "O que ele não está percebendo?". Funcionalmente, existem dois tipos de pontos cegos: coisas que você não vê e coisas que você não conhece. Precisamos descobrir o que ele não está percebendo devido aos filtros de atenção, bem como as lacunas em suas experiências que se desenvolveram como resultado de seu padrão de evitação.

Muitas grandes questões e linhas de investigação podem ser encontradas a partir da avaliação de elementos das etapas anteriores. As pessoas tendem a distorcer as informações para que se encaixem em suas suposições e crenças preexistentes. Então, queremos ajudá-las a mentalmente dar um passo para trás e olhar tanto para o contexto quanto para o quadro geral. Nós nos perguntamos: "Se o pensamento não fosse verdadeiro, quais seriam os indicadores disso, e podemos buscar essa evidência?". Talvez precisemos recorrer à orientação do tempo: "Sempre foi assim?"; "Tem que ser sempre assim?".

Há uma série de perguntas que os terapeutas podem se fazer para orientar esse processo, incluindo:

- Podemos adicionar contexto às evidências de apoio para mitigar seu efeito ou isso levaria a uma nova conclusão?
- Se estivéssemos nessa situação, o que teríamos esperado que acontecesse?
- Existem exceções ou discrepâncias que podemos ajudar o cliente a lembrar?
- Quais são os fatos?
- O que o cliente diria a um amigo?
- Tem sempre sido desse jeito?
- Como acreditar nesse pensamento afetou seu comportamento e as evidências disponíveis para extrair?
- Podemos ir e reunir novas provas?

A seguir, um exemplo de como isso pode se dar na prática.

TERAPEUTA (T): Tudo bem, então temos algumas ideias sobre como faz sentido que você tenha desenvolvido a crença de que havia algo errado com você e de que você era a única que tinha esses problemas. Podemos dar uma olhada no outro lado da moeda e tentar descobrir se está faltando alguma coisa?

FIONA (F): Sim, acho justo, já faz um tempo desde que eu realmente pensei sobre essas coisas.

T: Anotei que você disse que não gostaria de criar seus filhos como seu pai a criou. Você pode me dizer mais sobre o que você não concorda?

F: Ele estava sempre com tanta raiva, e nada era bom o suficiente para ele. Eu tento sempre dizer aos meus filhos que eu os amo e os edifico em vez de derrubá-los.

T: Então, o sistema dele não era perfeito.

F: (Rindo) Sim, você definitivamente poderia dizer isso.

T: E a regra de que não é bom ficar triste ou ter sentimentos veio dele?

F: Sim, ele dizia ao meu irmão que meninos não choram e, a mim, que meu irmão não chorava.

T: Se parte de sua abordagem da paternidade era falha, como isso se aplica às suas regras sobre sentimentos?

F: Hmm, eu acho que... talvez isso fosse uma regra ruim ou uma regra ruim para nós.

T: Parece que isso teve um impacto real em você ao longo dos anos.

F: Você não tem ideia.

T: E você mencionou que seu pai ficava com raiva o tempo todo?

F: Ele nem sempre estava com raiva, mas, se as coisas não saíssem do jeito que ele queria, ele ficava realmente com raiva, com uma raiva assustadora!

T: E a raiva é um sentimento?

F: Hum, sim, eu acho que é.

T: Regras tão diferentes para você e para ele?

F: ...É total m... e clássico de meu pai.

T: Então, o que você acha dessa regra do seu pai, de que não é bom ter sentimentos?

F: Eu nunca questionei isso enquanto crescia, mas acho que não está certo.

T: E tem essa parte sobre você ser a única.

F: Sim?

T: Deixe-me desenhar isso para ver se estou entendendo o ciclo corretamente. Você tinha o pensamento de que era a única que se sentia assim. Isso fez você ter sentimentos de vergonha. A vergonha leva a evitar e guardar segredo, então você nunca falou sobre isso com ninguém. E você permaneceu pensando que era a única porque nunca falava sobre isso com ninguém.

F: Foi assim que fiquei presa, continuei dando voltas nesse círculo.

T: Ok, em certo sentido, não sabemos se você é a única, porque isso nunca foi verificado.

F: Mas é assustador conferir, tipo, e se alguém me disser que sou estranha e que sou a única que se sente assim?

T: Você quer me perguntar se sinto os mesmos sentimentos que você?

F: (Respirando fundo) Eu acho que sim.

T: Então, pergunte-me.

F: Você tem sentimentos como os meus?

T: Sim, eu sinto todos os sentimentos. Tenho momentos em que me sinto feliz e outros momentos em que estou triste, com medo ou envergonhado. Às vezes, fico com ciúmes ou nervoso. Eu costumo sentir todos eles.

F: Mesmo?

T: Sim, mas sou apenas uma pessoa, posso estar louco. O que você acha de verificar se outras pessoas, além de você, eu e seu pai, têm esses sentimentos?

F: Eu quero saber.

T: Deixe-me abrir meu navegador de internet e vamos pesquisar um pouco.

F: Eu nunca pensei em fazer isso.

Para Fiona, esse processo envolvia ajudá-la a entender o contexto no qual suas suposições se desenvolveram, questionar suas suposições iniciais e participar de experimentos para reunir novas experiências e novas evidências. Um experimento inicial para testar sua suposição de que ela era a única que se sentia assim foi fazer algumas pesquisas na internet durante a sessão. Analisamos dados de prevalência e relatos em primeira mão de outras pessoas que tinham dificuldade com sentimentos de depressão e ansiedade. Isso a ajudou a ver que isso era muito mais comum do que ela pensava e levou a uma diminuição da vergonha, o que a ajudou a se envolver em experimentos mais ativos. Para testar a suposição de que sua família a rejeitaria se soubesse sobre sua depressão, ela conversou com sua irmã sobre sua saúde mental. A partir desse experimento, ela descobriu que sua irmã tinha um histórico de depressões e que seu pai fazia terapia há anos. Novas experiências levam a um novo contexto e permitem um reexame de evidências anteriores.

Passo 4: resumo e síntese

As etapas de resumo e síntese são importantes e fáceis de serem ignoradas por terapeutas iniciantes. É aqui que trabalhamos para tornar explícita a nova aprendizagem. Como normalmente não temos os mesmos esquemas e as mesmas estruturas de crenças que nosso cliente, frequentemente é mais fácil vermos uma nova perspectiva antes dele. Também pode haver um ímpeto de o terapeuta tentar escolher um pensamento puramente positivo, porque ele pode se sentir melhor. O problema com pensamentos puramente positivos ou que se baseiam apenas em evidências não confirmatórias é que eles podem ser frágeis se não se adequarem à realidade da vida do cliente. Portanto, procuramos desenvolver novos pensamentos que sejam equilibrados e adaptativos. Esse processo envolve resumir os dois lados da história e ajudar o cliente a desenvolver um novo pensamento mais equilibrado que capture ambos. A pergunta que devemos fazer é se o novo pensamento é crível. Uma vez que tenhamos uma declaração resumida, devemos ajudar o cliente a sintetizá-la com suas declarações e suposições anteriores. Como a nova conclusão se compara à suposição inicial? E suas crenças subjacentes? Como ele reconcilia suas suposições anteriores e essa nova evidência? Também queremos ajudar a solidificar esses ganhos, ajudando o cliente a traduzir a mudança cognitiva em mudança de comportamento. Então, perguntamos a ele como quer colocar o novo pensamento em prática ou como quer testá-lo na próxima semana.

Há uma série de perguntas que os terapeutas podem se fazer para ajudar com essa questão:

- Como tudo isso se encaixa?
- Podemos resumir todos os fatos?
- O que é uma declaração resumida que captura ambos os lados?
- Quanto o cliente acredita nisso?
- Precisamos moldar isso para torná-lo mais crível?
- Como o cliente concilia nossa nova declaração com o pensamento que estávamos avaliando? E com a crença central que estamos mirando?
- Como devemos aplicar nossa nova declaração à próxima semana? Como podemos testar isso?
- Se isso fosse verdade, o que significaria sobre o cliente, o mundo, o futuro, a crença central-alvo, o problema-alvo, os objetivos, etc.?
- O que aprendemos sobre seus processos de pensamento nesse exercício?

A seguir, um exemplo de como isso pode se dar na prática.

TERAPEUTA (T): OK, então, reunimos muitos dados e conversamos sobre muitas coisas. Você pode me ajudar a resumir o que conversamos?

FIONA (F):Nós conversamos sobre muitas coisas, acho que não posso dizer tudo.

T: Vamos começar com por que faz sentido você pensar que havia algo errado com você e que você era a única.

F: Crescendo com meu pai... sendo meu pai... tive problemas por ter sentimentos e aprendi a escondê-los e a não falar sobre eles, então pensei que era a única pessoa que se sentia assim.

T: O que falamos hoje que podemos acrescentar a esses fatos?

F: Meu pai tinha suas próprias questões e então suas regras para sentimentos talvez não estivessem exatamente certas, além disso ele tinha grandes problemas emocionais.

T: E o que mais?

F: E então procuramos coisas.

T: Bom, vamos chegar a isso. Você fez algo corajoso e me perguntou se eu tinha sentimentos, e o que eu lhe disse?

F: Você disse que sentia todos os sentimentos.

T: E nós somos os únicos?

F: Não, procuramos *on-line* e havia milhões de resultados para as pesquisas que fizemos, e lemos as histórias das pessoas.

T: Então, o que isso significa?

F: Significa que não sou a única... não estou sozinha.

T: Então, por um lado, você foi criada para acreditar que sentimentos não são bons, e você os manteve em segredo pensando que era a única. Por outro lado, há alguma indicação de que há muitas pessoas, milhões, talvez bilhões, que têm sentimentos e, às vezes, problemas com seus sentimentos.

F: (Chorando) Isso.

T: Então, como podemos resumir toda essa conversa em uma declaração que você pode levar consigo?

F: Meu pai não gostava de sentimentos, mas todo mundo os tem, e talvez tudo bem.

T: Espere, diga isso mais uma vez enquanto escrevo. (Escrevendo e depois lendo para ela.) Você acredita nisso?

F: Sim, mais ou menos.

T: Estamos entrando em coisas novas, emocionantes e talvez um pouco assustadoras. Qual é a parte que você acredita? Ou devemos reapresentá-lo em termos mais críveis?

F: Eu acho... eu acredito que você tem sentimentos e que as pessoas da internet têm sentimentos, mas eu realmente não sei sobre as pessoas reais da minha vida.

T: Esse é um bom ponto, o que você quer fazer sobre isso?

F: Eu sei o que preciso fazer, mas estou com medo e envergonhada.

T: O medo e a vergonha a impediram de dar esses passos por um tempo, o que você quer fazer a respeito?

F: Não quero continuar fazendo o que venho fazendo.

T: Você demonstrou muita coragem hoje. A coragem de iniciar a terapia, de me dizer que você está deprimida, de falar sobre seus sentimentos comigo e de me perguntar sobre meus sentimentos.

F: Isso é difícil.

T: Esse é o completo oposto do seu treinamento. A coisa mais fácil a fazer seria continuar fazendo o que você sempre fez.

F: Eu não posso mais fazer isso.

T: OK, então vamos definir uma meta para essa semana. Algo factível, mas um passo na direção de não deixar que a vergonha e o medo governem sua vida.

F: Acho que preciso conversar com minha irmã sobre meus sentimentos e nossa infância.

T: Adorei! Vamos conversar sobre logística e ajudar a configurar e planejar uma interação bem-sucedida.

À medida que Fiona aprendeu a organizar tudo, ela foi capaz de ver que, embora fosse envergonhada em tenra idade por sua emotividade, a maneira como ela era tratada era mais uma consequência do desconforto de seu pai com seus próprios sentimentos do que um sinal de que ela era fundamentalmente defeituosa. Ao ser solicitada a conciliar isso com suas declarações anteriores, ela conseguiu obter os seguintes *insights*: (1) não havia nada de errado com ela; (2) as emoções eram uma parte natural de sua vida; (3) algumas pessoas podem ficar desconfortáveis com os sentimentos dela; (4) ela não queria viver a vida pequena que vem de se preocupar principalmente com o que as outras pessoas vão pensar. Esses ganhos foram usados para facilitar melhoras no comportamento direcionado a valores e comportamento assertivo, o que ajudou a remodelar seu ambiente para reforçar suas novas crenças.

Focalização: o que estou mirando? *Quais são as diferentes partes do problema?* *Qual é a parte mais perturbadora?* *Qual é o significado que estou atribuindo a essa situação? O que estou dizendo a mim mesmo?* *Como estou definindo esse alvo?*
Compreensão: como faz sentido que eu pense isso? *Onde eu aprendi isso?* *Isso é algo que as pessoas me disseram antes?* *Quais são os fatos que me dizem que isso é verdade?* *Como esse pensamento faz eu me comportar?*
Curiosidade: o que estou perdendo? *Há contexto importante faltando nas declarações acima?* *Meus comportamentos influenciam minhas experiências?* *O que não sei?* *Quais são os fatos que me dizem que isso pode não ser verdade?* *Há alguma exceção que estou esquecendo?*
Resumo: como posso resumir toda a história? **Síntese:** como esse resumo se encaixa com minha declaração original? *Como isso se encaixa com o que eu normalmente digo a mim mesmo?* **Conclusão:** qual seria uma afirmação mais equilibrada e crível? Como posso aplicar essa declaração à minha próxima semana?

PLANILHA 4.1 Registro de pensamento socrático.

© Waltman, S. H., Codd, R. T. III, McFarr, L. M., and Moore, B. A. (2021). Socratic Questioning for Therapists and Counselors: Learn How to Think and Intervene like a Cognitive Behavior Therapist . New York, NY: Routledge.

RESUMO DO CAPÍTULO

Neste capítulo, apresentamos uma base para a aplicação do questionamento socrático à prática clínica a partir do comportamento relatado de uma amostra de especialistas em TCC. Essa base foi ilustrada com um exemplo de caso que incluía transcrições de diálogos importantes. Os procedimentos socráticos incluem estratégias durante e ao longo das sessões para ajudar a melhorar o relacionamento, ensinar habilidades e promover mudanças duradouras em larga escala. Os capítulos seguintes irão detalhar e esclarecer os passos da estrutura do questionamento socrático. Os leitores são incentivados a colocar em prática esse material logo após a leitura de cada segmento, para que possam incutir esses procedimentos em seu repertório clínico. Incluímos um registro de pensamento baseado nesse modelo na planilha deste capítulo para você usar na prática clínica.

REFERÊNCIAS

Greenberger, D., & Padesky, C. A. (2015). *Mind over mood: Change how you feel by changing the way you think.* New York: Guilford Press.

Grimes, P., & Uliana, R. L. (1998). *Philosophical midwifery: A new paradigm for understanding human problems with its validation.* Costa Mesa, CA: Hyparxis Press.

Hayes, S. C. (2005). *Get out of your mind and into your life: The new acceptance and commitment therapy.* Oakland, CA: New Harbinger Publications.

Hintikka, J. (2007). *Socratic epistemology: Explorations of knowledge-seeking by questioning.* Cambridge: Cambridge University Press.

Kazantzis, N., Beck, J. S., Clark, D. A., Dobson, K. S., Hofmann, S. G., Leahy, R. L., & Wong, C. W. (2018). Socratic dialogue and guided discovery in cognitive behavioral therapy: A modified Delphi panel. *International Journal of Cognitive Therapy, 11*(2), 140–157.

Linehan, M. M. (1997). Validation and psychotherapy. Empathy reconsidered: New directions in psychotherapy. In A. C. Bohart & L. S. Greenberg (Eds.), *Empathy reconsidered: New directions in psychotherapy* (pp. 353–392). Washington, DC: American Psychological Association.

Overholser, J. C. (2018). *The Socratic method of psychotherapy.* New York: Columbia University Press.

Padesky, C. A. (1993). Socratic questioning: Changing minds or guiding discovery. Paper presented at the A keynote address delivered at the European Congress of Behavioural and Cognitive Therapies, London. Retrieved from: http://padesky. com/newpad/wpcontent/uploads/2012/11/socquest.pdf

Peoples, K., & Drozdek, A. (2017). *Using the Socratic method in counseling: A guide to channeling inborn knowledge.* Routledge.

Polya, G. (1973). *How to solve it* (2nd ed.). Princeton NJ: Princeton University Press.

Waltman, S. H., Hall, B. C., McFarr, L. M., Beck, A. T., & Creed, T. A. (2017). In-session stuck points and pitfalls of community clinicians learning CBT: Qualitative investigation. *Cognitive and Behavioral Practice, 24,* 256–267. doi:10.1016/ j.cbpra.2016.04.002

5
Foco no conteúdo-chave

Scott H. Waltman

❖ O QUE VOCÊ VERÁ NESTE CAPÍTULO

Panorama	72
Exemplo clínico: Pâmela, a estudante universitária ansiosa	73
Diagnóstico diferencial do pensamento	74
Pensamentos quentes	75
Identificando o pensamento quente	75
Identificando o significado emocional do pensamento quente	76
Outras considerações importantes	82
Regras se-então	82
Integrando a conceitualização	82
Armadilhas do pensamento	85
Crenças irracionais	85
Definindo colaborativamente o alvo	86
Criando uma definição compartilhada	87
Ferramentas e estratégias durante a sessão	90
Exemplo de caso: Harold	91
Resumo do capítulo	96

PANORAMA

Em qualquer sessão de terapia, um terapeuta que usa estratégias de mudança cognitiva socrática tem uma escolha. Você pode investir um pouco de tempo em muitos itens diferentes ou pode empregar uma boa quantidade de tempo nos itens principais. Você pode atacar cada pensamento possivelmente distorcido que ouvir ou mergulhar em uma área problemática para encontrar o alvo estratégico. Em um estudo recente sobre os pontos de bloqueio comuns de terapeutas que aprendem TCC, descobriu-se que identificar alvos cognitivos ideais era uma dificuldade comum (Waltman, Hall, McFarr, Beck, & Creed, 2017). Os instrutores relataram o seguinte:

> Embora seja fácil escolher um pensamento a ser desafiado, é preciso mais experiência para escolher um pensamento que seja central no problema apresentado. (Instrutor 19)
>
> Não visando a cognições centrais, mas "pulando" de pensamento em pensamento ao longo de uma sessão... às vezes não está claro o que terapeutas estão tentando realizar e frequentemente sentem que estão procurando por qualquer pensamento que pareça estar distorcido. (Instrutor 8)
>
> A dificuldade mais comum é focar as cognições ou os comportamentos mais relevantes. Às vezes, os terapeutas se concentram na primeira coisa que o cliente diz, em vez de investigar o mais relevante. (Instrutor 2)

Ao reunir essas ideias, fica claro que nem todo pensamento distorcido está conectado à conceitualização de uma pessoa ou ao problema apresentado. Como Hank Robb apontou na SMART Recovery Annual Conference de 2014, em Washington, DC, "É A-B-C, não A-T-C". Essa afirmação inteligente destaca que estamos mais interessados em direcionar as cognições em que o cliente realmente acredita, e não precisamos abordar todos os pensamentos distorcidos que encontramos. O alvo ideal provavelmente não é a primeira coisa que o cliente diz, e, se pularmos de alvo em alvo, teremos um número de intervenções incompletas. Às vezes, a melhor estratégia para um pensamento automático periférico é simplesmente notá-lo (e talvez rotulá-lo como um pensamento). Alguns minutos gastos avaliando uma situação e os pensamentos correspondentes podem ser inestimáveis. Dedicar algum tempo para esclarecer a situação pode ajudar a identificar os pensamentos mais relevantes a serem direcionados. Isso é o que Beck (1979) descreveu, em seu primeiro livro, como encontrar a mensagem oculta, e este capítulo se concentrará em ensiná-lo a identificar e mirar as cognições-chave.

Uma das principais razões pelas quais o foco nas cognições-chave é importante é o fato de que a TCC é um tratamento relativamente limitado no tempo, o que exige ajustes na abordagem. Se você fosse visitar uma nova região por um fim de semana, você aproveitaria o fim de semana de maneira muito diferente do que se estivesse lá por um longo período. Você poderia consultar fontes confiáveis, como o recepcionista ou as pessoas que conhece, sobre quais são as atividades "obrigatórias". Passar algum tempo planejando sua visita aumentaria a probabilidade de você não perder nada importante. Da mesma forma, se você estivesse almoçando em uma praça de alimentação, provavelmente não pediria a primeira opção de comida que encontrasse. Se você quisesse pedir o prato ideal, procuraria um pouco primeiro. Às vezes, você encontra algo que está procurando há algum tempo e vai em frente, mas, se for almoçar apenas uma vez, uma avaliação pode ajudá-lo a fazer a melhor escolha e aproveitar o momento ao máximo.

EXEMPLO CLÍNICO: PÂMELA, A ESTUDANTE UNIVERSITÁRIA ANSIOSA

Tão importante quanto saber quais perguntas fazer e como fazê-las é identificar um alvo ideal para elas. Muito raramente a primeira coisa que surge é a melhor alternativa a seguir. Um terapeuta experiente precisa ser capaz de descompactar uma situação, sentir o afeto, investigar e colaborar para identificar pontos estratégicos de intervenção. Considere o exemplo a seguir.

Pâmela é uma estudante universitária de segunda carreira que se apresenta ao tratamento com queixas de ansiedade e preocupação excessivas. No início de sua sessão, ela relata um aumento da ansiedade que atribui à necessidade de selecionar suas aulas para o próximo semestre. Nessas situações, pode haver um impulso de pular direto para solução de problemas, aconselhamento ou suavização, mas todas essas estratégias ignoram o mecanismo que mantém a ansiedade de Pâmela, seus pensamentos subjacentes — é claro, todas essas estratégias podem ser úteis componentes do tratamento para mais tarde na sessão. Conduzindo com empatia e validação, você primeiro procura entender mais sobre a situação. Isso pode envolver perguntas clássicas, como "Você pode me contar mais sobre a situação?". Pâmela compartilha com você a logística de escolha de seu horário e entra em algumas das reclamações sobre o curso. Muitas vezes, tudo está conectado e é muito fácil pular de um tópico para outro; então, você faz algumas perguntas de foco para trazê-la de volta e obter mais informações.

"Como a necessidade de selecionar sua agenda está afetando você?" Pâmela fala sobre como não está dormindo, está distraída e passa muito tempo se preocupando com a situação. Nesse ponto, você ainda está descompactando a situação e deseja envolver isso em empatia e validação para aumentar o engajamento. "Selecionar um horário pode ser um grande desafio; faz sentido que você esteja se sentindo assim. Parece que toda essa situação é realmente estressante para você e sua ansiedade está muito alta desde a semana passada. Quais são algumas das preocupações que você está tendo?" Pâmela se preocupa muito e tem muitas inquietações para compartilhar. Enquanto ela está compartilhando essas preocupações, você está ouvindo mudanças sutis no afeto. Muitas das preocupações que ela compartilha em relação à escolha de um bom professor ou um período do dia não parecem ser emocionalmente carregadas para ela, então você formula a hipótese de que o problema não é realmente o horário, ou, ao menos, não se trata de uma preocupação logística. Nesse ponto, você muda de ritmo para começar a investigar pensamentos e medos subjacentes: "Então, você está preocupada em selecionar sua agenda. O que você tem medo que aconteça?". Pâmela instantaneamente parece ansiosa e diz que está apenas preocupada em tomar a decisão errada. Parece que é aí que está o afeto, então você olha mais nessa direção: "Tudo bem, você toma a decisão errada, e então o que acontece?".

Com ar de derrota, Pâmela diz que o que aconteceria a seguir é que ela seria um fracasso. Aqui, você acha que o encontrou, mas quer ter certeza e também quer ver se ele precisa ser retirado. Aproximando-se e com maior calor em sua voz, você diz: "Isso soa como um pensamento realmente doloroso. Então, deixe-me ver se eu captei isso corretamente. Atualmente, você precisa escolher seu horário de aula, mas está preocupada em tomar a decisão errada. E, se você tomar a decisão errada, isso significa que você falhou. Bem, na verdade, você está dizendo que então seria um fracasso. Isso soa preciso?". Docilmente, Pâmela diz que isso parece certo. Novamente, você inicia com validação: "Eu posso ver por que você está tão ansiosa; essa é uma decisão de alto risco". Nesse ponto, existem algumas direções diferentes que você pode seguir. O terapeuta menos sofisticado pode pular para a avaliação da probabilidade ou da evidência de que Pâmela tomará a decisão errada. Enquanto ela relata estar preocupada em tomar a decisão errada, há um problema maior em jogo. Aqui temos a chance de descobrir algumas de suas regras de vida (crenças intermediárias; ver Capítulo 2) que estão em jogo.

"Tenho a impressão de que a perspectiva de tomar uma decisão errada parece perigosa para você. Você pode me ajudar a entender o que torna isso tão horrível?" Pâmela fala sobre como não gosta de errar. "Certo, acho que a maioria das pessoas prefere não cometer erros, mas parece que é mais do que isso nesse caso. Tudo bem se você cometer um erro? Quer dizer, se você cometesse um erro e escolhesse o horário errado, quão terrível seria?" Pâmela afirma que seria muito ruim se ela cometesse um erro. "Parece que você tem uma ideia de que não é certo cometer erros, e esse pensamento causa muita ansiedade. Podemos passar algum tempo dando uma olhada mais de perto nesse pensamento?" Pâmela concorda que essa é uma boa ideia e você pode passar para a próxima etapa com um bom alvo cognitivo.

DIAGNÓSTICO DIFERENCIAL DO PENSAMENTO

Todo este capítulo poderia ter sido chamado de diagnóstico diferencial de pensamento. As habilidades envolvidas incluem análise e síntese; ou seja: dividir uma situação em suas partes, focando os elementos-chave, e então desenvolver esse conteúdo. Você pode considerar o exemplo de um médico tratando uma lesão esportiva. Antes de iniciar as intervenções, o médico provavelmente fará perguntas para descobrir qual é a área problemática, ele se concentrará nessa área e presumivelmente mudará um pouco as coisas, desenvolverá algumas hipóteses sobre possíveis diagnósticos e, em seguida, verificará ou excluirá esses diagnósticos para informar o plano geral de tratamento. Os advogados podem chamar isso de restringir o conteúdo e desenvolver a reivindicação (ver Trachtman, 2013), ao passo que um terapeuta pode chamar isso de fase de avaliação "é isto ou é aquilo". Identificar onde está o domínio angustiante, focar e aprofundar o tópico, mover o conteúdo para descobrir exatamente onde está a dor e usar isso para estabelecer o seu objetivo pode ser uma estratégia útil.

PENSAMENTOS QUENTES

Há pelo menos dois alvos diferentes para o questionamento socrático: os pensamentos quentes (Greenberger & Padesky, 2015) e o significado emocional do pensamento quente (Beck, 1979). Capítulos posteriores abordarão outros alvos, como comportamentos. A ideia do pensamento quente é que as pessoas geralmente têm vários pensamentos diferentes sobre uma situação perturbadora, e queremos nos concentrar naquele que tem maior probabilidade de causar o maior impacto. Pensamentos quentes podem ser bons alvos do tratamento inicial. São pensamentos importantes que estão ligados à angústia e aos padrões de evitação, mas não estão tão profundamente enraizados ou arraigados quanto o significado emocional do pensamento quente, que está ligado à crença central (Beck, 2011). Os terapeutas podem primeiro direcionar um pensamento quente para ajudar a ensinar habilidades cognitivas e obter algum alívio dos sintomas, e então passar para o significado mais subjacente do pensamento quente à medida que o tratamento progride. Mirar o significado do pensamento quente pode ser uma estratégia especialmente útil se o pensamento quente parecer verdadeiro ou difícil de avaliar.

Identificando o pensamento quente

Em muitas partes do mundo, existem variações de um jogo chamado quente/frio, no qual os participantes guiam uma pessoa para encontrar um objeto escondido dizendo "está quente" ou "está frio" à medida que, respectivamente, a pessoa se aproxima ou se distancia do tesouro escondido. Encontrar o pensamento quente pode ser um processo semelhante, só que vocês o estão descobrindo juntos e, em vez de seguirem instruções óbvias, estão seguindo o afeto. Terapeutas treinados aprendem a ouvir as mudanças na voz de alguém como forma de identificar quando o conteúdo está mais carregado emocionalmente (Wenzel, 2019). Enquanto você ainda está aprendendo como fazer isso (e para verificar novamente suas suposições), você pode simplesmente perguntar ao cliente qual dos pensamentos já identificados é o mais perturbador, doloroso, provocador de ansiedade, deprimente, indutor de vergonha, agravante, etc. Se você fez um bom trabalho ao analisar a situação e extrair os vários pensamentos, identificar qual deles está associado à maior angústia produzirá um pensamento que tem uma boa probabilidade de ser o pensamento quente.

Um primeiro passo para identificar um pensamento quente é determinar onde procurar por um. Muitas vezes, você pode primeiro precisar desmembrar uma situação. Considere conversar com uma cliente que tenha sentimentos contínuos de depressão e vergonha associados a um histórico de abortos espontâneos e problemas de infertilidade. Provavelmente há muito o que trabalhar aqui. Existe sua dificuldade atual em engravidar. Há o futuro que ela imagina. Há um histórico de abortos. Há perda. Há algumas informações básicas relacionadas ao motivo pelo qual isso é especialmente angustiante para ela. Há a interação entre ela e seu parceiro. Há a interação entre ela e sua família e consigo mesma. Provavelmente existem outras áreas que ainda não foram identificadas. Um terapeuta competente e compassivo precisará descompactar empaticamente esses componentes e sua emoção correspondente. Não podemos trabalhar em tudo de uma vez; precisamos, portanto, descobrir por onde devemos começar. É mais fácil fazer isso se você operar de maneira transparente. Há uma boa oportunidade de validação aqui enquanto você fala sobre todas as diferentes partes da história e tudo que ela passou. Depois de mapear e fornecer empatia e validação, podemos passar a decidir colaborativamente por onde queremos começar. Muitas vezes, é recomendável começar com o elemento mais perturbador, mas a decisão deve ser colaborativa.

Depois de identificarmos os diferentes componentes da situação e decidirmos por onde iniciar ou o que focar, queremos começar a descompactar essa situação para processar suas emoções, identificar seus pensamentos e ver como tudo se encaixa. Depois de termos uma boa noção da situação, verificamos qual pensamento é o mais perturbador ou angustiante (ou seja, tem mais calor) e o tratamos como um pensamento quente.

QUADRO 5.1 Dividindo a história

Quais são as diferentes partes da história?
Qual é a parte mais perturbadora?

QUADRO 5.2 Identifique o pensamento quente

Quais são os diferentes pensamentos sobre a situação mais perturbadora?
Qual é o pensamento mais perturbador?

Identificando o significado emocional do pensamento quente

O significado emocional (ver Beck, 2011), ou significado oculto (ver Beck, 1979), do pensamento quente está tipicamente ligado à crença central ou ao sistema de esquemas. Focar o significado emocional do pensamento quente permite que você trabalhe em um nível mais profundo. É apropriado que uma estratégia clássica para descobrir o significado do pensamento quente seja chamada de seta descendente (Beck, 2011).

Essa estratégia é bastante direta e envolve seguir um pensamento para encontrar a vulnerabilidade subjacente. Depois de identificar o pensamento quente, você pergunta ao cliente o que significaria se o pensamento quente fosse verdadeiro. Existem poucas variações para esse processo. Alguns terapeutas tentam ancorá-lo novamente no cliente, perguntando: "Se esse pensamento fosse verdade, o que ele significaria sobre você?". Outros terapeutas podem transformá-lo em uma espécie de seta lateral para encontrar o resultado temido ao avaliar o pensamento ansioso, perguntando: "Então, se isso aconteceu, o que você está preocupado que aconteça a seguir?" ou "Se isso acontecesse, por que seria tão ruim?".

Normalmente, há uma breve série de itens com os quais você trabalha até chegar ao significado subjacente, que provavelmente é uma crença central ou está intimamente ligado a uma crença central. Terapeutas costumam perguntar: "Até que ponto preciso ou quantas vezes preciso fazer a pergunta antes de encontrar a crença central?". Não há quantidade definida. Você continua até atingir uma mudança perceptível no afeto ou atingir um ciclo. Essa habilidade (e a identificação do pensamento quente) é demonstrada a seguir. Neste exemplo, uma cliente que é uma jovem adulta está falando sobre como ficou chateada com o fato de sua amiga mais próxima não responder às suas mensagens de texto.

TERAPEUTA (T): Geraldine, eu queria trabalhar com você em algumas dessas angústias que você relaciona a essa situação com sua amiga, tudo bem?
CLIENTE (C): Por favor, tenho estado péssima com isso.
T: Então, pinte um quadro para mim. Pelo que entendi, você teve um dia muito difícil e depois mandou uma mensagem para sua amiga sobre isso, e ela não respondeu.
C: Sim.
T: Como você estava se sentindo naquele momento?
C: Com raiva! Mas, também, triste... e preocupada.
T: Muitos sentimentos estavam coexistindo. Vamos tentar escolher e alinhar os pensamentos ligados aos diferentes sentimentos. O que você estava pensando quando ela não respondeu que a deixou tão irritada?

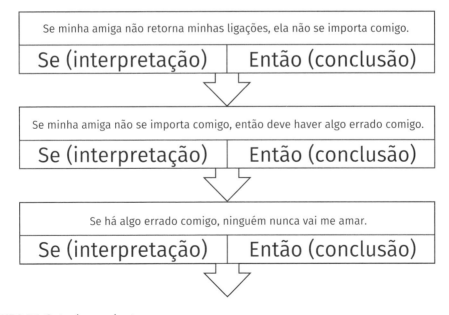

FIGURA 5.1 Seta descendente.

C: Eu estava pensando em todas as vezes que larguei tudo para estar presente para ela.
T: E o que você estava dizendo a si mesma?
C Que ela era egoísta. Que ela não é tão boa amiga quanto eu.
T: Então, sua raiva era direcionada para ela?
C: Sim.
T: Sem raiva de si mesma ou de outras coisas?
C: Não, eu estava realmente irritada com ela.
T: Algum outro pensamento acontecendo que deixou você com raiva?
C: Principalmente, eu estava pensando em como ela estava me abandonando.
T: Então, você teve pensamentos de que ela a estava abandonando, pensamentos de que ela estava sendo egoísta e pensamentos de que ela não era uma amiga tão boa quanto você, e sentiu raiva dela.

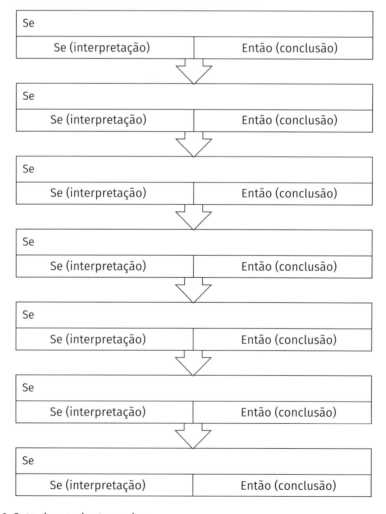

FIGURA 5.2 Seta descendente em branco.

C: Sim.
T: E a tristeza? Que pensamentos tristes você estava tendo?
C: Hum... acho que pensei que ela não gostava de mim ou que estava cansada de mim.
T: Você pensou que ela não gostava de você ou que estava cansada de você e se sentiu triste. Parecem pensamentos muito tristes, posso ver como você acabou se sentindo assim. Algum outro pensamento triste?
C: Acho que estava pensando em como poderia ter perdido outra amiga.
T: Você estava pensando em como essa amizade poderia ter acabado e, além disso, estava pensando em outras amizades que você perdeu ao longo dos anos. Parece que você teve muito tempo para pensar e acabou pensando muito sobre o fim das amizades. E o que você estava dizendo a si mesma?
C: Hum?
T: Quando você estava pensando sobre esse tema de relacionamentos terminando no passado e talvez no presente, como estava entendendo isso?
C: Acho que estava dizendo a mim mesma que talvez eu seja realmente confusa e afaste as pessoas.
T: Então, outro pensamento bem pesado. Eu vejo que você teve muita tristeza, e depois pode ter ficado ainda mais irritada por não poder contatá-la ou obter apoio ou segurança dela.

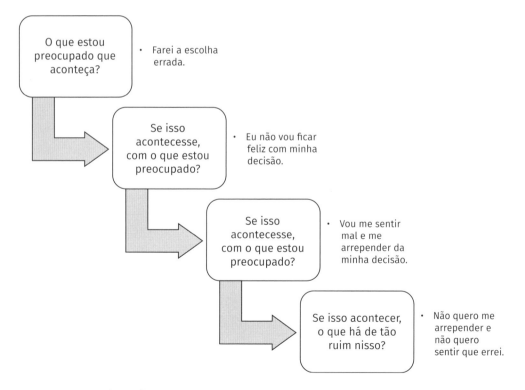

FIGURA 5.3 Seta lateral.

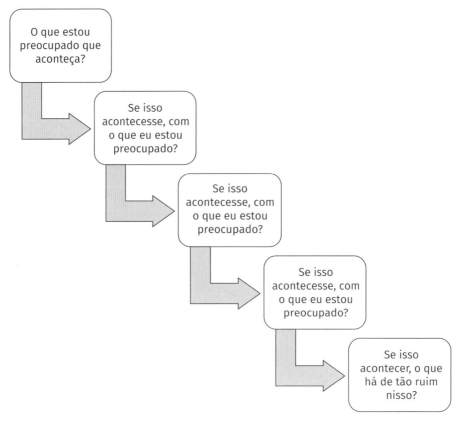

FIGURA 5.4 Seta lateral em branco.

C: Foi muito ruim.
T: Parece mesmo. E a ansiedade? Que pensamentos ansiosos você estava tendo?
C: Principalmente o pensamento de afastar as pessoas. Eu estava pensando em como sou ruim em fazer amigos e estava com medo de conhecer novas pessoas.
T: Juntando tudo, você teve um dia muito intenso, tentou ligar para sua melhor amiga e não conseguiu falar com ela. Então teve muitos pensamentos e sentimentos. (Escrevendo o conteúdo do quadro branco.) Você pensou que ela a estava abandonando, estava sendo egoísta e não tão boa amiga quanto você e ficou com raiva. Você teve pensamentos de que afasta as pessoas e de que talvez tenha perdido outra amiga e se sentiu triste. Você se preocupou com a necessidade de encontrar novos amigos e se sentiu ansiosa. Isso é muito para qualquer um lidar. Além do mais, você passou por um dia muito difícil antes disso, que pareceu muito intenso. Vamos descobrir o que queremos focar. De todos os pensamentos que escrevi aqui, qual é o mais doloroso para você?
C: Essa é uma decisão difícil, são todos muito ruins.
T: Concordo que há muito para ser trabalhado, vamos escolher um para focar primeiro. Qual você acha que está mantendo você mais presa?

Questionamento socrático para terapeutas **81**

C: Esse pensamento de que eu afasto outras pessoas.

T: Isso soa como um pensamento importante a ser seguido. [*Este é o pensamentos quente.*] O quanto você acredita nesse pensamento de afastar outras pessoas?

C: Varia. Às vezes completamente, outras vezes nem tanto.

T: E naquela noite?

C: Eu estava preocupada que fosse verdade.

T: Parece que foi uma noite emocional para você. Nós não avaliamos esse pensamento, então não sei se é verdade, mas claramente é um pensamento assustador. Um pensamento doloroso. Vamos ver se conseguimos descobrir por que esse pensamento é tão emocionalmente ameaçador. Se imaginássemos que esse pensamento é verdade, que você afasta as pessoas, o que isso significaria para você?

C: Isso significaria que eu sou péssima em relacionamentos e provavelmente morrerei sozinha.

T: OK, vamos ficar com isso. Se isso fosse verdade, que você é péssima em relacionamentos e provavelmente morrerá sozinha, o que isso significaria sobre você?

C: Talvez haja algo errado comigo no fundo, como se eu estivesse quebrada.

T: Isso soa como um pensamento muito doloroso também. Se você fosse quebrada, o que isso significaria sobre você?

C: Que minha vida não tem esperança, nunca vou tomar jeito. Todo mundo vai me abandonar em algum momento.

T: Então, esse pensamento sobre afastar todo mundo é mais sobre você ou sobre as outras pessoas? Quer dizer, parece que há algo errado com você? Ou parece que há algo errado com as outras pessoas?

C: Talvez com ambos, mas principalmente comigo.

T: Seguimos esse pensamento até a ideia de estar quebrada e de que todo mundo vai abandonar você eventualmente. Se esses pensamentos fossem verdadeiros, o que isso significaria sobre você?

C: Apenas mais certeza sobre estar quebrada.

T: Nesse cenário, você está quebrada, mas pode ser reparada? Ou o reparo é impossível?

C: Sempre quebrada, nunca funcionei direito e nunca funcionarei.

T: Então, com defeito?

C: Exatamente.

T: Então, você teve o pensamento de afastar as pessoas, e o significado emocional desse pensamento é que você é defeituosa. Posso ver por que você se sentiu um pouco triste, e esses são exatamente os tipos de pensamentos e crenças sobre você que queremos atingir. Essas crenças subjacentes sobre nós mesmos tendem a ser mais arraigadas e pode ser um processo trabalhar nelas, mas podemos iniciar o processo hoje. Parece bom para você?

C: Se isso me ajudar a me sentir melhor, terei prazer em tentar.

Depois de identificar o pensamento quente e o seu significado, temos uma boa ideia do que focar para promover uma mudança significativa na vida do cliente. Além disso, como esses elementos foram identificados de forma colaborativa, o cliente está em sintonia para avaliar esses itens, o que significa que o pensamento e o significado do pensamento podem ser direcionados de forma aberta e direta.

OUTRAS CONSIDERAÇÕES IMPORTANTES

Encontrar o alvo ideal para as estratégias de questionamento socráticas pode ser mais complicado do que simplesmente encontrar o pensamento quente ou o seu significado. Às vezes, não há um pensamento quente claro e nem todos os pensamentos estão conectados às crenças centrais. A seguir, revisaremos algumas outras considerações para ajudar na estratégia de definir o que almejar na sessão.

Regras se-então

Um objetivo inicial da busca do conhecimento e do questionamento socrático é descobrir as "premissas tácitas" sobre as quais uma realidade subjetiva é construída (Hintikka, 2007). Uma conclusão ou interpretação normalmente é baseada em uma suposição que pode ou não ter sido atendida. A lógica formal e informal enquadra isso como uma condição se-então (Hintikka, 2007; Priest, 2017; Trachtman, 2013). Com base nos capítulos anteriores, podemos acrescentar que esse processo se-então pode ser bastante subjetivo (Beck & Haigh, 2014). O "se" é uma premissa que deve ser atendida para que uma conclusão ("então") seja verdadeira. Em um capítulo anterior, discutimos o se-então das crenças intermediárias em uma conceitualização cognitiva de caso (ver Beck, 2011). Uma declaração se-então pode ser incorporada à conceitualização ou pode ser apenas uma dedução que o cliente faz — embora provavelmente seja influenciada pelo esquema. Considere o exemplo anterior, no qual provavelmente há várias suposições se-então sendo feitas: "Se meu amigo não responder em um prazo que considero razoável, então ele está me ignorando"; "Se meu amigo está me ignorando, então ele está sendo egoísta"; "Se alguém está sendo egoísta, então não se importa comigo". Cognitivamente, podemos direcionar o "se", o "então" ou a ligação entre o "se" e o "então" — perguntando se o "se" necessita do "então". Podemos chamar essas declarações se-então, que as pessoas criam, de regras ou atitudes. Muitas vezes, elas têm mais relação com expectativas, processos ou implicações do que com conteúdo.

Integrando a conceitualização

Em um painel de discussão no Congresso Internacional de Psicoterapia Cognitiva realizado em Hong Kong em 2014, Bob Leahy explicou por que a conceitualização é importante para decidir ao que visar cognitivamente:

> A pergunta do terapeuta é "Qual pensamento é o mais importante para se descobrir?" se o cliente tiver o pensamento "As outras pessoas não gostam de mim". Acho que isso é universal. Todo mundo recebe antipatia de muita gente. Então, buscar as evidências da ideia de que "as pessoas não gostam de você" pode não valer a pena. Mas a questão é: "Quais as suposições subjacentes, as regras, os esquemas ou os comportamentos que se seguem

Descrição da situação:	
Quais foram os diferentes eventos perturbadores que aconteceram?	
1.	
2.	
3.	
4.	
5.	
6.	
7.	
Qual foi a parte mais perturbadora?	
Que pensamentos passavam pela sua cabeça?	Qual foi o sentimento correspondente?
Qual pensamento foi o mais perturbador?	
Qual é o significado emocional desse pensamento?	

PLANILHA 5.1 Planilha de focalização.

© Waltman, S. H., Codd, R. T. III, McFarr, L. M., and Moore, B. A. (2021). Socratic Questioning for Therapists and Counselors: Learn How to Think and Intervene like a Cognitive Behavior Therapist . New York, NY: Routledge.

a esse pensamento que precisa ser descoberto?". É aí que o terapeuta pode assumir seu senso de poder ou *insight* sobre onde está o problema para o cliente. O cliente pensa: "As outras pessoas não gostam de mim, e esse é o problema". Esse não é o problema, o problema são as suposições ou esquemas subjacentes.

(Kazantzis et al., 2018, p. 9)

Judy Beck acrescentou:

E algo que acredito não termos deixado explícito é a importância da conceitualização de caso para decidir se devemos ou não focar uma cognição específica. Quando há uma situação perturbadora, vamos nos concentrar nas cognições? Se sim, vamos nos concentrar no nível do pensamento automático? Vamos fazer a descoberta guiada para descobrir o significado para o cliente? Vamos trabalhar com base nas suposições, regras ou crenças básicas dos clientes? A conceitualização ajuda os terapeutas a determinarem como orientar a sessão: como eles estão conceitualizando o problema? Como eles ajudarão melhor esse cliente?

(Kazantzis et al., 2018, p. 10)

Se você refletir sobre o capítulo anterior, que explicou como traçar o ciclo para identificar os fatores de manutenção, esses são os tipos de cognições que queremos priorizar como alvo. As principais perguntas a serem feitas a si mesmo incluem as seguintes:

- Dada a minha compreensão do cliente, como ele está entendendo a situação?
- Qual é o significado emocional para ele?
- A quais vieses perceptuais ele provavelmente será vulnerável?
- Por que a situação é particularmente perturbadora para o meu cliente?
- Como isso se encaixa com minha compreensão de suas crenças subjacentes?
- Quais são os pensamentos que estão mantendo o cliente preso?
- Como são os comportamentos em resposta a esses pensamentos?
- Qual é o resultado de seus comportamentos dependentes da percepção?

A conceitualização cognitiva de caso pode influenciar o que você escolhe focar de duas maneiras. Você pode usá-la para informar o foco de eventos específicos ou problemas que surgem, ou pode mirar os elementos-chave da conceituação de caso diretamente quando estiver definindo a agenda da sessão. Se você estiver adotando a última abordagem, pode ser útil ter em mente que a mudança em crenças fortemente arraigadas geralmente é incremental. Além disso, se você estiver trabalhando com um cliente que costuma generalizar demais (Brittlebank et al., 1993; Williams & Scott, 1988), será mais fácil encontrar exceções às suas suposições se você trabalhar com situações e eventos específicos, em vez de avaliar diretamente a crença supergeneralizada. Depois de extrair algumas inconsistências, será mais fácil atingir a crença maior. Um capítulo posterior se concentrará no trabalho com crenças e esquemas centrais.

Armadilhas do pensamento

Existem várias listas diferentes de distorções cognitivas, erros e armadilhas de pensamento e assim por diante (Beck, 1979; Beck, 2011; Beck et al., 1979; Burns, 1989). Com o tempo, o pensamento sobre distorções cognitivas mudou (Gellatly & Beck, 2016), e não existe uma lista unânime — possivelmente por motivos de direitos autorais, novas listas estão sempre sendo geradas. No estágio de focalização, você não precisa ter uma lista abrangente de distorções e definitivamente não deve tentar contestar e corrigir todas as distorções que ouvir. Mas pode ser útil ter uma ideia de quais tipos de pensamentos devem ser observados. Fique atento a pensamentos em termos de tudo ou nada e preto ou branco. Preste atenção em previsões irreais do futuro ou no que outras pessoas estão pensando. Procure filtragem seletiva de informações ou generalização excessiva de eventos. Você também quer estar ciente das crenças absolutistas, mas essas são bem abordadas quando se tem uma compreensão básica das crenças irracionais.

Crenças irracionais

Na terapia racional-emotiva comportamental (Trec), existem quatro crenças irracionais que podem ser comumente abordadas (Dryden, 2013): exigência, intolerância à frustração, avaliação pessoal e catastrofização. Uma distinção entre Trec e TCC beckiana é a ênfase da primeira nos deveres. Ellis (2003) postulou que todas as distorções cognitivas da TCC eram baseadas em obrigações absolutas (ou seja, exigências), que também representam a crença irracional central na Trec. Podemos considerar que a exigência é o oposto da vontade ou da aceitação (Ciarrochi & Robb, 2005; Ciarrochi, Robb, & Godsell, 2005; Ellis, 2005). Enquanto os terapeutas da TCC beckiana tendem a colocar uma ênfase inicial em pensamentos automáticos, os terapeutas da Trec se concentram diretamente em crenças irracionais (Ellis, 2003). Foi sugerido que os dois conceitos são muito semelhantes; ambos foram concebidos para prever sofrimento emocional (Szentagotai & Freeman, 2007).

Uma metanálise foi realizada para uma melhor compreensão da relação entre pensamentos automáticos e crenças irracionais (Şoǎu & David, 2017). Os pesquisadores observaram a sobreposição conceitual de crenças irracionais e pensamentos automáticos, afirmando que crenças irracionais podem ser vistas como crenças centrais ou pensamentos automáticos, enquanto pensamentos automáticos podem comprometer avaliações e inferências (Şoǎu & David, 2017). Estudos de modelagem descobriram que pensamentos automáticos mediam parcialmente o efeito de crenças irracionais nos sintomas depressivos (Szentagotai & Freeman, 2007). No entanto, o efeito das crenças irracionais sobre a angústia foi explicado apenas parcialmente pelos pensamentos automáticos — o que significa que havia alguma variação particular que não era explicada pelos pensamentos automáticos. Isso dá suporte à noção de que crenças irracionais têm um efeito único de sofrimento emocional que não é totalmente explicado pelos pensamentos automáticos.

O estudo de Szentagotai e Freeman (2007) foi replicado com o uso de instrumentos e desenhos mais sofisticados, e foram encontrados resultados comparáveis (ver Buschmann et al., 2018). Isso deu mais apoio à especificidade (i.e., singularidade) das crenças irracionais. A modelagem estatística apoiou a primazia da exigência como crença irracional central, e outras crenças irracionais, como autodepreciação e baixa tolerância à frustração, também surgiram como nós no modelo (Buschmann et al., 2018).

A implicação clínica para o terapeuta que usa estratégias socráticas é que existem lugares adicionais que você pode atingir. Se tomarmos a declaração condicional se-então da predição se-então-conclusão, você pode procurar por crenças irracionais absolutistas associadas à asserção. Você pode observar e direcionar a exigência subjacente (ou seja, a obrigação), a intolerância à frustração, a catastrofização e a avaliação pessoal. Por exemplo, Jonathan se apresenta ao tratamento com problemas de raiva e sintomas depressivos. Ele está trabalhando em um emprego de que não gosta e onde parece não ser bem tratado. Ao discutir uma situação-alvo, você identifica o pensamento quente: "Eles não se importam comigo", e o significado emocional do pensamento automático é que ele está sendo tratado injustamente. Ambos os pensamentos parecem ser pelo menos parcialmente verdadeiros para o terapeuta e, portanto, o terapeuta pode optar pela catastrofização subjacente (p. ex., "ser tratado injustamente é terrível"; ver Waltman & Palermo, 2019), pela exigência (p. ex., "as pessoas devem sempre me tratar com respeito"; ver Ellis, 2003), pela intolerância à frustração (p. ex., "não suporto ser tratado injustamente"; ver Dryden, 2013) ou pela avaliação pessoal (p. ex., "pessoas que me tratam injustamente no trabalho são fundamentalmente más pessoas"; ver Dryden, 2013). Atribui-se ao falecido George Carlin a frase: "Dentro de qualquer cínico há um idealista decepcionado". Se você consegue identificar o ideal decepcionado, pode procurar as obrigações absolutistas que correspondem ao ideal a ser visado.

DEFININDO COLABORATIVAMENTE O ALVO

Esse é um passo crucial que muitas vezes é ignorado. Se você já sentiu como se estivesse perseguindo um cliente na sessão e tentando avaliar algo enquanto ele continuava seguindo em frente, uma boa pergunta a se fazer é se ele entendeu o que você estava tentando fazer. Isso pode ser feito como um ato aberto e tornará o resto do processo muito mais fácil. Depois de identificar seu alvo cognitivo pretendido, você deve conversar sobre isso com o cliente, para que ele entenda que você está mudando o foco da sessão para essa cognição, e não pedindo para ouvir mais histórias. Isso pode ser feito rapidamente e com frequência compensa, facilitando o processo na sessão. Também é um passo crucial se você estiver adotando uma abordagem de treinamento de habilidades.

> Ok, John, estamos conversando sobre essa situação com seu chefe, sobre você pensar que ele não se importa com você; sobre isso significar que você está sendo tratado injustamente e sobre essa ideia de que você não suporta ser tratado de modo injusto. Eu quero mudar o foco e realmente dar uma olhada nessa última ideia. Estaria tudo bem para você se passássemos algum tempo focando em avaliar essa ideia de que você não suporta ser tratado injustamente?

Se o cliente disser "não", de qualquer maneira você não teria uma avaliação bem-sucedida. Mas, se ele disser "sim", ambos estarão orientados para o que estão fazendo. Dessa forma, se ele desviar do assunto, você poderá trazê-lo de volta ao acordo: "Então, notei que passamos para um tópico diferente e não terminamos de avaliar se você aguentaria ser tratado injustamente no trabalho. Tudo bem se voltarmos a avaliar aquela ideia central que identificamos?".

Criando uma definição compartilhada

Muitas vezes, o alvo cognitivo inicialmente pode ser vago. O que significa ser uma boa pessoa? Como definimos ser um fracassado? O que é uma boa mãe? O que significa ser bem-sucedido? Normalmente, as definições de nossos clientes são distorcidas de uma maneira consistente com suas crenças subjacentes. Avaliar um pensamento usando uma definição distorcida dá mais trabalho do que você precisa. Uma vez que sabemos o que queremos avaliar, pode ser útil criar uma definição compartilhada ou universal (ver Overholser, 1994, 2010, 2018).

É importante notar que criar uma definição universal não é uma tarefa de descoberta. O objetivo não é tomar a definição do cliente e ver quão adequada ela é, porque tal definição é distorcida. O objetivo é criar conjuntamente uma definição justa para que o pensamento possa ter uma avaliação justa (Overholser, 2010). A seguir está um exemplo mais direto.

TERAPEUTA (T): Freddie, estamos falando há algum tempo sobre esses medos que você tem de que as pessoas o julguem e o rejeitem por ser estranho. Eu queria dar uma olhada mais de perto nessa crença que você tem sobre ser estranho, mas primeiro eu queria apenas formular uma definição compartilhada de estranho para ter certeza de que estamos na mesma página. Então, quando você diz "estranho", o que isso significa?

CLIENTE (C): Diferente.

T: Então, estranho é diferente, não o mesmo.

C: Sim.

T: Diferente de quê?

C: De todos os outros. Tipo, todo mundo é igual, mas algumas pessoas são diferentes, e isso é estranho.

T: Então estranho seria desviar-se da norma. Estou curioso... estranho é ruim?

C: Hum... hum... para algumas pessoas.

T: Então, algumas pessoas não gostam de coisas estranhas, mas isso torna ruim ser estranho?

C: Se você quer que as pessoas gostem de você, é ruim ser estranho.

T: Então, ser estranho e ganhar simpatia estão relacionados?

C: Acho que sim.

T: É uma correlação perfeita, tipo, ninguém gosta de você se você é estranho e todo mundo gosta de você se você não é estranho?

C: Pode parecer assim.

T: E você, gosta de pessoas estranhas?

C: Todos os poucos amigos que tenho são tão estranhos!

T: E você não gosta disso neles?

C: Não, eu realmente gosto deles, eles são muito estranhos, mas eu gosto.

T: Então, talvez nem todo mundo não goste de pessoas estranhas. Vamos pesquisar e ver como eles definem estranho. Você pode me fazer um favor e pesquisar em seu telefone uma definição da palavra "estranho"?

C: Ah, sim, vou procurar.

T: (Riso leve) Obrigado.

C: Aqui diz "de caráter estranho ou extraordinário: estranho, fantástico".

T: Foi bom termos pesquisado, eu poderia ter ignorado alguma coisa. O que aprendemos com a definição do dicionário?

C: Bem, diz "estranho" e depois diz "fantástico".

T: O que você acha disso?

C: Talvez ser "estranho" o faça diferente, mas ser diferente é o que o torna interessante.

T: E fantástico.

C: Ah, sim, eu acho.

T: Então, há alguns lugares para onde podemos ir a partir daqui. Podemos ver se vale a pena ser interessante e fantástico e ser julgado por algumas pessoas; podemos olhar para você para ver o quão estranho você é; ou podemos avaliar nossa definição e ver se as pessoas que você conhece e que são estranhas são interessantes e fantásticas, mas também talvez não sejam apreciadas por todos. Qual você acha que seria mais útil para você?

C: Acho que podemos falar sobre ficar com medo de ser julgado por ser estranho, considerando que talvez ser estranho não seja necessariamente ruim.

T: Parece que vai ser muito interessante dar uma olhada nisso. Então, vamos ver o que você ganha e o que você perde por ser estranho, para ver se vale a pena. Parece um plano?

C: Sim, eu realmente quero saber se vale a pena, eu tenho medo disso há muito tempo, mas mesmo falando sobre isso agora eu gosto da ideia de ser interessante e fantástico.

Muitas vezes, quando você começa a criar uma definição compartilhada, o cliente começa a listar os motivos pelos quais acha que se encaixa ou não em seus próprios critérios. Você precisará interrompê-lo, destacar o que ele está fazendo e redirecioná-lo para uma definição universal. Você pode usar dicionários, enciclopédias ou outras fontes estabelecidas para ajudar a criar uma definição justa. Conforme ilustrado, quando você está formulando a definição, você pode construí-la de uma forma que tornará mais fácil avaliar a cognição-alvo e influenciar os tipos de generalizações que são feitas (Overholser, 1994). Considere o exemplo a seguir de uma cliente chamada Zora. Essa cliente estava trabalhando para ficar sóbria e recuperar seus filhos depois que eles foram tomados dela pelo serviço de proteção à criança. Zora e seu terapeuta identificaram a crença de que ela era uma mãe ruim. Antes de avaliar esse pensamento, o terapeuta sugeriu que fizessem uma definição universal de mãe ruim para ajudá-los a ter uma avaliação justa.

TERAPEUTA (T): Zora, identificamos esse pensamento muito doloroso de ser uma mãe ruim. Antes de começarmos a avaliá-lo, quero primeiro fazer uma definição compartilhada do que é uma mãe ruim com a qual ambos concordamos. Tudo bem para você?

CLIENTE (C): Acho que sim.

T: Então, como devemos definir esse conceito de ser uma mãe ruim?

C: Bem, uma boa mãe não usa drogas. Ela não tem seus filhos levados embora. Ela não é uma viciada (começando a chorar).

T: Zora, quero fazer uma pausa por um segundo. Claramente, esse é um tópico difícil e acho importante que honremos isso. O que eu ouço você fazendo é listar todas as razões pelas quais você acha que é uma mãe ruim. Não quero fazer isso. Eu não acho que vai ser útil. Acho que você já faz muito isso quando não estou por perto. Quero fazer uma definição geral, uma definição universal de mãe ruim, para que possamos analisar essa crença que você tem. Talvez seja mais fácil marcar as duas definições extremas de mãe perfeitamente boa e mãe completamente ruim. Pode ser?

C: (Respirando resolutamente) Sim, eu posso fazer isso.

T: Ótimo, já estamos fazendo um bom trabalho. Vamos definir a mãe perfeita então.

C: Ela cozinha, ela limpa, ela passa, seus filhos têm comida.

T: Provavelmente, comida realmente boa, como orgânica e saudável, balanceada com carboidratos e de origem natural, e toda essa coisa de alimentos transgênicos.

C: (Risadinha) Sim, e tudo está arrumado e limpo.

T: E as necessidades emocionais das crianças?

C: Ah, certo, elas amam seus filhos e fazem com que eles saibam que são amados.

T: Elas tornam seus filhos importantes.

C: Sim, seus filhos têm que ser a coisa mais importante.

T: Então, tem um item de necessidade prática, um item de necessidade emocional, um item de priorização; o que mais?

C: Sendo mãe, você só precisa dar o seu melhor e eles sempre precisam de você.

T: Então, ser uma boa mãe é uma questão de longo prazo. Você não chega a um ponto em que faz o suficiente e não precisa mais tentar?

C: Não, é um trabalho eterno.

T: Então, todas as coisas sobre as quais falamos têm uma perspectiva temporal.

C: Sim, é exaustivo.

T: Parece mesmo. E, no outro extremo, como definimos a mãe completamente ruim?

C: A mãe completamente ruim não se importa com seus filhos. Ela se coloca em primeiro lugar.

T: Trata-se apenas de cuidar? Existem coisas realmente ruins que uma mãe pode fazer para prejudicar seus filhos?

C: Como não estar lá para eles, pois foram levados porque a mãe é usuária.

T: Talvez esse seja um exemplo, mas tenho certeza de que você já ouviu ou poderia pensar em outros exemplos.

C: Sim, uma das mulheres com quem eu dormia estava dizendo que a mãe dela a obrigava a se prostituir para que pudesse ficar chapada.

T: Acho que isso entra na nossa lista. O que mais seria mau comportamento de uma mãe?

C: Acho que abusar de seus filhos.

T: Talvez também abandonar seus filhos. Prejudicar deliberadamente seus filhos?

C: Sim, existem algumas histórias realmente perturbadoras por aí.

T: Então, temos conteúdo para nossa definição. Parece que a mãe totalmente boa faz coisas boas o tempo todo, e a mãe ruim se coloca em primeiro lugar e machuca seus filhos. Precisamos definir os critérios. Quão boa você tem que ser para ser boa? Quantos erros você pode cometer antes de ser ruim? Uma vez que você é ruim, é ruim para sempre ou existe um caminho para a redenção?

C: Não sei.

T: Essas são grandes questões. Quantas mães você conhece que são boas? Tipo, o tempo todo?

C: Hum... tipo, que eu realmente conheço ou que apenas acho que são boas?

T: Quantos casos confirmados de mães perfeitas existem?

C: Provavelmente nenhum. As crianças são tão difíceis. E coisas que funcionam com uma criança podem não funcionar com outra.

T: Então, vamos definir a mãe suficientemente boa.

C: A mãe suficientemente boa é alguém que trabalha duro para garantir que seus filhos tenham o que precisam.

T: Ela os ama e trabalha para colocá-los em primeiro lugar.

C: Ela não maltrata seus filhos deliberadamente.

T: E ela nunca desiste. O que você acha?

C: Parece uma boa mãe, mas uma boa mãe realista.

T: E quanto à questão da redenção? Uma mãe pode cometer erros, voltar aos trilhos e ser boa o suficiente novamente?

C: Acho que sim... espero que sim.

T: O que vai tornar mais fácil focar no que você tem que fazer para ter seus filhos de volta?

C: Ter um caminho para a redenção, voltar a ser boa o suficiente.

T: OK, temos uma definição compartilhada com a qual ambos concordamos, e eu a anotei. Vejamos onde você esteve no passado, onde está agora e aonde está tentando chegar.

Esse passo principal de criar uma definição universal compartilhada para o alvo cognitivo é consistente com as origens do método socrático, em que o objetivo era primeiro definir a virtude que estava sendo discutida (ver Hintikka, 2007).

FERRAMENTAS E ESTRATÉGIAS DURANTE A SESSÃO

Há uma série de perguntas que os terapeutas podem fazer a si mesmos para orientar esse processo, incluindo:

- Quais são os diferentes componentes da história que podem ser perturbadores para o meu cliente?
- Qual é a parte mais perturbadora? / Onde está o calor?
- Como o meu cliente se sente sobre a situação?
- Quais são os diferentes pensamentos do cliente sobre a situação?
- Seus pensamentos e sentimentos se alinham?
- Estou deixando de perceber alguma coisa?
- Como o que estou ouvindo se encaixa na minha conceitualização de caso do cliente?
- Estou ouvindo distorções cognitivas ou crenças irracionais?

Questionamento socrático para terapeutas **91**

- Que pensamento eu quero como alvo?
- Que pensamento está mais conectado aos comportamentos que mantêm o cliente preso?
- Que pensamento é mais angustiante?
- Qual é o significado emocional desse pensamento?
- O cliente parece ter uma definição justa desse termo ou devemos criar uma definição compartilhada?
- O cliente está disposto a avaliar o pensamento?

A seguir, um exemplo de como isso pode se dar na prática.

EXEMPLO DE CASO: HAROLD

Harold (pseudônimo) é um homem afro-americano heterossexual, com 30 e poucos anos, que passou mais de uma década na segurança pública. Após quase 20 anos de casamento, recentemente ele se divorciou depois de saber que sua esposa o estava traindo. Harold posteriormente experimentou sintomas de depressão, raiva, ansiedade e insônia. Cognitivamente, ele tende a ficar preso em pensamentos sobre como não mereceu o que aconteceu com ele e sobre como seu futuro é sem esperança. Nessa sessão, ele relatou um aumento dos sintomas depois de finalmente vender sua casa e precisar dar à esposa a maior parte do patrimônio, pois isso era uma determinação do acordo de divórcio. O que segue é um exemplo de como o terapeuta trabalhou com ele para identificar um alvo adequado e produtivo para o questionamento socrático.

TERAPEUTA (T): Harold, pelo que você está me dizendo, foi uma semana incrivelmente difícil. Você falou sobre sentir raiva e tristeza, e quase não veio hoje porque estava se sentindo muito para baixo.

CLIENTE (C): Sim, tem sido muito ruim ultimamente.

T: Lamento que você esteja se sentindo assim e, antes de seguirmos em frente, só quero dizer que acho que qualquer pessoa que esteja se divorciando após décadas de casamento passaria por um momento especialmente difícil. E, então, incluímos mais coisas, como ter que se mudar e vender sua antiga casa. Isso agrava tudo. É muito para lidar.

C: (Suspirando) Sim, realmente é.

T: Então, quero falar sobre o que aconteceu, e quero tentar focar as partes mais difíceis para garantir que cobrimos as coisas mais importantes. Então, primeiro, vamos tentar listar todas as diferentes partes da história para que possamos fazer um *menu* de áreas para focar. Pode ser?

C: Sim, tudo parece se misturar, mas acho que lidar com isso, parte por parte, pode ser mais fácil do que tentar lidar com tudo de uma vez.

T: Quais são as diferentes partes dessa história? Já anotei o estresse da mudança, porque você mencionou isso no *check-in*. O que mais?

C: O dinheiro... eu tive que vender a casa, minha casa, e depois dar a ela o patrimônio que passei décadas da minha vida construindo.

T: Essa é uma grande parte. Deixe-me anotar isso. O que mais?

C: Não tenho certeza.

T: Você também falou sobre o estresse de ter que recomeçar em um novo bairro e mencionou a falta de seus filhos e a falta da casa. Qualquer uma dessas coisas pode ser muito para lidar. Já temos uma lista de bom tamanho. Existem outras potenciais áreas para a situação em que talvez precisemos nos concentrar?

C: Acho que já temos uma lista bem grande. Não sei como vou passar por tudo isso.

T: Bem, vamos escolher um item e ver o que podemos fazer. Em qual área você se pegou pensando mais ultimamente?

C: Um pouco de tudo.

T: Eu sei que você tem uma mente muito ativa. Estamos tentando priorizar a melhoria do seu sono, então em que você está pensando quando poderia estar dormindo?

C: O fato de dar a ela todo esse dinheiro. Estou furioso por isso. Meu advogado disse que era uma boa ideia a longo prazo, mas acho que ela não deveria receber nada.

T: Posso ver que isso é realmente perturbador para você. Quais são os diferentes sentimentos que você tem sobre a situação?

C: Raiva.

T: Algo mais?

C: Um pouco de tristeza, mas principalmente raiva.

T: Então, muita raiva e alguma tristeza. Quais são os pensamentos de raiva que você está tendo?

C: Eu a xingo muito na minha cabeça.

T: Imagino. E o que há nessa situação em que você vendeu a casa e deu a ela a maior parte do patrimônio que o deixou tão bravo?

C: Eu era um cara legal e não merecia isso.

T: Você pensa que era um cara legal e não merecia isso, e isso o deixa com raiva? Que outros pensamentos de raiva você está tendo?

C: Ela se safou.

T: Você pensa que ela se safou, e isso também o deixa com raiva. Que outros pensamentos você vem tendo que estão deixando você com tanta raiva?

C: Eu penso em como meus filhos não sabem o que de fato aconteceu, e tudo o que sabem eles ouvem dela.

T: Sim, já falamos sobre isso antes. Esse pensamento parece deixá-lo preso às vezes. Algum outro pensamento que o deixa com raiva?

C: Esses são os principais.

T: E a tristeza... quais pensamentos o deixam triste?

C: Penso que estou sozinho e nunca mais terei o tipo de vida que quero.

T: Esse é um pensamento muito triste. Você tem pensamentos de que está sozinho e pensamentos de que nunca terá o tipo de vida que deseja.

C: E a culpa é dela!

T: Há aquela raiva surgindo quando tocamos no conteúdo mais vulnerável.

Questionamento socrático para terapeutas **93**

[*Conceitualmente, o terapeuta observou que o cliente tende a usar sua raiva como forma de evitar sua tristeza. Ele tem muitos pensamentos sobre a injustiça da situação e, como muitos clientes, passaria a maior parte do tempo da sessão falando sobre sua ex se o terapeuta não interviesse.*]

C: Sim, acho que você está certo.

T: Então, vamos escolher um pensamento para focar. Qual desses pensamentos é o mais angustiante para você?

C: O fato de que ela se safou. Eu sempre vou ficar furioso com isso.

T: O pensamento de que ela se safou disso é um verdadeiro problema para você. Eu também quero tocar na parte da tristeza. Nós falamos antes sobre como você tende a usar a raiva para encobrir um pouco de sua tristeza (colocando uma mão em cima da outra).

C: Eu sei, você continua trazendo isso à tona.

T: Não vou forçá-lo a trabalhar nisso. O quanto você está disposto a trabalhar em sua tristeza?

C: Eu não quero me sentir triste.

T: Muitas pessoas não querem. O quanto você está disposto a trabalhar em sua tristeza?

C: Acho que está na hora, já adiei o suficiente.

T: OK, primeiro me deixe apenas reforçar sua disposição. Esse trabalho de vulnerabilidade emocional pode ser muito difícil. É um tipo diferente de bravura em comparação com aquele que você normalmente exibe em sua vida cotidiana com seu distintivo.

C: Sim, eu sou bom nisso.

T: Eu sei, nós conversamos muito sobre isso. Então, se vamos trabalhar sua tristeza, vamos usar como ponto de partida esse pensamento de que você está sozinho e nunca mais terá a vida que deseja. Se esse pensamento fosse verdade, o que isso significaria para você?

C: Minha vida será inútil.

T: Parece haver muita dor para trabalharmos aqui. Então, se tratarmos essa suposição como verdadeira, de que sua vida seria inútil, o que isso significa para você?

C: Eu simplesmente não posso ter o tipo de vida que quero.

T: E, se você não puder ter o tipo de vida que deseja, o que isso significa para você?

C: Eu nunca serei feliz.

T: E se você nunca mais fosse feliz, o que isso significaria para você?

C: Que minha vida não seria como eu queria que fosse.

T: [*Vendo que um ciclo foi atingido, levanta a hipótese de que este é o significado emocional do pensamento quente.*] Então, você tem o pensamento de que está sozinho e nunca terá a vida que deseja ter novamente, e o significado emocional desse pensamento parece ser o de que você nunca será feliz.

C: E é tudo culpa dela!

T: Então, a tristeza está nessa ideia de que você nunca mais será feliz, e você adiciona essa parte raivosa sobre ser culpa dela. Certo?

C: Sim, essa é a temática do que penso o tempo todo.

T: Provavelmente queremos focar ambos os aspectos, mas só podemos olhar para um de cada vez. Podemos começar com essa ideia de que você nunca mais será feliz?

C: Sim, sinto que nunca mais serei feliz.

T: Essa é uma crença muito triste de se ter. Antes de examinarmos se essa crença é verdadeira ou não, podemos definir como seria uma vida feliz?

C: Uma vida feliz é você ter uma esposa amorosa e uma família ao voltar para casa depois do trabalho.

T: Talvez isso faça parte. O que deixa as pessoas felizes em ter uma esposa ou família amorosas ao voltar para casa depois do trabalho?

C: É importante ter pessoas em sua vida que se preocupam com você e que fazem um dia ruim valer a pena.

T: Isso parece muito importante, deixe-me escrever isso. Assim, nossa definição de uma vida feliz inclui ter pessoas em sua vida que se preocupam com você e fazem um dia ruim valer a pena. O que mais deixa as pessoas felizes?

C: Dizem que dinheiro não compra felicidade, mas você precisa ter o suficiente para viver e se sentir confortável.

T: Estou anotando recursos materiais adequados. Muito bem. O que mais?

C: Você precisa de um propósito.

T: Esse também é um bom ponto, deixe-me adicioná-lo à nossa lista. Algo mais?

C: Não tenho certeza.

T: O que você acha que faz outras pessoas felizes?

C: Meu irmão vive para o golfe e minha irmã poderia morar em uma biblioteca.

T: Então, *hobbies* estão na lista. Algo mais?

C: Não consigo pensar em nada.

T: Existe alguma coisa que você queria fazer com sua vida que ainda não conseguiu?

C: Eu sempre quis pegar um *trailer*, dirigir por aí e ver tudo.

T: Então, viagens? Novas experiências?

C: Sim, para isso.

T: Vamos adicioná-las à lista. E sei que seu trabalho, apesar de difícil, é significativo para você.

C: Sim, o serviço é importante.

T: Temos uma lista muito boa aqui. Uma vida feliz inclui ter pessoas que você ama e que tornam os dias ruins melhores, recursos materiais adequados, propósito, *hobbies*, viagens, novas experiências e trabalho. Você quer acrescentar mais alguma coisa?

C: Não, na verdade parece muito bom.

T: Sim. Acho que temos uma boa lista. OK, então o próximo passo para avaliar essa crença de que você nunca será feliz é usar essa lista que fizemos para avaliar onde você está e o que o futuro reserva. Correto?

C: Sim, isso é interessante para mim. Talvez as coisas não sejam tão desesperadoras quanto parecem.

Nessa sessão, o terapeuta trabalhou para ajudar Harold a se concentrar no elemento mais perturbador de uma história maior e, ao fazê-lo, eles se concentraram em algum conteúdo-chave diretamente relacionado aos seus sentimentos de tristeza. Harold a princípio queria falar sobre sua raiva e sua ex-esposa, mas o terapeuta sabia que, dessa forma, o cliente evitava tanto a tristeza quanto o esforço para melhorar sua situação. Eles discutiram isso de

Questionamento socrático para terapeutas **95**

Descrição da situação:
Vendeu a casa recentemente e teve que dar a maior parte do patrimônio para a ex-esposa.

Quais foram os diferentes eventos perturbadores que aconteceram?
1. *Dar dinheiro à ex-esposa.*
2. *Lidar com o estresse da mudança.*
3. *Sentir falta das crianças.*
4. *Ter que recomeçar em algum lugar novo.*
5. *Sentir falta de casa.*
6.
7.

Qual foi a parte mais perturbadora?
Dar o dinheiro à ex-esposa.

Que pensamentos passavam pela sua cabeça?	Qual foi o sentimento correspondente?
Ela se safou.	*Raiva*
Eu sou um cara bom, eu não mereço isso.	*Raiva*
Meus filhos pensam que eu sou o vilão.	*Raiva*
Eu não posso ter o tipo de vida que eu quero ter.	*Tristeza*

Qual pensamento foi o mais perturbador?
Eu não posso ter o tipo de vida que eu quero ter.

Qual é o significado emocional desse pensamento?
Eu nunca serei feliz (e é culpa dela).

PLANILHA 5.2 Planilha de focalização: exemplo de Harold.

© Waltman, S. H., Codd, R. T. III, McFarr, L. M., and Moore, B. A. (2021). Socratic Questioning for Therapists and Counselors: Learn How to Think and Intervene like a Cognitive Behavior Therapist . New York, NY: Routledge.

forma colaborativa e encontraram um bom pensamento quente relacionado à sua tristeza. Eles investigaram usando a estratégia da seta descendente e encontraram a crença de que ele nunca mais seria feliz. Antes de passar a avaliar essa crença, eles criaram uma definição compartilhada de uma vida feliz para ajudar na avaliação.

Isso se mostrou útil, pois logo se percebeu que o cliente tinha uma definição distorcida de uma vida feliz, que se concentrava principalmente no que ele achava que estava perdendo. A planilha de focalização é preenchida com suas informações para demonstrar o fluxo.

RESUMO DO CAPÍTULO

Neste capítulo, nos concentramos em revisar como focar o conteúdo-chave. Discutimos como dividir uma situação em seus componentes, como identificar os vários pensamentos e sentimentos sobre a parte mais perturbadora da situação, como reconhecer o pensamento quente entre os demais e como investigar o seu significado emocional. Também discutimos outros elementos importantes: como identificar suposições se-então, como vinculá-las à conceitualização, como observar distorções cognitivas e crenças irracionais, como definir colaborativamente o alvo cognitivo e como criar uma definição universal compartilhada para o alvo quando necessário. Investir tempo nessas tarefas pode ocupar momentos valiosos da sessão, mas a recompensa é que você pode ter uma intervenção mais estratégica. Concentrar-se nas principais cognições permite que você faça mais em menos tempo. Além disso, é mais fácil ter boas estratégias socráticas quando escolhemos um bom pensamento consistente no qual trabalhar. O dilema fica entre gastar um pouco de tempo avaliando cada distorção no nível da superfície ou dedicar um período para se concentrar e se aprofundar no conteúdo principal, para que você possa dedicar mais tempo ao conteúdo mais importante. Este capítulo defende a última estratégia. Uma planilha de focalização é oferecida para auxiliar nesse processo.

REFERÊNCIAS

Beck, A. T. (1979). *Cognitive therapy and the emotional disorders.* New York: Meridian. Beck, A. T., & Haigh, E. A. P. (2014). Advances in cognitive theory and therapy: The Generic Cognitive Model. *Annual Review of Clinical Psychology, 10,* 1–24. doi:10.1146/annurev-clinpsy-032813-153734

Beck, A. T., Rush, A. J., Shaw, B. F., & Emery, G. (1979). *Cognitive therapy of depression.* New York: Guilford.

Beck, J. S. (2011). *Cognitive behavior therapy: Basics and beyond* (2nd ed.). New York: Guilford Press.

Brittlebank, A. D., Scott, J., Mark, J., Williams, G., & Ferrier, I. N. (1993). Autobiographical memory in depression: State or trait marker? *The British Journal of Psychiatry, 162*(1), 118–121.

Burns, D. D. (1989). *The feeling good handbook.* New York: William Morrow.

Buschmann, T., Horn, R. A., Blankenship, V. R., Garcia, Y. E., & Bohan, K. B. (2018). The relationship between automatic thoughts and irrational beliefs predicting anxiety and depression. *Journal of Rational-Emotive and Cognitive-Behavior Therapy, 36*(2), 137–162.

Ciarrochi, J., & Robb, H. (2005). Letting a little nonverbal air into the room: Insights from acceptance and commitment therapy. Part 2: Applications. *Journal of Rational-Emotive and Cognitive-Behavior Therapy, 23*(2), 107–130.

Ciarrochi, J., Robb, H., & Godsell, C. (2005). Letting a little nonverbal air into the room: Insights from acceptance and commitment therapy. Part 1: Philosophical and theoretical underpinnings. *Journal of Rational-Emotive and Cognitive-Behavior Therapy, 23*(2), 79–106.

Dryden, W. (2013). On rational beliefs in rational emotive behavior therapy: A theoretical perspective. *Journal of Rational-Emotive and Cognitive-Behavior Therapy, 31*(1), 39–48.

Ellis, A. (2003). Similarities and differences between rational emotive behavior therapy and cognitive therapy. *Journal of Cognitive Psychotherapy, 17*(3), 225–240.

Ellis, A. (2005). Can rational-emotive behavior therapy (REBT) and acceptance and commitment therapy (ACT) resolve their differences and be integrated? *Journal of Rational-Emotive and Cognitive-Behavior Therapy, 23*(2), 153–168.

Gellatly, R., & Beck, A. T. (2016). Catastrophic thinking: A transdiagnostic process across psychiatric disorders. *Cognitive Therapy and Research, 40*(4), 441–452.

Greenberger, D., & Padesky, C. A. (2015). *Mind over mood: Change how you feel by changing the way you think.* New York: Guilford Press.

Hintikka, J. (2007). *Socratic epistemology: Explorations of knowledge-seeking by questioning.* Cambridge: Cambridge University Press.

Kazantzis, N., Beck, J. S., Clark, D. A., Dobson, K. S., Hofmann, S. G., Leahy, R. L., & Wong, C. W. (2018). Socratic dialogue and guided discovery in cognitive behavioral therapy: A modified Delphi panel. *International Journal of Cognitive Therapy, 11*(2), 140–157.

Overholser, J. C. (1994). Elements of the Socratic method: III. Universal definitions. *Psychotherapy: Theory, Research, Practice, Training, 31*(2), 286.

Overholser, J. C. (2010). Psychotherapy according to the Socratic method: Integrating ancient philosophy with contemporary cognitive therapy. *Journal of Cognitive Psychotherapy, 24*(4), 354–363.

Overholser, J. C. (2018). *The Socratic method of psychotherapy.* New York: Columbia University Press.

Priest, G. (2017). *Logic: A very short introduction* (Vol. 29). Oxford: Oxford University Press.

Şoflău, R., & David, D. O. (2017). A meta-analytical approach of the relationships between the irrationality of beliefs and the functionality of automatic thoughts. *Cognitive Therapy and Research, 41*(2), 178–192.

Szentagotai, A., & Freeman, A. (2007). An analysis of the relationship betweenir rational beliefs and automatic thoughts in predicting distress. *Journal of Cognitive and Behavioral Psychotherapies, 7*(1), 1–9.

Trachtman, J. P. (2013). *The tools of argument: How the best lawyers think, argue, and win.* Lexington, KY: Trachtman.

Waltman, S. H., Hall, B. C., McFarr, L. M., Beck, A. T., & Creed, T. A. (2017). In-session stuck points and pitfalls of community clinicians learning CBT: Qualitative investigation. *Cognitive and Behavioral Practice, 24*, 256–267. doi:10.1016/ j.cbpra.2016.04.002

Waltman, S. H., & Palermo, A. (2019). Theoretical overlap and distinction between rational emotive behavior therapy's awfulizing and cognitive therapy's catastrophizing. *Mental Health Review Journal, 24*(1), 44–50.

Wenzel, A. (2019). *Cognitive behavioral therapy for beginners: An experiential learning approach.* New York: Routledge.

Williams, J. M. G., & Scott, J. (1988). Autobiographical memory in depression. *Psychological Medicine, 18*(3), 689–695.

6

Compreensão fenomenológica

Scott H. Waltman

❖ O QUE VOCÊ VERÁ NESTE CAPÍTULO

Compreensão fenomenológica	99
Fenomenologia colaborativa	100
Perspectiva fenomenológica informada pela conceitualização	102
Trabalhando com as emoções e o processamento emocional	102
Validação	107
Chance de correção de curso	108
Perguntas para compreensão	109
Em que experiências se baseia esse pensamento?	109
Quais são os fatos que sustentam isso?	111
Se isso fosse verdade, qual você acha que seria a evidência mais consistente para apoiá-lo?	112
Isso é algo que as pessoas disseram diretamente no passado?	114
Como é acreditar nesse pensamento?	115
Há quanto tempo você acredita nisso?	115
Quando você tende a acreditar mais e menos nisso?	116
O que você normalmente faz quando pensamentos como esse surgem?	116
Resumo do capítulo	118

No clássico livro de lógica matemática de Polya (1973), ele afirma: "É tolice responder a uma pergunta que você não compreende" (p. 6). Para solucionar um problema matemático, primeiro você precisa definir a questão e então identificar o que é conhecido, o que é desconhecido e como tudo se encaixa (Polya, 1973). Hintikka (2007), o famoso filósofo e principal arquiteto da semântica da teoria dos jogos, afirmou: "Como todo fã de quebra-cabeças sabe, frequentemente a chave para o raciocínio inteligente, necessário para resolver esse jogo, está precisamente em ser capaz de imaginar as circunstâncias em que as expectativas normais evocadas pela especificação do quebra-cabeças não são realizadas" (p. 20). Além disso, qualquer litigante entende que, às vezes, os melhores argumentos estão em puxar os fios soltos do argumento oposto (Trachtman, 2013). Claro que o papel do terapeuta não é resolver o cliente como um quebra-cabeças, com raciocínio inteligente ou argumentos confrontativos, puramente lógicos (Wenzel, 2019).

De forma notável, embora chamemos isso de questionamento socrático ou diálogo socrático, o próprio Sócrates não era um terapeuta e, na verdade, não teria sido um bom terapeuta: "Sócrates certamente não se engajou no que nós chamamos de questionamento socrático. Ele não se identificaria com isso sobre o que falamos. Aparentemente, ele era notório por ser implacável e quase levava as pessoas à lona com seu questionamento" (Kazantzis, Fairburn, Padesky, Reinecke, & Teesson, 2014; p. 6). É indiscutível que o primeiro trabalho de um terapeuta é se empenhar para entender seu cliente (Kazantzis et al., 2018). O contraste perfeito com a verdadeira abordagem de Sócrates teria sido Carl Rogers, da terapia centrada no cliente, que afirmou: "É meu propósito entender como ele se sente em seu próprio mundo interior, aceitá-lo como ele é, criar uma atmosfera de liberdade na qual ele pode se mover em seu pensamento, seu sentimento e seu ser, em qualquer direção que desejar" (Rogers, 1995; p. 108). O famoso paradoxo de Rogers postula que a aceitação é um precursor da mudança (Rogers, 1995).

O princípio do empirismo colaborativo preenche essa lacuna e combina esses elementos de maneira poderosa (Wenzel, 2019).

> Novamente, no espírito do empirismo colaborativo — você, como terapeuta, e seu cliente sendo codetetives examinando as evidências antes de tirar uma conclusão —, não pressupomos que o pensamento de um cliente precise ser desafiado, mas, em vez disso, adotamos uma postura avaliativa mais neutra e curiosa, e só decidimos que o pensamento não é adaptativo ou útil se os resultados de nossa avaliação apoiarem isso.
>
> (Wenzel, 2019, p. 191)

COMPREENSÃO FENOMENOLÓGICA

Se consideramos que os passos do diálogo socrático estão alinhados com os elementos do registro de pensamento de sete colunas (ver Kazantzis et al., 2014), este próximo passo é funcionalmente aquele em que procuramos identificar as evidências de apoio. Queremos entender o argumento do cliente para que o pensamento ou a crença sejam verdadeiros. Contudo, conforme abordado anteriormente, as percepções de um indivíduo são filtradas por suas expectativas e seus vieses (Beck & Haigh, 2014; Lippman, 2017). Portanto, se avaliam a crença apenas com base em evidências factuais, as pessoas podem acabar sabendo de algo intelectualmente, mas não acreditando naquilo emocionalmente — uma situação clínica com a qual todos estamos familiarizados. Embora, em última análise, queiramos avaliar a crença em termos empíricos, primeiro precisamos entendê-la em sua totalidade. Por enquanto, estamos reunindo todas as potenciais evidências para, mais tarde, avaliá-las. Algumas evidências que não são objetivas ainda terão um significado emocional importante e precisarão ser observadas.

Fenomenologia colaborativa

A fenomenologia nasce da filosofia e é construída sobre a natureza introspectiva da psicologia. A fenomenologia pode ser entendida como o estudo da essência da consciência (Grossman, 2013). Um fenomenólogo está interessado no estudo da realidade subjetiva e objetiva de um indivíduo para chegar à essência (i.e., *gestalt*) da questão (Davidsen, 2013; Mishara, 1995). Isso envolve suspender julgamentos e noções preconcebidas e utilizar uma mentalidade que seja consistente com as noções conscientes da mente de um iniciante (Kabat-Zinn, 2006).

> Assim, a fenomenologia pode ser concebida como um estilo de pensamento que suspende a explicação científica tradicional e tenta entrar em contato com as experiências primordiais subjacentes a todas as nossas construções mais maduras do mundo... Lembre-se de que o objetivo do estudo fenomenológico é redescobrir toda pessoa viva e entender como estar no mundo é experimentado por cada pessoa e por aqueles que a rodeiam.
>
> (Chessick, 1995, p. 161)

Essa suspensão de suposições anteriores é chamada de *bracketing* na tradição fenomenológica (Chessick, 1995) e exige que o terapeuta tolere uma série de elementos, incluindo a incerteza do resultado, a vulnerabilidade de não ser o especialista onipotente e a abertura à experiência emocional do cliente (Kazantzis et al., 2014).

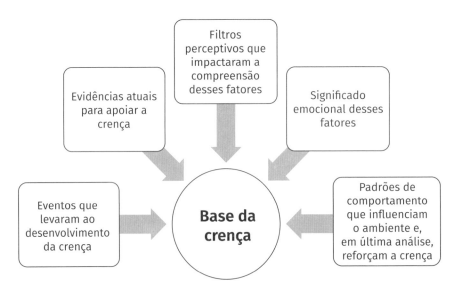

FIGURA 6.1 Compreendendo a crença na crença.

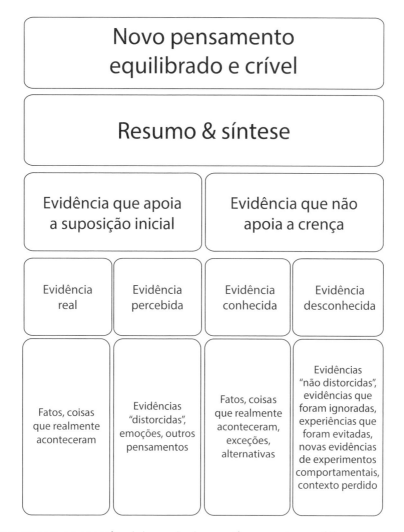

FIGURA 6.2 Panorama conceitual do modo de questionamento socrático.

Figurativamente, estamos tentando entender como é ser o cliente. Não queremos apenas saber como ele justifica a crença que estamos mirando; queremos saber como é ter a crença. Por que faz sentido que ele tenha desenvolvido essa crença? Como seria viver com esse sistema de crenças? Como foi desenvolver essa crença? Como essa crença atualmente afeta a maneira como ele vê o mundo (i.e., filtragem)? Que impulsos e comportamentos acompanham essa crença? Qual é o risco de abandonar essa crença?

De acordo com o espírito do empirismo colaborativo, a aplicação da fenomenologia ao questionamento socrático sugeriria a necessidade de uma fenomenologia colaborativa. Assim como estamos tentando entender os fundamentos subjetivos e objetivos da crença, estamos tentando ajudar o cliente a se juntar a nós em nossa investigação. Esse pode e deve ser um processo emocionalmente informado para a díade da terapia, e haverá uma discussão a seguir sobre como abordar, encorajar, processar e usar a emoção nesse processo.

Perspectiva fenomenológica informada pela conceitualização

Uma abordagem de tratamento orientada pela conceitualização de caso é inerentemente consistente com o movimento fenomenológico, pois é idiográfica ou específica da pessoa. Há uma série de itens para anotar mentalmente durante esse processo. Como Judy Beck (2011) explica com seu modelo de processamento de informações, as pessoas tendem a absorver completamente as informações que se encaixam em suas suposições e, em seguida, ignorar as informações que não se encaixam em seus vieses. As informações também podem ser distorcidas e interpretadas para um ajuste forçado com suas suposições, de forma que elementos que não são realmente evidências para uma crença podem ser apresentados assim porque a pessoa os distorceu em sua mente.

Tomemos o exemplo de Mary, uma jovem mãe trabalhadora que foi encaminhada a um terapeuta após ser hospitalizada por uma tentativa de suicídio. Ao avaliar a situação, ela atribui a tentativa à crescente pressão para fazer tudo por todos. Na fase de compreensão fenomenológica da avaliação dessa crença, descobre-se que ela recebe pouca ajuda em casa, o que na superfície parece apoiar essa ideia de que ela tem que fazer tudo. À medida que o terapeuta e Mary se aprofundam para entender a situação, mais contexto é descoberto em conjunto. O esposo de Mary costumava fazer mais atividades em casa e ajudar, mas Mary não estava satisfeita com a forma como as tarefas eram executadas e ela as tomava de volta, porque não queria que fossem feitas incorretamente. Então, de certa forma, ela receber pouca ajuda é uma evidência de que ela tem que fazer tudo sozinha, e, de outra forma, há mais contexto para ser trabalhado.

Considerar a influência de filtros perceptivos dependentes de crenças (p. ex., viés de confirmação) e respostas comportamentais relacionadas a esquemas pode ajudá-lo a entender melhor a situação. Por exemplo, se o seu cliente tem uma crença preexistente de que o mundo é perigoso, tende a ter uma percepção de ameaça elevada e responde a desprezos percebidos tornando-se zangado e hostil, esse é um contexto importante para entender melhor a situação. Às vezes, isso é menos óbvio. O que se deve ter em mente é que o cliente irá declarar muitas coisas como se fossem verdadeiras, e queremos demonstrar empatia e curiosidade enquanto mantemos a consciência metacognitiva empírica de como a evidência se encaixa em crenças, comportamentos, afetos e filtros perceptivos a serem conceitualizados.

Trabalhando com as emoções e o processamento emocional

A grande lição do advento da terapia focada nas emoções (TFE) é a importância de contemplar as emoções ao promover mudanças (Johnson, 2009; Greenberg, 2004). A CC sempre sustentou que processar, e não evitar, emoções é uma parte importante do tratamento (Beck, 1979). No entanto, após a disseminação amplamente bem-sucedida da TCC (Beck, 2011; Beck & Haigh, 2014; Wenzel, 2019), houve várias simplificações excessivas do modelo, que podem ter resultado em equívocos (Waltman, Creed & Beck, 2016 ; Wenzel, 2019). Isso incluía noções errôneas, como enfatizar o pensamento puramente positivo ou considerar que a análise lógica era tudo o que importava. Recentemente, houve uma onda de foco renovado no papel essencial de contemplar as emoções na TCC (ver Thoma & McKay, 2014).

Da perspectiva da TFE, o objetivo da terapia é mudar a experiência emocional de uma pessoa e a narrativa correspondente (i.e., o esquema) na qual essa emoção está inserida (Greenberg, 2004). Da perspectiva da TCC, várias experiências emocionais estão conectadas à ativação esquemática; isso (e a resposta comportamental correspondente) é chamado de modo ou ativação modal (Beck & Haigh, 2014). Para melhor provocar a mudança nesses esquemas emocionalmente carregados, precisamos ativar a emoção associada a fim de trabalhar diretamente no esquema. Idealmente, queremos ter um nível moderado de ativação emocional.

Se o seu cliente está emocionalmente pouco envolvido, queremos colocá-lo mais em contato com seus sentimentos; isso pode ser feito com várias habilidades de TCC e TFE ou com habilidades terapêuticas não específicas. Se o seu cliente é excessivamente ativado emocionalmente, você pode precisar ajudá-lo a se regular, fornecendo validação, ensinando-o e treinando-o para usar habilidades de regulação emocional, ou ajudando-o a conviver com a emoção até que ela diminua por conta própria.

QUADRO 6.1 Estratégias para expressão sub e superemocional

Estratégias para aumentar o contato com as emoções	Estratégias para regular a emoção
Identificação emocional instantânea Aumento do foco atendendo às sensações corporais da experiência emocional Uso de imagens para aumentar a relevância de material emocionalmente carregado	Fornecimento de validação Ensino de habilidades de regulação emocional (p. ex., respiração diafragmática) Treino para usar habilidades de regulação emocional na sessão Treino de disposição ou aceitação da experiência emocional Convívio com a emoção *Grounding*

QUADRO 6.2 Etapas do processamento emocional

Na perspectiva da TFE (Greenberg, 2004)	Na perspectiva da TCC
Promoção da consciência emocional	O foco inicial é aumentar a consciência emocional (e talvez a tolerância). Os terapeutas expressam empatia e validação, pois a emoção é usada para ajudá-los a identificar pontos estratégicos de intervenção. O terapeuta avalia a disposição e a tolerância do cliente à experiência emocional. A relação com a experiência emocional pode se tornar um objetivo inicial do tratamento.

(Continua)

QUADRO 6.2 Etapas do processamento emocional *(Continuação)*

Na perspectiva da TFE (Greenberg, 2004)	Na perspectiva da TCC
Regulação da emoção	A reestruturação cognitiva resultará em regulação emocional se o cliente estiver bem engajado no processo. Atender aos itens de evidência mais carregados emocionalmente ou às evidências subjetivas pode melhorar o envolvimento emocional na sessão. Pode ser necessário treinar estratégias de engajamento emocional ou de regulação de emoções negativas.
Transformação emocional	À medida que a crença subjacente é modificada, a experiência emocional pode ser suavizada e experiências emocionais mais adaptativas podem ser fomentadas. Novas crenças e emoções são reforçadas pelo planejamento de mudanças nos comportamentos com base em uma nova perspectiva.

Se você está trabalhando com um cliente cuja principal dificuldade é a regulação emocional (p. ex., uma pessoa com transtorno da personalidade *borderline*), esse processo pode ser mais complicado, e um capítulo posterior (Capítulo 12) se concentrará na incorporação de estratégias socráticas em uma abordagem da DBT. Se a evitação das emoções for uma parte pronunciada da apresentação clínica, pode ser necessário direcionar as crenças sobre as emoções diretamente (ver Leahy, 2018).

Contemplar e organizar a experiência emocional do cliente é uma parte importante do processo de mudança cognitiva. Embora os sentimentos não sejam fatos, eles certamente podem parecer, e precisamos honrar e investir tempo falando com as dores de nosso cliente. O objetivo dessa etapa é criar uma compreensão holística de nosso cliente e da crença que estamos mirando, e, para fazer isso, precisamos entender a experiência emocional dessa crença.

Considere o exemplo de John, um homem de meia-idade que se apresentou à terapia com um histórico crônico de raiva e depressão. No início da sessão, ele relatou um aumento na ideação suicida secundária a pensamentos de que sua família estaria melhor sem ele. O terapeuta pôde ver que, de fato, isso parece impreciso, mas é algo que o cliente sente de forma veemente. O terapeuta sabe que precisa processar e atender a esse sentimento porque ele persistirá após a sessão. O terapeuta atende à experiência emocional associada para ajudar o cliente a entender o pensamento de que a família estaria melhor sem ele, a fim de auxiliar na reestruturação cognitiva para atingir a razão identificada para o suicídio.

TERAPEUTA (T): OK, John, vamos falar sobre esse pensamento que você acabou de compartilhar de que acha que sua família ficará melhor sem você.

CLIENTE (C): Sim, acho que provavelmente deveríamos, fazia tempo que eu não tinha esse tipo de pensamento.

T: Qual é a emoção que acompanha esse pensamento?

C: Bem, algum alívio, talvez fosse melhor sem mim.

T: Vamos dar um passo atrás na linha do tempo. Você pode me contar sobre a construção de sua ideação?

C: Só estou preocupado em me transformar no meu pai.

T: Eu sei que você tem sentimentos muito fortes em relação a ele.

C: Eu o ODEIO demais! Estou tão feliz por ele estar morto.

T: E, então, se você fosse seu pai, seus filhos ficariam felizes por você estar morto?

C: Acho que sim.

T: Vamos nos concentrar nessa parte de estar preocupado em se transformar no seu pai. Emocionalmente, como é isso para você?

C: Assustador, tipo, isso realmente me apavora.

T: Então, é um pensamento assustador. Vamos fazer uma pausa por um momento e apenas honrar o quão assustador é esse pensamento. (Pausa) Você pode me falar mais sobre esse medo?

C: Só tenho medo de me transformar no meu pai.

T: Certamente é um pensamento assustador, especialmente considerando o que você me contou sobre ele. Conte-me mais sobre a experiência emocional do seu medo. Onde você está sentindo esse medo em seu corpo?

C: É como uma sensação de afundar, mas também como se todos os meus pelos estivessem em pé.

T: Essa é uma descrição muito boa. Onde fica esse afundar?

C: (Apontando para o peito) É como se meu coração estivesse afundando.

T: Então, você tem essa sensação de que seu coração está afundando e ao mesmo tempo você está tão alerta que disse que é como se todos os seus pelos estivessem em pé.

C: Exatamente.

T: OK, então há um pensamento de que você está se transformando em seu pai e, em seguida, uma grande reação emocional e física, em que você se sente assustado e parece que seu coração está caindo e todos os seus pelos estão em pé. Isso soa como algo em que queremos dar uma boa olhada. Para você, quais são os indicadores de que você está se transformando em seu pai?

C: Não sei. Eu apenas sinto isso.

T: Vamos acessar esse sentimento e ver se conseguimos identificar o que está levando você a pensar que está se transformando em seu pai. Tudo bem?

C: Estou um pouco nervoso.

T: Pode ser intenso, eu entendo. Mas não quero evitar falar sobre o que está ligado a algo tão importante quanto mantê-lo vivo. E se planejarmos usar alguns desses exercícios de respiração juntos depois para ajudá-lo a ficar bem e mais centrado?

C: Sim, isso provavelmente seria inteligente.

T: Então, vamos acessar esses sentimentos para ver se podemos identificar algumas das razões para pensar que você está se transformando em seu pai?

C: Sim.

T: Tudo bem, então, vamos usar algumas imagens. Quero que você feche os olhos e pense no seu pai. Imagine o rosto dele, imagine a voz dele. Pense em como ele costumava andar e o que ele costumava dizer e fazer. (Pausa) Você está tendo uma imagem dele?

C: (Parecendo um pouco perturbado) Sim.

T: OK, você está fazendo um bom trabalho. Agora que você tem uma imagem de seu pai em sua mente, o que há nele que você sente que está assumindo?

C: O rosto dele!

T: O rosto dele, como se você estivesse se parecendo mais com ele com o passar dos anos?

C: Sim, mas não isso, o rosto dele, tipo (apontando para o maxilar), seu rosto sempre parecia tão irritado e eu sinto que estou na mesma.

T: Bom trabalho, temos algo para observar. Então, o que está fazendo você pensar que está tendo expressões faciais como as do seu pai?

C: Acho que estou lembrando. Na outra noite eu tive um vislumbre do meu rosto no espelho e eu parecia muito irritado, assim como ele. Isso me assustou demais.

T: Eu posso ver como esse seria um pensamento assustador depois de se ver assim. Houve algum contexto para você estar com raiva?

C: Sim, eu encurvei um parafuso do meu motor e fiquei bravo por ter feito algo tão estúpido.

T: Então, você ficou bravo e seu pai também ficava bravo. O que mais você fez que ele fazia?

C: Levantei a voz e disse à minha família que me deixasse em paz.

T: Pelo que me lembro, seu pai também levantava muito a voz.

C: Sempre.

T: Ele fazia outras coisas também, como falar alto?

C: Não, eu o odiava porque ele batia na minha mãe e em nós, crianças.

T: Então, sabemos por que é tão assustador pensar em se transformar em seu pai.

C: Isso me estragou o fim de semana todo.

T: Você ficou com medo durante todo o fim de semana de estar se transformando em seu pai. Você o odiava e sua vida tem sido melhor sem ele. Você tem pensamentos de que sua família estaria melhor sem você também.

C: Exatamente.

T: Mas pulamos algo. Você bateu em sua esposa ou em seus filhos nesse fim de semana?

C: Não, eu nunca faria isso. Eu me mataria antes de machucá-los.

T: Como essa afirmação se compara ao que seu pai fez?

C: Ele teria me matado antes de pensar em se machucar.

T: Então, você é seu pai?

C: Não, acho que não.

T: Por que não? Convença-me de que você não é o seu pai.

C: Ah, isso é difícil.

T: Eu realmente quero ajudá-lo a compreender essa nova ideia para mantê-lo seguro. Então, por que você não é o seu pai?

C: Eu não sou o meu pai porque ele era mau e abusivo e fora de controle.

T: Então, quais são as implicações de você não ser o seu pai para que sua família fique melhor sem você?

C: Acho que é uma situação diferente, e eu não gostaria que meus filhos crescessem sem o pai. A ausência de um pai abusivo teria sido melhor para mim, mas não quero que eles se sintam sozinhos.

T: O que isso diz sobre você, querer essas coisas para seus filhos?

C: Bem, eu os amo.

T: Você ama seus filhos. Vamos fazer uma pausa e ficar com esse sentimento por um momento.

C: (Chora um pouco e dá um suspiro de alívio)

T: Emocionalmente, como é reconhecer que você não é o seu pai e que sua família não estaria melhor sem você?

C: Muito melhor.

T: E quanto à sensação de afundar que você teve antes, em que parecia que seu coração estava caindo?

C: Na verdade, sinto-me mais leve e relaxado.

T: OK, vamos falar sobre maneiras de lembrar desses pensamentos e sentimentos na próxima semana.

Poderia ter sido mais fácil apenas dizer ao cliente que ele estava se envolvendo em um raciocínio emocional e que realmente não havia nenhuma evidência de que ele estava se transformando em seu pai, mas esses sentimentos teriam permanecido. No caso apresentado, contemplar, focalizar e acessar as emoções do cliente permitiu ao terapeuta entender o argumento tácito de que ele estava se tornando o seu pai e também contribuiu para uma intervenção mais impactante. Como nosso primeiro objetivo é entender o cliente e sua experiência subjetiva, precisamos reconhecer que empirismo colaborativo não significa empirismo estrito. Mais tarde, haverá espaço para avaliarmos os dados que coletamos, mas primeiro precisamos capturar um bom entendimento da situação.

Validação

A etapa de compreensão é uma ótima oportunidade para fornecer validação. As pessoas têm uma necessidade inata de serem ouvidas e compreendidas (Kazantzis et al., 2018). A validação leva isso um passo adiante, pois fornece evidências ao cliente de que você o ouviu, de que entende o que ele está dizendo e de que os elementos que você está validando (i.e., reconhecendo) são bem fundamentados ou justificáveis (Linehan, 1997). É claro que, nesse processo, buscamos entender como o cliente passou a acreditar nesse pensamento e o que dá suporte para que seja possivelmente verdade; não estamos tacitamente concordando com tudo o que ele diz — você não pode validar o inválido (Linehan, 1997). Na perspectiva da DBT, existem seis níveis de validação. Uma revisão e uma análise aprofundadas desses seis níveis estão além do escopo deste capítulo. Um capítulo posterior se concentrará mais em estratégias socráticas e DBT. Em vez disso, vamos nos concentrar aqui nos elementos dos seis níveis.

Há coisas que você pode fazer que geralmente são validadas para o cliente como pessoa. Isso inclui prestar atenção, ouvir ativamente, refletir com precisão sobre o que foi dito (para demonstrar que você está ouvindo o que está sendo dito e o significado do que está sendo dito) e ser genuíno com seu cliente (Linehan, 1997). Esses elementos são amplamente consistentes com a famosa recomendação de Padesky (1993) de que ouvir é um passo fundamental no processo socrático. Um subproduto da escuta é que você entenderá melhor a perspectiva do cliente. Isso permitirá que você forneça outros elementos de validação relacionados à demonstração de como o elemento em questão (p. ex., pensamento, sentimento ou comportamento) faz todo o sentido à luz da aprendizagem inicial, das pistas ambientais ou de como ele estava interpretando a situação (Linehan, 1997).

A perspectiva comportamental é a de que todos os comportamentos são aprendidos e todos os comportamentos fazem sentido. Da mesma forma, nosso cliente tende a acreditar honestamente em suas crenças. A vida o ensina várias lições e ele vive de uma forma que minimiza a dor e atende às suas necessidades. No entanto, essas lições são frequentemente baseadas em generalizações e correções excessivas, interpretações distorcidas, dados distorcidos ou limitados. No próximo passo, tentaremos expandir a visão para ajudar o cliente a ver o que está deixando de perceber, mas primeiro precisamos ver como ele vê. A validação é o veículo perfeito para fazer isso: ela melhora o relacionamento, regula a emoção e tende a diminuir a atitude defensiva (Linehan, 1997). Um profissional de TCC habilidoso irá tecer a validação no processo de descoberta.

QUADRO 6.3 Elementos de validação

Prestar atenção
Realizar uma escuta ativa
Desenvolver reflexões precisas
Articular o não dito
Dar sentido à crença, ao comportamento ou à emoção com base na história
Dar sentido à crença, ao comportamento ou à emoção com base em pistas ambientais
Dar sentido à crença, ao comportamento ou à emoção com base em pistas internas
Dar sentido à crença, ao comportamento ou à emoção com base na interpretação da situação
Valorizar a autenticidade radical

CHANCE DE CORREÇÃO DE CURSO

Idealmente, você teria encontrado um alvo cognitivo adequado no estágio de foco. Pode haver momentos durante a fase de compreensão em que você opte por fazer uma correção do curso ou identificar um pensamento alternativo para mirar. Os dois extremos dessa situação incluem casos em que realmente não há muito no pensamento que está sendo o alvo. Pode ser que você tenha selecionado um pensamento angustiante, mas não central — nem todos os pensamentos estão ligados a crenças centrais ou ao problema identificado. Alternativamente, às vezes, quando você estiver trabalhando na fase de compreensão, a crença-alvo parecerá obviamente verdadeira (e é claro que pode não ser). Nesses casos, pode ser útil fazer uma correção de curso. Podemos tratar pensamentos verdadeiros discutíveis como situações e direcionar o significado da crença. Por exemplo, ao avaliar o pensamento de que a família de seu cliente o odeia, se, na fase de compreensão, ele mencionar que a família frequente e repetidamente diz que o odeia, você pode considerar mudar para o significado ou para as implicações de sua família odiá-lo (i.e., "Isso significa que ninguém nunca o amará?"). Se (e quando) decidir mudar de alvo, você deve tomar uma decisão aberta (em voz alta), para que ambos continuem na mesma página.

PERGUNTAS PARA COMPREENSÃO

Há uma série de perguntas que podem ajudá-lo a entender seu cliente e sua crença. É claro que a existência de uma lista de perguntas não significa que você tenha que fazer todas elas. Você pode fazer variações dessas perguntas ou outras perguntas que surgirem naturalmente do conteúdo que você está discutindo. Essas questões serão demonstradas a seguir com o exemplo de Nicole, uma jovem mãe que está em dupla recuperação de Tept e transtorno por uso de anfetaminas. Ela entrou em tratamento alguns meses depois que seus filhos foram removidos de sua casa pelo serviço de proteção à criança. Nicole está atualmente em um programa de intervenção e tratamento compulsório. Ela tem muita vergonha de sua situação e está indo muito bem no tratamento. Ela tem pensamentos ruminantes recorrentes sobre ser uma mãe terrível e sobre como arruinou tudo. Na sessão anterior, o terapeuta se concentrou no pensamento quente de que ela é uma mãe ruim. A seguir, você verá como um terapeuta pode procurar desenvolver uma compreensão fenomenológica de sua crença. Etapas posteriores incluiriam a avaliação dos elementos que estão faltando, mas primeiro o terapeuta precisa entender e honrar os "núcleos de verdade" (Linehan, 1997) nas crenças da cliente.

Existem várias perguntas que o terapeuta pode fazer a si mesmo para orientar esse processo:

- Em que experiências se baseia esse pensamento?
- Quais são os fatos que sustentam isso?
- Se isso fosse verdade, qual você acha que seria a evidência mais consistente para apoiá-lo?
- Isso é algo que as pessoas disseram ao cliente diretamente no passado?
- Como é acreditar nesse pensamento?
- Há quanto tempo o cliente acredita nisso?
- Quando o cliente tende a acreditar mais e menos nisso?
- O que o cliente normalmente faz quando pensamentos como esse surgem?

Em que experiências se baseia esse pensamento?

Para entender melhor a cognição que você está avaliando, queremos descobrir quais eventos levaram ao desenvolvimento dessa crença. Se o seu cliente acredita que não é digno de amor, houve casos em que alguém que deveria amá-lo não o fez? Se o seu cliente acredita que é um fracasso, ele falhou? Se o seu cliente acredita que o mundo é perigoso, ele foi ferido ou correu o risco de ser ferido no passado? Compreender a base experiencial do desenvolvimento da crença viabilizará uma melhor compreensão daquilo que você está trabalhando.

110 Waltman, Codd III, McFarr & Moore

TERAPEUTA (T): Nicole, decidimos avaliar essa crença de que você é uma mãe ruim. Eu sei, com base em sessões anteriores, que isso é algo em que você pensa com frequência e que realmente pesa em você, e você sente muita vergonha desse pensamento.

CLIENTE (C): Eu me sinto terrível.

T: Então, ao avaliar esse pensamento, primeiro quero entender melhor de onde você está vindo. Quais são os eventos em sua vida que a levaram a desenvolver essa crença de que você é uma mãe ruim?

C: Bem, o juiz levou meus filhos porque eu era uma mãe incapaz.

T: Então, o tribunal considerou você uma mãe inapta no momento da avaliação.

C: Sim, então legalmente sou uma mãe ruim.

T: Essa é uma evidência consistente. Então faz sentido que você tenha desenvolvido essa crença de ser uma mãe ruim. Existem outros exemplos importantes?

C: Bem, tem a vez que eu fui presa. Às vezes, eu deixava as crianças sozinhas quando estava usando ou comprando drogas.

T: Há mais alguns casos. Deixe-me ter certeza de que estou tomando boas notas sobre tudo isso. Algum outro exemplo?

C: Eu acho que o fato de eu ter que estar aqui com você é uma prova de que eu estraguei tudo.

T: Você está aqui compulsoriamente, então faz sentido que você tenha feito algo para que isso acontecesse. Mas você está dizendo que receber tratamento parece uma evidência de que você é uma mãe ruim.

C: Ou, pelo menos, de que eu estava realmente confusa.

T: [*Observando que o termo "estava" reflete uma mudança.*] Você está fazendo um ótimo trabalho. Ajude-me a entender um pouco mais. Qual desses eventos tem mais peso em sua mente?

C: Ser declarada inapta. Eu nunca me senti tão mal em minha vida.

T: Então, a pior parte foi quando você foi declarada uma mãe inapta. [*Observando mentalmente que, se o evento de ser declarada inapta foi a evidência mais consistente, talvez explorar o caminho para se tornar apta novamente possa ser frutífero na próxima etapa.*] O que tornou isso tão doloroso para você?

C: Eu acho... eu só não tinha percebido até então que bagunça minha vida era. Eu estava em tal neblina tentando lidar com meu Tept, que eu não tinha percebido que tinha ficado tão mal.

T: [*Observando mentalmente alguns outros fatores atenuantes para explorar mais tarde.*] Então, foi uma experiência particularmente dolorosa por causa do que aconteceu — ser declarada inapta. Mas também foi meio chocante de certa forma, como puxar um tapete debaixo de você.

C: Mais como um soco no estômago.

T: Essa é uma imagem poderosa, e suponho que esse soco tirou seu fôlego, certo?

C: Exatamente.

Nesse exemplo, vemos como o terapeuta contempla a experiência emocional, valida quando apropriado e está inicialmente focado em entender de onde a cliente está vindo. Ao explorar um problema, você naturalmente encontrará informações importantes que podem ser usadas na próxima etapa, quando for ajudar o cliente a expandir seu ponto de vista para observar as evidências que ele está ignorando e o contexto ausente da evidência que você discutiu.

Quais são os fatos que sustentam isso?

Essa pode ser uma pergunta bastante semelhante à das experiências anteriores. Algo a observar são os fatos que não são objetivos. Da perspectiva de obter uma compreensão fenomenológica do cliente, não queremos rejeitar ou apenas contemplar fatos que são objetivos — pelo menos inicialmente. Mais tarde no processo, avaliaremos esses fatos para ver se são realmente fatos. Comumente, as pessoas constroem um castelo de cartas mental, em que um pensamento é baseado em outro pensamento e interpretação. Em última análise, da perspectiva do empirismo colaborativo, queremos avaliar a crença com base em evidências sólidas; no entanto, se ignoramos os elementos emocionais do caso, corremos o risco de promover mudanças na perspectiva da lógica, mas não na emoção correspondente.

Uma maneira de lidar com isso é ter uma espécie de *voir dire* informal. *Voir dire* é uma expressão francesa que significa "falar a verdade", e no âmbito legal se refere a um exame preliminar de evidências, jurados e testemunhas. As estratégias precisam ser abordadas a partir de um lugar empático como o empirismo colaborativo. A seguir, estão exemplos de como isso pode ser tratado na sessão.

TERAPEUTA (T): Nicole, decidimos avaliar esse pensamento quente de que você é uma mãe ruim. Que evidências você tem de que é uma mãe ruim?

CLIENTE (C): Eu sou terrível nisso e falhei em ser mãe.

T: Essas são duas grandes afirmativas que parecem perturbadoras.

C: Sim, eu me sinto muito mal.

T: E você disse que uma das evidências de que você é uma mãe ruim é o fato de que você tem pensamentos de que é terrível e de que falhou como mãe.

C: Correto.

T: Não sei se avaliamos essas duas afirmações ainda. Essa ideia de que você é terrível e falhou como mãe.

C: O que você quer dizer?

T: Parece que algumas das evidências para o pensamento de que você é uma mãe ruim são mais pensamentos do que fatos sobre você como mãe.

C: Mas eu sou terrível como mãe e falhei nisso.

T: Parece que você é terrível e falhou nisso; soa como outro conjunto de pensamentos para avaliar. Fico feliz em analisar essas duas questões com você, só não quero tratar esses pensamentos dolorosos como fatos, se não forem.

C: Acho que faz sentido.

T: Então, no meu diário, vou escrever que você tem pensamentos sobre ser uma mãe ruim e sente que eles são verdadeiros. Esses pensamentos e sentimentos certamente são reais e queremos incluí-los em nossa análise. Por enquanto, vamos nos concentrar nos fatos que conhecemos e depois voltaremos e avaliaremos esses dois pensamentos muito dolorosos de que você é terrível e falhou como mãe. Tudo bem?

C: Tudo bem, acho que às vezes tenho tendência a me enrolar.

T: Eu sei que você teve muito tempo de inatividade ultimamente, e esse pode ser o contexto perfeito para pensar demais. Eu quero honrar essa experiência emocional que você está tendo. É importante que reconheçamos esses pensamentos e sentimentos, e também quero ajudá-la a ter uma visão objetiva e equilibrada da situação. Então, quais são os fatos que indicam que você é uma mãe ruim?

C: Meus filhos foram removidos da minha casa porque eu estava usando metanfetamina.

T: Isso parece um fato, deixe-me escrever isso. Que outros fatos apoiam essa ideia de que você é uma mãe ruim?

C: Era como se nunca soubesse o que estava fazendo.

T: Qual é a emoção que acompanha essas ideias?

C: Incerteza, ansiedade.

T: Então, você teve pensamentos de que não sabia o que estava fazendo e se sentiu ansiosa e incerta. Quais foram as condições em que esses pensamentos e sentimentos aconteceram?

C: Bem, ninguém nunca me ensinou a ser mãe. Eu meio que tentei fazer o melhor que pude e, na maioria das vezes, eu não sabia o que fazer.

T: E como você lidou com isso?

C: Acho que fiz o melhor que pude.

T: Juntando tudo, o fato de nossa lista é que você teve que descobrir como ser mãe por conta própria, fez o melhor que pôde e, muitas vezes, ainda sentia que não sabia o que estava fazendo, além de sentir muita ansiedade e incerteza.

C: Isso.

Contemplar os elementos subjetivos do caso permite que você incorpore e aborde os elementos emocionais do esquema, o que vai ajudar o cliente a atingir um nível mais profundo de mudança. Também pode ser uma validação para o cliente o fato de seus pensamentos e sentimentos serem considerados importantes. Seus pensamentos podem ser verdadeiros e os sentimentos podem estar ligados a um contexto ou a informações importantes. A armadilha a evitar nesse processo é ficar preso a uma longa avaliação de uma evidência; isso pode levar a várias sequências de pensamentos parcialmente avaliados e nenhum resultado claro da sessão. Como indicado anteriormente, às vezes a melhor estratégia é reconhecer uma das evidências apresentadas como emocionalmente importante, mas também como um pensamento que ainda não foi avaliado. Podemos avaliá-lo juntos, mas primeiro queremos nos ater ao alvo que tanto trabalhamos para identificar.

Se isso fosse verdade, qual você acha que seria a evidência mais consistente para apoiá-lo?

Às vezes pode ser pragmático focar a evidência mais importante (o cerne do caso). Pode haver muita relevância emocional associada a itens que são subjetivamente considerados os mais importantes. Às vezes, esses itens não são o que você espera e podem definir o foco da avaliação.

TERAPEUTA (T): Então, Nicole, você tem essa ideia de que é uma mãe ruim. Decidimos avaliar esse pensamento juntos para ver se é verdade e — se for verdade — definir o que fazer a respeito. Primeiro, queremos ver se é realmente verdade. Então, se esse pensamento de que você é uma mãe ruim fosse verdade, qual seria a evidência mais consistente para apoiá-lo?

CLIENTE (C): Acho que a evidência mais consistente é o quanto meus filhos estão infelizes. Eu os fiz passar por muito ao serem colocados no sistema de adoção. Não foi culpa deles, mas são eles que estão sofrendo.

T: Para você, a evidência mais consistente dessa ideia de que você é uma mãe ruim é o quanto seus filhos parecem infelizes no sistema de adoção. Em sua mente, eles estão sendo punidos por seus erros.

C: Sim.

T: Eu posso ver como isso seria realmente perturbador para você. Então, vamos dar uma olhada nisso. Parece que a ideia é a de que, se seus filhos estão infelizes, você é uma mãe ruim.

C: Não, você não pode manter as crianças felizes para sempre. É o fato de que a culpa é minha, essa é a maior evidência.

T: Tudo bem, então a maior evidência dessa ideia de que você é uma mãe ruim é que seus filhos são infelizes e a culpa é sua. [*Observando que a ideia da culpa pode ser útil na próxima fase.*] Então me ajude a entender por que essa é a maior evidência para você.

C: Eu sei o quão terrível o sistema de adoção pode ser e eu nunca quis colocá-los nele.

T: Você também esteve no sistema de adoção?

C: Sim, eu cresci nesse contexto e odiava o sistema de adoção. Eu sei que algumas pessoas têm boas experiências, mas eu tive experiências terríveis. E meus filhos são tão pequenos.

T: Então você tem uma ideia real do que eles estão passando agora.

C: Sim, eu fico imaginando eles chorando em um quarto, sozinhos e sem saber por quê.

T: Essa é uma imagem assustadora. [*Observando mentalmente que as imagens podem ser uma parte importante do caso e podem precisar ser integradas na parte de resumo e síntese.*]

C: É, eu simplesmente não consigo dormir, não consigo me concentrar, fico imaginando isso.

T: Claro, você se sente terrível, essa é uma imagem muito dolorosa de se ter. Vamos continuar falando sobre isso, mas também quero fazer uma anotação para verificar com seu assistente social se podemos obter alguns detalhes gerais sobre as condições de vida de seus filhos.

C: Isso seria ótimo, não consigo parar de pensar e de me preocupar com eles.

T: Então, juntando tudo, o principal argumento para você ser uma mãe ruim está ligado à ideia de que seus filhos são infelizes, e a culpa é sua porque eles foram colocados no sistema de adoção devido ao seu uso de metanfetamina. E você tem essa imagem mental de seus filhos inocentes, trancados, sozinhos e chorando, e isso é realmente perturbador. [*Observando que o remorso que ela tem pode ser uma evidência em potencial para combater a ideia de ser uma mãe completamente ruim.*] Estou certo?

C: Sim, parece certo.

T: OK, vamos então avaliar a maior evidência.

Ao examinar a evidência mais consistente, você pode se concentrar nos elementos emocionalmente mais carregados do caso. Ao explorar esse conteúdo, você pode desenvolver uma melhor compreensão da crença e de por que o cliente acredita nela. Esse conhecimento estratégico o ajudará a saber em que focar nas próximas etapas.

Isso é algo que as pessoas disseram diretamente no passado?

Às vezes, um pensamento ou uma crença dolorosa se baseia em algo que foi dito diretamente ao cliente. Nesses casos, queremos saber mais sobre o contexto em que aquilo foi dito e a credibilidade de quem o disse.

TERAPEUTA (T): Nicole, estou curioso com essa crença de que você é uma mãe ruim. Alguém já lhe disse que você é uma mãe ruim?

CLIENTE (C): Sim, algumas pessoas.

T: Vamos falar sobre isso. Quais foram as circunstâncias em que isso foi dito?

C: Bem, quando minha assistente social estava analisando meu caso comigo, ela falou sobre como eu estraguei tudo.

T: E ela lhe disse que você era uma mãe ruim?

C: Não diretamente, mas ela estava falando sobre como eu errei.

T: Então, ela não lhe disse que achava que você era uma mãe ruim, mas você meio que inferiu isso do que estava sendo dito.

C: Sim, eu acho... eu me senti muito mal.

T: Você estava se sentindo muito mal e pensando que era uma mãe ruim. Houve algum caso em que alguém realmente lhe disse que você era uma mãe ruim?

C: Quando eu estava grávida, meu ex me disse que eu deveria fazer um aborto porque eu seria uma mãe ruim.

T: Isso é mais como uma especulação. Seu ex já viu você em ação como mãe?

C: Bem, não, mas é melhor assim, ele era encrenca.

T: Então, uma vez você deduziu, mas era apenas um pensamento que você estava tendo, outra vez alguém previu, embora pareça que talvez ele não fosse o melhor juiz. Alguma outra vez?

C: Um dos agentes penitenciários me disse que eu precisava tomar jeito e parar de ser uma mãe ruim e uma viciada.

T: Isso é um *feedback* contundente. E essa pessoa sabia o que estava acontecendo com você?

C: Bem, ele sabia por que eu tinha sido presa e que eu era mãe, porque eu estava perguntando como falar com meus filhos.

T: Então, ele sabia que você era mãe e que você foi presa por acusações relacionadas a drogas. Ele sabia como você era como mãe? Tipo, ele poderia fazer um julgamento geral sobre você como mãe?

C: Acho que não, mas talvez ele já tenha visto meu tipo antes e estava certo, preciso tomar jeito.

T: Tudo bem, pensando bem, às vezes você recebe a mensagem de que é uma mãe ruim. Uma vez foi uma mensagem que você inferiu quando estava conversando com sua assistente social e ela estava falando sobre como você estragou tudo; outra vez, foi previsto pelo seu ex, mas parece que ele nunca a viu como mãe e nós também não sabemos quão boa seria a avaliação dele. Depois, houve esse agente penitenciário que lhe deu o duro conselho de que você precisa tomar jeito pois suas acusações relacionadas a drogas a estão atrapalhando como mãe.

C: Sim, parece certo.

T: Vamos dar uma olhada no contexto em que isso aconteceu e na confiabilidade da fonte.

Normalmente, é importante descobrir o que realmente aconteceu. A emotividade de uma situação pode distorcer as mensagens que uma pessoa tira dela. Desenhar o contexto da situação pode ajudá-lo a entender melhor o estado de espírito do cliente e das outras pessoas para compreender melhor o que aconteceu.

Como é acreditar nesse pensamento?

Essa é uma questão importante para o processamento emocional da crença e do afeto associado. Acessar esses sentimentos em conjunto com a crença é importante para provocar mudanças cognitivas e afetivas; além disso, pode ser útil para identificar outras evidências com significado emocional que você pode ter perdido.

TERAPEUTA (T): Nicole, quando você diz que é uma mãe ruim, como é acreditar nisso?

CLIENTE (C): É de partir o coração, como se eu me sentisse frenética, como se precisasse consertar isso, mas também me sinto tão mal, e realmente isso me faz querer usar.

T: Então, há essa grande experiência emocional, um desejo de mudar a situação, mas também um desejo de escapar de como você está se sentindo?

C: Sim, seria muito mais fácil se eu estivesse usando, mas não vou recuperar meus filhos assim.

T: Imagino que isso seja duplamente difícil para você.

Nesse caso, explorar os efeitos de acreditar no pensamento esclareceu a situação e ajudou a cliente a acessar seus sentimentos. Isso também ajudou o terapeuta a aprender sobre as respostas emocionais e comportamentais correspondentes ao alvo.

Há quanto tempo você acredita nisso?

Se uma crença se desenvolveu, houve logicamente um tempo em que ela não existia e, por extensão, ela pode não ser verdade no futuro. Além disso, a crença pode ter se formado em reação a um grande estressor ou trauma, e identificar isso mudará a maneira como você decide segui-la. Se o cliente afirmou acreditar em algo desde que consegue se lembrar, você pode olhar para o que tornou essa crença verdadeira naquela época e agora.

TERAPEUTA (T): Nicole, há quanto tempo você acredita que é uma mãe ruim?

CLIENTE (C): Acho que sempre senti que não era grande coisa.

T: OK, mas houve um momento em que "não ser grande coisa" virou "ruim"?

C: Definitivamente, quando meus filhos foram tirados de mim. Acho que foi quando percebi que eu era de fato uma mãe ruim.

T: Para me ajudar a entender melhor, vamos fazer uma linha do tempo de você como mãe e depois mapear como você acha que estava se saindo nos vários pontos.

O terapeuta está se concentrando em analisar como a cliente emite um julgamento global baseado em um intervalo de tempo discreto. Traçar uma linha do tempo ajudará o terapeuta a examinar posteriormente quaisquer discrepâncias ou instâncias (passadas ou futuras) em que a crença possa não ser verdadeira.

Quando você tende a acreditar mais e menos nisso?

Essa é uma pergunta muito útil. Se pudermos identificar quando o cliente acredita mais e menos na crença-alvo, podemos ter uma boa ideia de quais tipos de evidência são mais salientes para seu sistema de crenças.

TERAPEUTA (T): Nicole, quão constante é essa crença de que você é uma mãe ruim?
CLIENTE (C): Hum?
T: Quando você mais acredita nisso? Há momentos em que você acredita um pouco menos?
C: Eu acredito mais nisso quando penso em meus filhos sendo levados.
T: Nós falamos sobre essa ser uma memória especialmente dolorosa. Há momentos em que você acredita um pouco menos do que isso?
C: Acho que quando reflito sobre o quanto tenho me esforçado. Este é o maior período que já fiquei limpa desde que me lembro.
T: Você tem se esforçado muito. Ficou muito claro para mim que você se importa muito com isso.

A partir dessa pergunta, o terapeuta identifica quais tipos de evidência focar na tentativa de entender a crença-alvo. Além disso, boas informações são coletadas sobre as áreas futuras a serem observadas. Isso é útil para ajudar a cliente a contemplar algumas áreas importantes que estão faltando e para trabalhar em uma mudança de comportamento contínua na direção de seus objetivos e seus valores.

O que você normalmente faz quando pensamentos como esse surgem?

Essa pergunta pode ajudá-lo a entender a influência da crença no comportamento do cliente e, por conseguinte, como isso afeta o ambiente e, possivelmente, as informações que o cliente recebe. Por exemplo, se seu cliente muitas vezes pensa que as pessoas não vão amá-lo e responde afastando-as, isso afetará a permanência das pessoas e influenciará suas percepções sobre elas o amarem.

TERAPEUTA (T): Nicole, quero aprender mais sobre essa crença de que você é uma mãe ruim. Quando esses pensamentos surgem para você, como você tende a se sentir emocionalmente?
CLIENTE (C): Mal... muito mal.

T: Que emoção você sente?

C: Vergonha, tristeza e raiva.

T: Você pensa que é uma mãe ruim e sente vergonha, tristeza e raiva. O que você tende a fazer quando pensa e se sente assim?

C: Bem, antes, eu usaria droga. Esses sentimentos são tão intensos que estou realmente sentindo o desejo de escapar.

T: Eu consigo compreender. E agora?

C: Eu choro muito e depois durmo muito. O sono é uma das únicas fugas que me restam.

T: Então, você pensa em ser uma mãe ruim, sente muita vergonha, culpa e raiva, e consequentemente foge ou quer fugir?

C: Isso.

T: Como o fato de dormir ou o histórico de se drogar para escapar afeta sua crença de ser uma mãe ruim?

C: Bem, isso me ajuda a não pensar.

T: Isso faz você acreditar menos?

C: Bem, não, geralmente me sinto pior depois.

T: É mesmo?

C: Então eu penso sobre o quão covarde eu sou e em qual é a utilidade... e eu acho que não serei capaz de ter meus filhos de volta de jeito nenhum.

T: Isso soa como uma espécie de montanha-russa. Você tem muita vergonha, raiva e ansiedade. Você escapa desses sentimentos com algum comportamento de evitação, mas seu alívio acaba sendo estragado por pensamentos de que você é covarde e não terá seus filhos de volta de jeito nenhum.

C: É a pior montanha-russa do mundo.

T: Parece que não é uma montanha-russa divertida. Como as consequências emocionais disso afetam sua crença de que você é uma mãe ruim?

C: Bem, eu me sinto pior e me sinto uma péssima mãe. Tipo, eu deveria estar enfrentando isso. Isso é importante.

T: Então, as emoções ficam mais fortes e você acredita mais na crença de que é uma mãe ruim?

C: Totalmente.

T: E parece que seus comportamentos de evitação são mais uma evidência de que você é uma mãe ruim?

C: Acho que sim. Sinto que uma mãe melhor lidaria com isso melhor do que eu.

T: Bem, vamos falar sobre essa ideia de que seus comportamentos de evitação são mais uma evidência de que você é uma mãe ruim.

Conforme discutimos no capítulo anterior, os comportamentos associados às nossas crenças subjacentes podem ser de evitação, de supercompensação ou consistentes com essas crenças (Young, 1999). Aprender mais sobre os comportamentos é importante para entender a situação. Além disso, estamos interessados em conhecer as percepções do cliente sobre seu comportamento e o resultado relacionado. Um cliente pode pensar que seu comportamento é mais uma evidência da crença, ou pode pensar que sua estratégia compensatória ineficaz é uma evidência dessa crença. Ele pode falhar em ver o impacto de seu comportamento de evitação em si mesmo, nos outros e na situação em geral.

RESUMO DO CAPÍTULO

Depois de identificarmos um alvo adequado para o questionamento socrático, queremos entender como o pensamento ou a crença faz sentido. Idealmente, queremos entender o argumento do cliente para acreditar na cognição. Queremos contemplar os elementos subjetivos e objetivos da base da crença para nos ajudar a obter uma percepção geral da essência da crença. Atender e incorporar a emoção é uma parte importante desse processo. Esse processo pode ser enquadrado como um exercício de validação e de aplicação do empirismo colaborativo. Conduzir com compreensão antes de usar estratégias de mudança ajuda o cliente a se sentir compreendido, diminui a desregulação da emoção, reduz o comportamento defensivo e auxilia o terapeuta a entender onde podem ser encontradas perspectivas promissoras para expandir a perspectiva do cliente. As etapas posteriores incluirão a avaliação dos elementos subjetivos da evidência que foram reunidos na fase de compreensão.

REFERÊNCIAS

Beck, A. T. (1979). *Cognitive therapy and the emotional disorders*. New York: Meridian. Beck, A. T., & Haigh, E. A. P. (2014). Advances in cognitive theory and therapy: The Generic Cognitive Model. *Annual Review of Clinical Psychology, 10*, 1–24. doi:10.1146/annurev-clinpsy-032813-153734

Beck, J. S. (2011). *Cognitive behavior therapy: Basics and beyond* (2nd ed.). New York: Guilford Press.

Chessick, R. D. (1995). The application of phenomenology to psychiatry and psychotherapy. *American Journal of Psychotherapy, 49*(2), 159–162.

Davidsen, A. S. (2013). Phenomenological approaches in psychology and health sciences. *Qualitative Research in Psychology, 10*(3), 318–339.

Greenberg, L. S. (2004). Emotion-focused therapy. *Clinical Psychology & Psychotherapy: An International Journal of Theory & Practice, 11*(1), 3–16.

Grossman, R. (2013). *Phenomenology and existentialism: An introduction*. London: Routledge.

Johnson, S. M. (2009). Attachment theory and emotionally focused therapy for individuals and couples. In J. H. Obegi & E. Berant (Eds.), *Attachment theory and research in clinical work with adults* (pp. 410–433). New York: Guilford Press.

Hintikka, J. (2007). *Socratic epistemology: Explorations of knowledge-seeking by questioning*. New York: Cambridge University Press.

Kabat-Zinn, J. (2006). *Mindfulness for beginners*. Louisville, CO: Sounds True. Kazantzis, N., Beck, J. S., Clark, D. A., Dobson, K. S., Hofmann, S. G., Leahy, R. L., & Wong, C. W. (2018). Socratic dialogue and guided discovery in cognitive behavioral therapy: A modified Delphi panel. *International Journal of Cognitive Therapy, 11*(2), 140–157.

Kazantzis, N., Fairburn, C. G., Padesky, C. A., Reinecke, M., & Teesson, M. (2014). Unresolved issues regarding the research and practice of cognitive behavior therapy: The case of guided discovery using Socratic questioning. *Behaviour Change, 31*(01), 1–17. doi:10.1017/bec.2013.29

Leahy, R. L. (2018). *Emotional schema therapy: Distinctive features*. New York: Routledge.

Linehan, M. M. (1997). Validation and psychotherapy. Empathy reconsidered: New directions in psychotherapy. In A. C. Bohart & L. S. Greenberg (Eds.), *Empathy reconsidered: New directions in psychotherapy* (pp. 353–392). Washington, DC: American Psychological Association.

Lippmann, W. (2017). *Public opinion*. New York: Routledge.

Mishara, A. L. (1995). Narrative and psychotherapy—the phenomenology of healing. *American Journal of Psychotherapy, 49*(2), 180–195.

Padesky, C. A. (1993). Socratic questioning: Changing minds or guiding discovery. Paper presented at the keynote address delivered at the European Congress of Behavioural and Cognitive Therapies, London. Retrieved from: http://padesky. com/newpad/wpcontent/uploads/2012/11/socquest.pdf

Polya, G. (1973). *How to solve it* (2nd ed.). Princeton, NJ: Princeton University Press. Rogers, C. R. (1995). *On becoming a person: A therapist's view of psychotherapy.* New York: Houghton Mifflin Harcourt.

Thoma, N. C., & McKay, D. (2014). *Working with emotion in cognitive-behavioral therapy: Techniques for clinical practice.* New York: Guilford Press.

Trachtman, J. P. (2013). *The tools of argument: How the best lawyers think, argue, and win.* Lexington, KY: Trachtman.

Waltman, S. H., Creed, T. A., & Beck, A. T. (2016). Are the effects of cognitive behavior therapy for depression falling? Review and critique of the evidence. *Clinical Psychology: Science and Practice, 23*(2), 113–122.

Wenzel, A. (2019). *Cognitive behavioral therapy for beginners: An experiential learning approach.* New York: Routledge.

Young, J. E. (1999). *Cognitive therapy for personality disorders: A schema-focused approach.* Sarasota, FL: Professional Resource Press.

7

Curiosidade colaborativa

Scott H. Waltman

❖ O QUE VOCÊ VERÁ NESTE CAPÍTULO

Colaboração e curiosidade	121
Reafirmando o caso do cliente: se-então	122
Avaliando o caso do cliente	125
Ensinando raciocínio científico	125
Estratégia do fio solto	126
Evidências não distorcidas	131
Temporalidade e permanência de suas conclusões	135
Contextualizando as evidências	135
Distorções e crenças irracionais	136
O que não estamos percebendo?	137
Evidências não confirmatórias	138
Exceções	139
O impacto da crença	139
Seu comportamento dependente da crença está moldando o ambiente para fazer a crença parecer verdadeira?	140
Evidência desconhecida	140
Evidência de explicações alternativas e provas indiretas	140
Reductio ad absurdum	142
Lista de perguntas	142
Exemplo estendido	142
Avaliação	147
Resumo do capítulo	148

É importante entender o objetivo desta etapa. Este não é um interrogatório em que tentamos fazer com que uma pessoa admita que estamos certos ou uma apresentação de vendas em que estamos focados em fechar um negócio. Da mesma forma, não estamos tentando fazer com que o cliente chegue a uma resposta correta predeterminada. Na etapa anterior, nos concentramos em passar a ver as coisas como nosso cliente as vê. Na etapa atual, estamos focados em expandir esse ponto de vista juntos. Vamos descobrir juntos a verdade e vamos nos concentrar em ensinar o cliente a dar mentalmente um passo atrás e fazer isso por conta própria (Overholser, 2011, 2018).

COLABORAÇÃO E CURIOSIDADE

"Ignorância socrática" é uma expressão que denota uma negação do conhecimento (Overholser, 2010, 2011, 2018). Claro, Sócrates não era verdadeiramente ignorante (Hintikka, 2007) e tinha uma ideia em sua mente do que era a verdade, além de um destino pretendido ao qual direcionar o cliente (Kazantzis et al., 2018). A ignorância socrática é diferente da abordagem de Columbo, às vezes usada em entrevistas motivacionais. O personagem literário Columbo era um detetive brilhante que se fazia de burro para que as pessoas baixassem suas defesas e revelassem mais do que pretendiam. Nesse processo de empirismo colaborativo, temos como meta a curiosidade verdadeira e autêntica (Schein, 2013). O diálogo socrático beckiano é diferente de uma abordagem puramente socrática na medida em que o terapeuta tem uma abertura para fazer descobertas junto ao cliente, e é diferente da abordagem Columbo na medida em que essa curiosidade é autêntica.

Christine Padesky ilustrou bem esse ponto em um painel de discussão sobre o questionamento socrático:

> Quando estou aconselhando as pessoas sobre como melhorar o uso do diálogo socrático e da descoberta guiada na terapia, uma das coisas que mais enfatizo é ter uma curiosidade genuína, porque acho que a curiosidade — curiosidade genuína por parte do terapeuta — é, muitas vezes, o melhor preditor de quão bom um terapeuta será ao usar os processos socráticos. Eu discordaria de um aspecto do que você disse... porque você disse: "Nós sabemos para onde estamos indo". E acredito que às vezes temos uma noção de para onde estamos indo, mas acho que é uma armadilha perigosa se, como terapeutas, tivermos muito em nossas mentes, no sentido de sabermos para onde estamos indo.
>
> (Kazantzis, Fairburn, Padesky, Reinecke, & Teesson, 2014, p. 7)

Tee e Kazantzis (2011) criaram anteriormente uma matriz para demonstrar a interseção entre colaboração e empirismo. Eles conectaram seu modelo a fatores relacionados à autodeterminação e à motivação, pensando que alta colaboração e alto empirismo levavam a alta motivação, alta autodeterminação e alta mudança.

QUADRO 7.1 Matriz de empirismo colaborativo

	Baixa colaboração	Alta colaboração
Baixo empirismo	Baixo empirismo colaborativo	Terapia de apoio

Alto empirismo	Descoberta fornecida
	Disputa ao rotular o
	  pensamento como distorcido
	  ou irracional
		Empirismo colaborativo
		Descoberta em conjunto
		Promoção da motivação do cliente
		Produção de mudança

Fonte: baseado em Tee & Kazantzis (2011).

REAFIRMANDO O CASO DO CLIENTE: SE-ENTÃO

O primeiro passo nesse processo é orientar e reafirmar o caso do cliente. Isso ajudará você a consolidar as informações e a entender com o que está trabalhando. Nessa etapa, você deve resumir o caso dele ou as razões pelas quais ele acredita na cognição que você está avaliando. Como, em última análise, o cliente será seu próprio árbitro da verdade, você estará atento aos itens aos quais ele dá mais peso. Você deve tentar enquadrar o caso dele em uma estrutura se-então. A parte "se" é a sua interpretação dos eventos, e o "então" é a conclusão a que ele está chegando. Queremos ter certeza de que temos uma boa compreensão de sua interpretação, que representa dois componentes separados: sua interpretação do que aconteceu e seu entendimento subjetivo de que isso atende aos critérios para sua conclusão. Ambos são pontos de intervenção em potencial. Já avançamos nesse processo criando uma definição compartilhada ou universal (ver Overholser, 1994, 2010, 2018) na etapa de focalização.

No âmbito jurídico, o análogo para esse conceito é que existem definições legais ou estatutárias de um crime ou de uma responsabilidade civil, e, para estabelecer uma conclusão de responsabilidade criminal ou civil, o litigante pode precisar provar dolo, nexo de causalidade, lesão e falta de fatores atenuantes (Trachtman, 2013). Não precisamos necessariamente avaliar tudo isso, mas esses certamente são fatores a serem considerados ao avaliar o argumento que o cliente construiu para a crença que você está avaliando. Você deve se perguntar: "O que exatamente estamos avaliando aqui?" e "O que precisaria acontecer para que isso fosse verdade?".

Considere o exemplo de uma mãe que está frustrada porque sua filha adolescente não seguiu o seu conselho. A mãe conclui que "Ela não me respeita". Queremos entender e avaliar a interpretação (se) que leva a essa conclusão (então), porque é assim que chegamos a uma conclusão diferente. Queremos entender sua interpretação do que aconteceu e sua interpretação de como o critério "não me respeitar" é atendido. Assim, teremos mapeado com ela o que exatamente aconteceu, incluindo o que a cliente estava fazendo antes, durante e depois desse evento. Também queremos conversar amplamente com ela sobre as regras abstratas de respeito e desrespeito, e seria interessante restringir essa conversa abstrata a comportamentos observáveis específicos. Provavelmente também devemos procurar avaliar a razoabilidade de suas suposições sobre respeito e quão absolutas elas são.

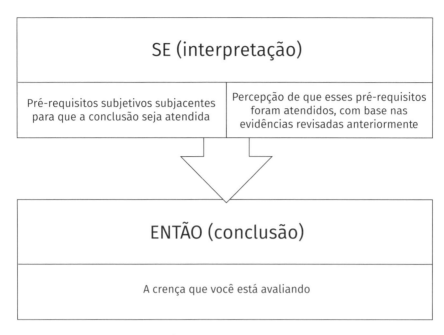

FIGURA 7.1 Esclarecendo a perspectiva.

Clinicamente, podemos progredir expandindo sua interpretação do que aconteceu ou avaliando as suposições que fundamentam sua reação à situação.

TERAPEUTA (T): OK, então o pensamento que estamos avaliando é o de que sua filha não a respeita e, ao assumir isso, a principal evidência desse pensamento é que ela a trata desrespeitosamente. Estou certo?

CLIENTE (C): Sim, parece certo.

T: Para entender melhor isso, quero detalhar um pouco, se estiver tudo bem.

C: Tudo bem.

T: Então, temos duas partes para analisar: o que sua filha faz que parece desrespeitoso e suas próprias regras pessoais do que você acha que é respeitoso e desrespeitoso. Vamos começar com o que realmente aconteceu. Quais são os comportamentos específicos que ela tem que parecem desrespeitosos?

C: Por onde eu começo? Ela não ouve nada do que eu digo. Ela é bastante afrontosa em relação a mim. Ela está sempre em seu telefone quando estou falando com ela.

T: Tudo isso parece irritante. Tenho certeza de que a lista poderia continuar. Esses são os itens principais?

C: Sim, esses são os que mais me incomodam.

T: Dos três, qual é o pior para você? Qual parece mais desrespeitoso?

C: É o telefone, ela está sempre ligada, a cara dela está grudada nele, é tão grosseiro.

T: Então, ela está no telefone quase o tempo todo.

C: Se está acordada, ela está no telefone.

T: E é porque você não gosta que ela esteja no telefone? Ou há algo em estar no telefone que é desrespeitoso?

C: É o fato de ela estar no telefone quando estou falando com ela.

T: Ela não desliga o telefone quando você fala com ela e essa é a parte que parece desrespeitosa.

C: Exatamente.

T: E é só com você que ela faz isso?

C: Você quer dizer, tipo, ela larga o telefone para todo mundo, mas não para mim?

T: Sim, ela larga o telefone para o seu companheiro?

C: Não, ela não larga o telefone por ninguém.

T: Você já a viu interagir com os amigos na vida real?

C: Eles vêm às vezes, são barulhentos, mas nunca saem de casa, acho que não querem sair da segurança do *wi-fi*.

T: Então, ela também fica no telefone quando os amigos estão presentes?

C: Não, ela não larga o telefone por ninguém. Às vezes, eu acho que eles estão falando uns com os outros por meio de seus telefones, mesmo estando na mesma sala!

T: Talvez, eu não ficaria surpreso. Então, o que significa respeito se ela tem esse comportamento relacionado ao telefone com outras pessoas, como seu companheiro, amigos e talvez todas as pessoas?

C: Acho que, talvez, para ela, não se trate de respeito. É normal.

T: Também parece que talvez você e sua filha tenham suposições ou regras diferentes sobre respeito e quais comportamentos são respeitosos.

C: Eu definitivamente acreditaria nisso!

T: Em sua mente, qual é a linha entre respeito e desrespeito?

C: Não tenho certeza. Acho que tem a ver com ser rude.

T: Então, se você está sendo rude, você está sendo desrespeitoso.

C: Sim.

T: De quem é o padrão que estamos usando para determinar se algo é rude? Se estivéssemos questionando se eu estava sendo rude com você, nós me julgaríamos pelo meu padrão de grosseria ou pelo seu?

C: Eu provavelmente usaria o meu, mas você parece ter altos padrões para si mesmo.

T: Então, com seus padrões de grosseria, provavelmente há coisas que as pessoas podem fazer abertamente que são rudes. E há coisas respeitosas que as pessoas deixam de fazer. Qual é o ponto de corte para ser rude? Quantas coisas ruins alguém tem que fazer ou quantas coisas boas tem que deixar de fazer antes de decidirmos?

C: Não sei, quer dizer, às vezes, algo é obviamente desrespeitoso.

T: Admito isso. Mas e os casos mais cinzentos, como o da sua filha?

C: ??

T: Se ela a desrespeita às vezes, isso é suficiente para concluir que, em geral, ela é rude com você e, portanto, não a respeita?

C: Eu não diria que ela é totalmente rude comigo.

T: Ela é uma dor às vezes.

C: Sim, mas não acho que seja pessoal.

T: Então, como juntamos tudo isso?

C: Eu acho desrespeitoso não olhar no rosto de alguém que está falando com você, mas não acho que seja pessoal. Não estou feliz que ela faça isso, mas não acho que ela queira ser rude comigo.

T: Isso parece algo com que podemos trabalhar; como isso afeta seus sentimentos gerais sobre a situação?

C: Não estou feliz, mas estou muito menos irritada.

Outro exemplo disso é o caso de clientes com ansiedade social que têm a percepção de que as pessoas na escola os estão julgando. A conclusão a que eles chegam é a de que as outras pessoas os estão julgando, e queremos entender as interpretações que levam a isso. Existem interpretações baseadas no que está acontecendo, que podem incluir pessoas olhando para eles, pessoas rindo ou compartilhando fofocas. Há também suposições subjacentes sobre o que constitui ser julgado (e sobre o horror percebido em ser julgado). Assim, poderíamos ver se as coisas realmente aconteceram do jeito que eles pensam que aconteceram. Também podemos verificar se isso significa o que eles pensam que significa. Além disso, podemos direcionar as implicações da conclusão avaliando a percepção de quão terrível é a conclusão, o comportamento resultante ou a abrangência/permanência da conclusão.

AVALIANDO O CASO DO CLIENTE

Ensinando raciocínio científico

Aaron Beck inicialmente descreveu a terapia cognitiva como a aplicação do método experimental ao pensamento (Beck, 1979). Um objetivo da TCC é ensinar o cliente a identificar, avaliar e modificar seus pensamentos (Beck, 2011). Esse processo invariavelmente inclui habilidades relacionadas à metacognição e ao raciocínio científico, que se acredita estarem associados à aprendizagem de habilidades de TCC (Garber, Frankel, & Herrington, 2016). O raciocínio científico refere-se a uma mentalidade de teste de hipóteses que envolve reunir e examinar evidências para testar hipóteses (Kuhn 2002, Sandberg & McCullough, 2010). Se você é um pesquisador treinado, pode aplicar essas habilidades de raciocínio científico a esse processo para ajudar a avaliar as conclusões de seu cliente. Na pesquisa, procuramos descobrir se o método e os resultados corroboram a conclusão.

Como você viu no Capítulo 5, "Foco no conteúdo-chave", os argumentos lógicos são normalmente baseados em declarações se-então: se percepção, então conclusão. Estamos interessados em avaliar a validade das conclusões (i.e., se o "se" necessita do "então") e a validade das generalizações feitas a partir dessas conclusões (i.e., se as conclusões globais são apoiadas pelo escopo dos dados disponíveis). Existem várias ameaças à validade que podemos considerar (ver Codd, 2018 para uma revisão dos métodos de pesquisa). Todas essas são áreas potenciais para explorarmos em nossa curiosidade colaborativa.

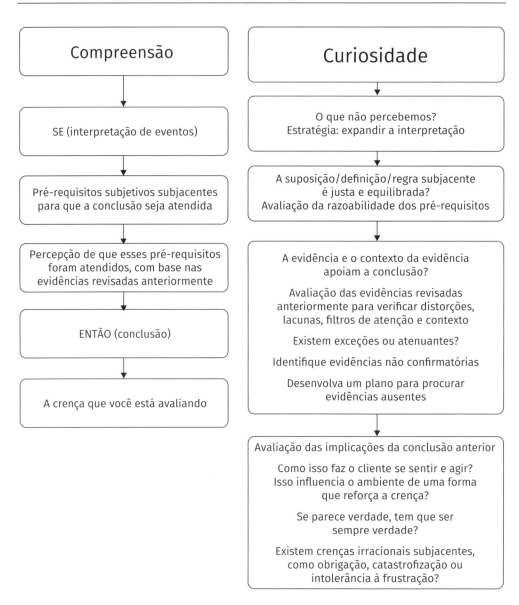

FIGURA 7.2 Expandindo a perspectiva.

Estratégia do fio solto

Os advogados têm algo que pode ser chamado de estratégia do fio solto (Trachtman, 2013). A ideia é a de que pode haver lacunas na evidência que podem ser como um fio solto de um suéter de tricô, e, à medida que puxamos esse fio, o caso ou a conclusão pode ser desvendada. Uma pergunta-chave nesse processo é "Como você sabe?", e é imperativo que seja acompanhada de empatia e curiosidade genuínas. Às vezes, o cliente terá razões realmente contundentes e é bom saber disso. Outras vezes, você pode encontrar algo útil para avaliar.

Essa é uma estratégia útil para quando há falhas lógicas ou quando um pensamento é usado como evidência para outro pensamento. Considere o exemplo a seguir: Tony acredita que não pode ser amado, apoiado principalmente pela crença de que sua mãe nunca o amou. Clinicamente, o terapeuta terá como alvo descobrir como Tony sabia que sua mãe nunca o amou.

QUADRO 7.2 Ameaças à validade

Viés de amostragem	A questão básica aqui é se a fonte de dados reflete o alvo para a conclusão; a amostra é representativa da população total? Por exemplo: seu cliente acha que ninguém nunca vai amá-lo porque todos da turma do ensino médio pareciam não gostar dele? Podemos ajudá-lo a explorar o quão bem os indivíduos que estamos discutindo representam a população maior? Também podemos observar quão bem a situação ou o intervalo de tempo se generaliza para o quadro maior. O cliente está procurando tirar conclusões amplas sobre sua vida, sobre si mesmo ou sobre outras pessoas com base em uma amostra não representativa?
Variáveis de confusão ou terceiras variáveis	A vida é multivariada e complexa. A ideia básica por trás de uma variável de confusão ou de uma terceira variável é que itens que não estamos medindo podem estar impactando nossas descobertas. Existem fatores que não estamos considerando e que podem estar influenciando a situação? Por exemplo: um sobrevivente de abuso pode estar se perguntando o que fez para merecer o abuso, e provavelmente há variáveis de confusão relacionadas ao agressor e ao histórico do agressor que tiveram um grande impacto no que aconteceu.
Variáveis de coleta de dados/variáveis de método	Há toda uma série de outras variáveis metodológicas que podem influenciar nossa capacidade de ter total confiança na suposição inicial que estamos avaliando. A informação é de uma fonte confiável? Estamos confiando demais em dados retrospectivos? Estamos tentando prever um evento de taxa básica baixa? Há muito o que pensar, e não precisamos fazer uma auditoria formal do processo de pensamento do cliente, mas queremos tentar mapear o que aconteceu, como ele entendeu o evento e se há alguma preocupação sobre como foi formulada uma conclusão que pode diminuir nossa confiança na validade dessa conclusão.

(Continua)

QUADRO 7.2 Ameaças à validade *(Continuação)*

Fatores históricos	O contexto é importante, e a ideia por trás do viés histórico é que a pesquisa não ocorre no vácuo. Aqui, procuramos ver se existem fatores situacionais, fatores históricos ou fatores contextuais que possam ter influenciado o que aconteceu ou a percepção do que aconteceu. Por exemplo: se o seu cliente pensa ser um fracasso por não conseguir encontrar um emprego, é possível que uma crise econômica global tenha impactado a situação? Um bom exemplo de fator histórico é o impacto das plataformas de notícias baseadas em classificações de 24 horas na exposição indireta a violência e tragédia. Essa mudança cultural pode ter um impacto na visão do seu cliente de que o mundo está se tornando mais perigoso.
Maturação	A maturação refere-se ao desenvolvimento normativo como variável de confusão. Não é incomum que um cliente adulto se pergunte por que, quando criança, não sabia ou não entendia o que sabe agora.
Efeitos de expectativa	A ideia básica aqui é que as expectativas de alguém podem influenciar uma interação. Se você espera ser maltratado por alguém, isso pode influenciar seus pensamentos, sentimentos e comportamentos de tal forma que pode afetar o modo como as pessoas respondem a você. Se você suspeitar de efeitos de expectativa, convém mapear com seu cliente o que ele estava pensando, sentindo e fazendo logo antes do evento em questão.
Viés do observador e do avaliador	Esse viés pode ser semelhante ao efeito da expectativa, exceto que a ênfase está no impacto das expectativas na percepção.
Regressão à média	Em média, a vida é muito mediana. Embora as coisas possam ser extremamente boas ou ruins às vezes, em geral, acontecimentos mais extremos tendem a ser menos extremos ao longo do tempo. Podemos ver isso em dois contextos. Onde há um processo de catastrofização ou ampliação, os piores momentos absolutos são tratados como típicos. Por outro lado, às vezes um cliente pode estar apto a pensar prematuramente que um problema está resolvido. Isso pode ser observado muitas vezes nos casos em que alguém é vítima de violência doméstica ou no início de sua recuperação de dependência química.

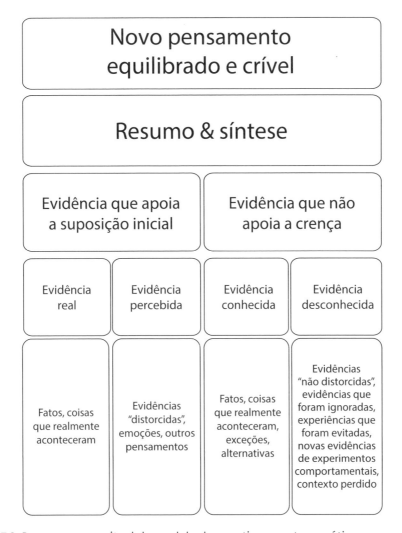

FIGURA 7.3 Panorama conceitual do modelo de questionamento socrático.

TERAPEUTA (T): Então, Tony, estamos analisando as evidências do seu pensamento de que você não é amável, e você disse que uma das principais razões pelas quais acredita nisso é que sua mãe nunca o amou.

CLIENTE (C): Sim, quero dizer, se ela não podia me amar, como alguém poderia?

T: Essa é uma evidência muito pesada que está associada a muito sofrimento de sua parte. Estaria tudo bem se observássemos mais de perto essa evidência?

C: Hum, sim, se você acha que vai ajudar.

T: Estou curioso. Como você sabe que sua mãe não o amava?

C: Bem, ela não estava realmente presente para mim e estava sempre se drogando em vez de ficar em casa comigo.

T: E você era muito jovem na época, isso deve ser muito difícil para você.

C: Era, eu não entendia por que ela sempre ia embora, e eu me perguntava se havia feito alguma coisa para deixá-la brava.

T: Em algum nível, você pensava que era sua culpa o fato de que ela estava se drogando e não em casa. Você ainda acha isso?

C: Não, eu sei que ela era viciada e nunca se importou comigo.

T: Fico feliz que você não esteja mais se culpando, mas não tenho certeza se entendi bem a parte de que ela nunca o amou.

C: Hum?

T: Então, a evidência de que ela nunca o amou é que ela se ausentava muito, não estava presente quando você precisava dela, e há também algum contexto sobre o vício dela. Como isso significa que ela não o ama?

C: Ela amava se drogar e amava a si mesma mais do que a mim.

T: Esse é um pensamento doloroso: "Ela amava se drogar e amava a si mesma mais do que a mim". Ou ao menos essa era a impressão.

C: Isso.

T: Então, parecia que ela amava seu vício mais do que amava você, e de alguma forma isso o faz pensar que ela nunca o amou. Pessoalmente, eu nunca a conheci, então não posso falar do afeto dela por você. Estou apenas tentando entender como isso equivale a ela nunca ter amado você.

C: Eu acho... talvez, ela me amasse...

T: Mas?

C: Ela nunca esteve presente!

T: Verdade. É realidade que você passou muito tempo sozinho, sem saber o que estava acontecendo, sentindo-se triste e assustado e se perguntando se a culpa era sua. Não quero perder de vista a realidade de sua experiência. Ainda não tenho certeza se estabelecemos que ela nunca o amou.

C: Acho que talvez ela me amasse, à sua maneira, só não era suficiente para mantê-la por perto. Eu não era o suficiente para mantê-la por perto.

T: Então, na verdade, existem duas peças diferentes nesse quebra-cabeça. Uma é a questão de saber se sua mãe o amava e, outra, se sua amabilidade intrínseca poderia ser suficiente para manter alguém que tem uma dependência química afastado do seu vício. Parece que eu entendi suficientemente bem o que está acontecendo?

C: Sim, parece certo.

T: Então, primeira pergunta, você acredita quando diz que acha que ela o amava à sua maneira?

C: Sim, e tenho algumas lembranças de coisas que nem sempre são terríveis e de ela estar animada para me ver às vezes. Mas...

T: Segure-se nesse segundo pensamento, chegaremos lá. Então, sim, sua mãe o amava. Deixe-me escrever isso e, enquanto estou escrevendo, quero que você me diga que sua mãe o amava, acreditando nisso.

C: Minha mãe me amava.

T: Você consegue fechar os olhos e imaginar o rosto dela e imaginá-la dizendo que o ama?

C: (Pausa e chora um pouco.)

T: Conseguiu?

C: Isso.

T: Você acreditou?

C: Sim, às vezes perco isso de vista, mas ela me amava, eu sei.

T: Acho que às vezes faz sentido você perder isso de vista, dado o contexto de toda a dor que sentiu. Agora, sobre esse pensamento de que você deveria ter sido capaz de impedi-la de usar drogas com o amor dela por você...

C: Isso é uma grande questão.

T: Eu sei que esse é um ponto fraco histórico para você. Quanto você sabe sobre a ciência do vício ou da recuperação?

C: Bom, eu sei muito sobre vício por ver minha mãe arruinar a vida dela.

T: Lamento que você tenha passado por isso. Ao longo do caminho, ela tentou parar ou ficar limpa?

C: Dezenas de vezes. No final, depois que eu fui tirado da custódia dela, ela estava sempre me dizendo que ia parar e simplesmente não conseguia.

T: Então, parar é muito difícil.

C: Sim.

T: Vemos isso no nível da química cerebral, de modo que as pessoas continuam usando apesar dos problemas catastróficos em suas vidas.

C: Houve problemas definitivamente catastróficos na vida dela.

T: Eu sei; nós conversamos sobre como ela morreu. A ideia que parece surgir em sua mente é a de que, se ela realmente o amasse, ela teria parado.

C: Eu pensei muito sobre isso ao longo dos anos.

T: Sim, mas como você sabia que era verdade que, se ela o amasse o suficiente, ela teria desistido?

C: Conheço pessoas que fazem grandes mudanças por seus filhos.

T: Se você tivesse filhos, faria qualquer coisa por eles?

C: Com certeza.

T: Então, quão forte teve que ser o vício de sua mãe para superar isso?

C: Acho que nunca percebi isso.

T: Bom, você era apenas uma criança na época, então faz sentido que você tenha visto as coisas do jeito que viu. Como você vê as coisas agora?

C: Eu acredito que ela me amava, eu gostaria que ela tivesse me amado o suficiente para ficar limpa, mas talvez seja mais complicado do que isso. Talvez o vício em opiáceos tenha anulado o amor que ela tinha por mim.

T: É uma verdadeira tragédia o que aconteceu com ela e como isso afetou você. Quando você olha para tudo o que disse sobre ela amar você e seu vício, o que isso significa sobre sua amabilidade geral?

Evidências não distorcidas

Em um capítulo anterior, revisamos o caso de Benjamin, um homem que acreditava ser uma má pessoa e que no início da sessão contou como se sentia mal por ter mandado o veterinário fazer eutanásia em seu cachorro mais cedo naquele dia. Para esse homem, isso era mais uma evidência do sujeito miserável que ele era; no entanto, havia muito contexto que ele estava deixando de lado. Ao discutir a situação com ele, o terapeuta descobriu que o cachorro havia sido um cão resgatado e que esse cliente tinha uma propensão a receber esses animais, geralmente focando aqueles que ninguém mais aceitaria. O cão em questão sofria de uma condição neurológica degenerativa que o tornava violento e imprevisível. Esse homem havia exaurido todas as opções médicas e não tinha mais condições de abrigar o cão de forma segura em sua casa. Ele entrou em contato com vários protetores de animais para ver se alguém levaria esse cão e não teve sucesso. A decisão de sacrificar o cão foi sua última opção e foi fortemente recomendada pelo veterinário. Para o observador objetivo, esse não seria um exemplo de o cliente sendo uma pessoa completamente ruim, então por que ele via essa situação como uma evidência de que ele era uma má pessoa? Porque ele estava atentando seletivamente apenas aos elementos da história que eram consistentes com sua crença anterior e estava distorcendo as informações para se adaptarem à sua suposição. A seguir, mostra-se como um terapeuta trabalharia para desfazer essa evidência na sessão.

TERAPEUTA (T): Benjamin, estamos trabalhando nessa crença que você tem de ser uma má pessoa, e uma das razões pelas quais você acredita nisso é o fato de recentemente ter sacrificado seu cachorro. Está tudo bem para você se olharmos mais de perto para isso?

CLIENTE (C): Acho que sim.

T: Apenas não tenho certeza se vejo do mesmo jeito que você. Para você, essa história é uma evidência de que você é uma pessoa ruim, mas parece mais complicado para mim. Quero dividir a história e conectar as diferentes peças nessa estratégia que chamamos de "hipótese A/hipótese B". Isso, basicamente, significa que vou desenhar duas colunas e vamos classificar as diferentes peças em: evidência de que você é uma pessoa ruim — nossa hipótese A — ou evidência de que você é uma pessoa compassiva — nossa hipótese B. Tudo bem para você?

C: Estou disposto a fazer isso.

T: OK, então deixe-me desenhar isso no quadro. Temos duas colunas para classificar os itens em evidências de que você é uma pessoa ruim ou evidências de que você é uma pessoa compassiva (ver Figura 7.4). Alguma dúvida até agora?

C: Não, isso parece fazer sentido.

T: Vamos começar do começo, então. Esse cachorro era um animal resgatado, certo? Em qual coluna devemos colocar isso?

C: Na verdade, eu não me sinto mal por resgatá-lo, mas por sacrificá-lo.

T: Chegaremos lá, mas primeiro o resgate do abrigo, em que coluna isso se encaixa?

C: Bem, é mais compassivo do que ruim, mas eu nunca o resgatei para ser uma daquelas pessoas que sempre falam sobre seus cães resgatados. Ele só precisava de um lar e eu estava feliz em fazer o possível.

T: Eu me lembro de você dizer que eles estavam tendo problemas para abrigá-lo antes de você o acolher.

C: Sim, ele tinha todos os tipos de problemas médicos, era meio selvagem e ninguém o aceitava.

Questionamento socrático para terapeutas **133**

T: Então, você adotou o cachorro que ninguém mais aceitaria. Em qual coluna isso entra?

C: Eu acho que compassiva. Ele era um bom cão. Eu diria que ele tinha muito amor para dar e só precisava de uma chance.

T: Ele tinha alguns problemas médicos bem graves.

C: Sim, tivemos que levá-lo a todos os tipos de especialistas veterinários.

T: Em qual coluna devemos colocar isso?

C: Na categoria "foi caro".

T: Tenho certeza de que foi muito caro. Sua disposição de levá-lo a esses especialistas e pagar por isso foi mais evidência de você ser uma pessoa má ou de você ser uma pessoa compassiva?

C: Provavelmente compassiva.

T: E a situação dele piorou, não é?

C: Sim, ele ficou violento, os veterinários disseram que era um problema cerebral que só iria piorar.

T: Ele era um cachorro grande, tenho certeza de que foi bem assustador. Como você lidou com isso?

C: Bom, no começo, tentei separá-lo dos outros cães, porque me preocupava que ele machucasse um deles. Ele foi atrás deles algumas vezes.

T: Então, você estava tentando proteger seus outros cães. Isso é um sinal de ser uma pessoa má ou uma pessoa compassiva?

C: Eu acho que compassiva.

T: E o que você fez em seguida?

C: Bom, tentei encontrar outra pessoa para acolhê-lo.

T: Como quem?

C: Eu tentei ligar para os protetores de quem o pegamos, e eles não o aceitaram. Tentei ligar para outros abrigos ou protetores de cães e ninguém o levou.

T: Então, você de fato ligou para alguns lugares.

C: Sim, eu simplesmente não consegui encontrar ninguém e me senti péssimo por isso.

T: Por que você estava ligando para tantos lugares?

C: Eu só queria cuidar desse pobre cachorro. A coisa toda estava partindo meu coração.

T: Você realmente queria um bom resultado para esse cão. Em qual coluna isso deve entrar?

C: Eu acho que compassiva também.

T: O que aconteceu depois?

C: Bom, eu não consegui encontrar ninguém para acolhê-lo, ele estava piorando e meu veterinário ficava me dizendo que eu precisava sacrificá-lo.

T: Ah, o veterinário estava recomendando que o cachorro fosse sacrificado?

C: Sim, ele disse que basicamente não podíamos fazer nada por ele e a coisa mais humana seria sacrificá-lo suavemente.

T: Isso deve ter sido difícil de ouvir, depois de tudo o que você fez pelo cachorro.

C: Foi. Partiu meu coração. Eu realmente gostaria de ter encontrado uma maneira de contornar isso.

T: O que aconteceu depois?

134 Waltman, Codd III, McFarr & Moore

C: Eu chamei o veterinário, deixamos meu cachorro confortável e depois o sacrificamos. Foi um alívio, mas também foi terrível.

T: Entendo que tenha sido um alívio, mas também me sinto terrível. Então, antes você estava dizendo que a evidência de você ser uma pessoa ruim era o fato de você ter sacrificado seu cachorro, mas faltava algum contexto. Seguir o conselho médico de seu veterinário e sacrificar seu cão se encaixa em qual categoria?

C: Eu me senti uma pessoa má.

T: Eu posso ver isso. Posso ver que você se sentiu emocionalmente mal e pensou que você era uma pessoa ruim. A decisão que você tomou foi um mau posicionamento ou um posicionamento compassivo?

C: Compassivo... Achei que era a coisa compassiva a se fazer.

T: Há também essa coisa de você se sentir muito mal com o que aconteceu. Você parece estar dizendo a si mesmo que se sente mal por ser uma pessoa ruim. Mas acho que talvez você se sinta mal porque é uma pessoa compassiva que realmente se importava com esse cachorro. Minha sensação é de que, se houvesse outra opção viável, você a teria escolhido, e o quão mal você se sente é uma evidência disso para mim. O que você acha?

C: Acho que parece certo, acho que uma pessoa má não se sentiria mal por sacrificar seu cachorro.

T: É verdade, sua compaixão por seu cão é evidência de que você é uma pessoa compassiva. Então, quando olhamos para essas duas listas, o que você vê?

C: Acho que, quando desvendamos a situação, essa coisa que eu achava ser uma evidência de que eu era uma pessoa má é, na verdade, uma evidência do oposto.

Uma estratégia útil para retificar uma evidência é decompô-la em seus componentes e classificar cada elemento como adequado à cognição-alvo ou a uma explicação alternativa. No exemplo anterior, o terapeuta decompôs a situação de o cliente ter sacrificado seu cachorro em seus componentes e, em seguida, os classificou de forma colaborativa como evidência de que o cliente era uma pessoa má ou de que o cliente era uma pessoa compassiva (uma crença alternativa adequada). Essa abordagem é consistente com um método popular para tratar hipocondria chamado hipótese A/hipótese B (Salkovskis & Bass, 1997).

Muitas grandes questões e linhas de investigação podem ser encontradas a partir da avaliação de elementos da etapa de compreensão da estrutura. As pessoas tendem a distorcer as informações para que se encaixem em suas suposições e crenças preexistentes.

Classifique a evidência de acordo com a hipótese que ela apoia

Hipótese A	Hipótese B
Que crença estamos avaliando?	Que crença alternativa estamos considerando?
Evidência que apoia a hipótese A	Evidência que apoia a hipótese B
Resumo da evidência da hipótese A	Resumo da evidência da hipótese B
Resumo geral	

FIGURA 7.4 Hipótese A/hipótese B.

Então, queremos ajudá-las a mentalmente dar um passo para trás e olhar tanto para o contexto quanto para o quadro geral. Nós nos perguntamos: "Se o pensamento não fosse verdade, quais seriam os indicadores disso? E podemos procurar por essa evidência?".

Considere outro exemplo. Pam é uma jovem mãe com uma série de abortos ao final da gravidez. Compreensivelmente, ela está extremamente perturbada com as circunstâncias e foi a inúmeros médicos tentando entender por que isso está acontecendo e o que ela fez de errado. Seu argumento para essa situação ser culpa dela é que Pam ainda não foi capaz de consertá-la. No entanto, essa é uma evidência distorcida, pois ela está ignorando o fato de que tem tentado diligente e incansavelmente resolver a situação. Para retificar as evidências, primeiro começaríamos com a validação emocional e, depois, trabalharíamos para ajudá-la a ver que, na verdade, o trabalho incansável que ela tem feito para resolver a situação é uma evidência de que a culpa não é dela. Além disso, há uma oportunidade de usar sua emoção como evidência. Se pudermos demonstrar uma ligação entre o quanto ela se sente mal e o quanto ela tem tentado resolver a situação, podemos evidenciar que, se houvesse qualquer outra coisa que ela pudesse ter feito, ela teria feito. Isso pode ser um contraponto eficaz à sensação incômoda de desejar ter feito mais. Para fazer isso, precisamos nos apegar à noção de que as pessoas geralmente estão fazendo o melhor que podem com o que têm disponível.

Temporalidade e permanência de suas conclusões

Ao avaliar o argumento por trás da crença do cliente, pode ser útil verificar se ela está sendo generalizada para o resto da vida dele com base em suas circunstâncias atuais. Muitas vezes, o cliente entra em terapia em um ponto de crise ou logo após um ponto de crise em sua vida e pode ser difícil para ele ver que as coisas podem melhorar. Às vezes, um pensamento pode ser verdadeiro (ou plausível no momento), mas não precisa permanecer verdadeiro. Considere o exemplo de um amante rejeitado — alguém que foi subitamente abandonado por um parceiro e conclui que, porque seu amado não o ama mais, ninguém jamais o amará. Essa pessoa está falhando em reconhecer que, assim como já teve atributos para atrair um parceiro em potencial, é provável que seja capaz de atrair um novo parceiro novamente. As perguntas-chave que um terapeuta deve fazer a si mesmo são: "Sempre foi assim?" e "Tem que ser sempre assim?".

Contextualizando as evidências

Às vezes, uma estratégia útil pode ser contextualizar as evidências que apoiam o caso. Em um capítulo anterior, discutimos Fiona, que cresceu acreditando não ser aceitável ter ou demonstrar emoções. A evidência que ela tinha era a de haver sido informada disso diretamente por seu pai. O contexto que pudemos adicionar a isso foi que o pai dela realmente tinha Tept e criara suas regras sobre emoções com base no fato de que se sentia desconfortável com elas. Adicionar esse contexto a ajudou a reinterpretar sua história e a reavaliar suas atitudes em relação às emoções.

A pergunta que um terapeuta pode querer fazer a si mesmo é "Quão bem o ambiente em que essa crença se desenvolveu combina com o quadro geral?". Se houver alguma discrepância, você pode explorar como o contexto pode ter influenciado o desenvolvimento da crença.

Distorções e crenças irracionais

Existem duas maneiras diferentes de abordar distorções cognitivas e crenças irracionais ao usar estratégias socráticas. A primeira é desqualificar uma cognição como distorcida se ela parecer representar um estilo de pensamento em sua lista de distorções. A outra é ter uma compreensão do que são as várias distorções e avaliar esses elementos da crença. Notadamente, uma abordagem controversa da reestruturação cognitiva pode levar a uma reação negativa do cliente (Kazantzis et al., 2014). Há uma distinção nítida entre a avaliação de pensamentos na qual o terapeuta aponta as distorções cognitivas e aquela na qual ele se junta a um cliente em empirismo colaborativo para avaliar o pensamento (ver Tee & Kazantzis, 2011). Existem várias listas diferentes de distorções cognitivas, e não há uma lista única acordada — provavelmente devido a direitos autorais. Os tipos comuns de distorções cognitivas são apresentados no Quadro 7.3. É recomendável que você fique atento às distorções e avalie esses elementos. Se um pensamento for realmente distorcido, ele aparecerá na avaliação. Se ao longo do tempo você perceber que alguém tem uma distorção marcante, você pode conversar com a pessoa especificamente sobre isso. Todavia, em geral, uma abordagem mais indutiva é recomendada, pois não envolve você desconsiderar a visão do seu cliente sem primeiro avaliá-la com ele.

QUADRO 7.3 Semelhanças entre distorções e crenças irracionais

Processos de pensamento	Descrições
Erros na previsão	Exemplos: catastrofização, previsão ou viés de impacto. Descrição: erros na previsão de resultados que não podem ser conhecidos ou de valência negativa de improbabilidade. Alternativamente, o cliente pode atribuir a um evento em potencial um impacto irrealista na vida ou na situação (i.e., ver algo como a solução de todos os seus problemas ou ver algo como a pior coisa que poderia acontecer).
Erros na generalização excessiva	Exemplos: pensamento tudo ou nada, generalização excessiva e ampliação (minimização). Descrição: criação de uma falsa dicotomia e não atendimento aos elementos dimensionais (contínuos) da avaliação. Isso também pode ser um erro de permanência em que algo é visto como permanente ou imutável quando não é.
Erros nas percepções	Exemplos: abstração seletiva, filtro negativo, leitura mental, raciocínio emocional e personalização. Descrição: erros de filtragem de atenção em que as pessoas tendem a enfatizar ou atender apenas a informações consistentes com suas expectativas.

(Continua)

QUADRO 7.3 Semelhanças entre distorções e crenças irracionais *(Continuação)*

Processos de pensamento	Descrições
Ilusões de controle	Exemplos: pensamento mágico, ilusão de controle e viés de retrospectiva. Descrição: ilusões em que um indivíduo se vê com um poder que não tem, com um conhecimento que não possui ou com outro pensamento supersticioso.
Crenças centrais irracionais	Exigência: deveres absolutistas; demandas universais e de outras pessoas. Catastrofização: tendência a julgar algo como absolutamente terrível ou pior do que ruim. Intolerância à frustração: recusa em tolerar a angústia e hábito de ver a si mesmo como incapaz de tolerar a angústia. Avaliação pessoal: tendência a julgar ou rotular a si mesmo ou outra pessoa em termos absolutos.

Ter uma compreensão prática das crenças irracionais encontradas na Trec pode ser útil, pois fornece uma estratégia alternativa caso você precise. A ideia é a de que podemos intervir em alguns níveis diferentes. Podemos avaliar o conteúdo da crença, assim como podemos olhar para a exigência subjacente e para a intolerância à frustração associada à crença. A estratégia da representação do cavalo, de Windy Dryden (Dryden, 2013; Waltman & Palermo, 2019), pode ser uma boa maneira de incluir estratégias da Trec em suas abordagens socráticas. A ideia de representar um cavalo remete a uma época de entretenimento mais simples. Um contador de histórias pode ter uma marionete de cavalo que foi dividida em metades dianteira e traseira para simular o movimento de um cavalo. A estratégia cognitiva de Dryden foi concebida para atingir a catastrofização e foi usada para demonstrar que algo ruim poderia acontecer e, ainda assim, não ser terrível. Essa estratégia pode ser expandida se considerarmos a extremidade dianteira do cavalo uma avaliação da veracidade da crença e a metade traseira do cavalo, uma avaliação da existência de crenças/suposições irracionais subjacentes a serem abordadas — ambas são potenciais pontos de intervenção.

O QUE NÃO ESTAMOS PERCEBENDO?

Embora essa seja funcionalmente a etapa de evidência não confirmatória, a curiosidade é a chave para o processo. No livro seminal de lógica matemática *How to solve it*, Polya (1973) descreve um passo fundamental para a resolução de problemas, a determinação da incógnita. Nós nos perguntamos: "O que eles não estão percebendo?". Funcionalmente, existem dois tipos de pontos cegos: coisas que você não vê e coisas que você não conhece. Precisamos descobrir o que os clientes não estão percebendo devido aos filtros de atenção, bem como as lacunas em suas experiências que se desenvolveram como resultado de seu padrão de evitação.

Evidências não confirmatórias

Esse passo é bastante simples, mas é importante. O cliente geralmente está mais disposto a olhar para as evidências que não apoiam sua crença depois que procuramos honestamente entender por que faz sentido que ele veja as coisas do modo como vê. Devemos perguntar diretamente sobre evidências de que a crença-alvo não seja verdadeira. Também precisamos perguntar sobre evidências que possam apoiar uma conclusão alternativa plausível. Às vezes, seu cliente estará diretamente ciente dessa evidência e, em outras ocasiões, você precisará ajudá-lo a se lembrar de coisas ditas anteriormente ou a procurar evidências não confirmatórias em lugares onde elas possam ser encontradas.

"Existe alguma evidência de que essa crença não seja verdadeira?"

Normalmente, um cliente já está ciente de alguma evidência de que a crença observada não é verdadeira. Se ele não tiver certeza, você pode suavizar a pergunta: "Existe alguma evidência de que essa crença não seja verdadeira?". Você também pode observar as flutuações enquanto ele acredita na crença e direcionar os pontos de crise: "Há momentos em que você acredita nesse pensamento mais do que em outros?" e "Quando você tende a acreditar um pouco menos do que o normal, quais são algumas das razões que você tem para isso?". Exceções a uma crença supergeneralizada são estratégias excelentes e serão analisadas adiante.

"Lembro que você disse..."

Como analisamos anteriormente, o humor pode determinar o que você é capaz de lembrar e, portanto, pode ser difícil para um cliente que se sente com raiva ou deprimido lembrar de coisas que aconteceram quando não estava experimentando essas emoções. Esse é um momento em que podemos lembrá-lo de eventos discrepantes ou de evidências que ele mencionou anteriormente, mas que atualmente não está observando. Não há truques nessa estratégia — você só precisa ter uma boa compreensão da conceitualização cognitiva do cliente e prestar atenção quando estiver conversando com ele. Entretanto, pode ser útil fazer pequenas anotações aqui e ali quando algo inesperado acontece ou quando ele discute algo que seria inconsistente com uma crença central negativa.

"Eu me pergunto..."

Essa abordagem pode ser um pouco arriscada. A ideia é imaginar que a crença que você está mirando não é verdadeira e se perguntar quais evidências apoiam isso. Você então se pergunta em voz alta sobre a possível existência dessa situação. Por exemplo, considere que você está tratando uma cliente com ansiedade social e está avaliando um pensamento de que as pessoas não gostarão dela se realmente a conhecerem. Você sabe que sua cliente tem um pequeno grupo de amigos e teve amigos próximos no passado. Você pode se perguntar em voz alta se os amigos atuais (que provavelmente a conhecem melhor do que a maioria das pessoas) gostam dela ou se seus amigos íntimos do passado gostavam dela. Isso pode fazer com que a cliente reconheça que, embora seu grupo de amigos seja pequeno, eles parecem gostar dela como pessoa, o que seria útil para criar uma mudança cognitiva. Alternativamente, ela pode dizer que seus amigos são realmente muito maus com ela e muitas vezes dizem que há algo errado com ela. Certamente gostaríamos de trabalhar com essa situação e descobrir que pode nos ajudar a lidar melhor com a situação geral; no entanto, isso não será uma evidência direta de que a crença-alvo não é verdadeira.

Exceções

Quando nosso cliente faz declarações globais e universais, podemos buscar exceções para demonstrar que, embora esteja tratando algo como sempre verdadeiro, houve alguns casos em que foi diferente. Podemos fazer as seguintes perguntas:

> "Existem momentos em que isso não aconteceu?"
> "Já houve um momento em que algo diferente aconteceu?"
> "Você já se surpreendeu por isso não acontecer?"

As pessoas podem descartar essas exceções como acaso ou sorte. Queremos aumentar a relevância dessas exceções usando estratégias de imaginação. Queremos que os clientes descrevam em detalhes o que aconteceu. Você pode pensar em fazer com que imaginem o evento em sua mente e conduzam você pelo que aconteceu. Essa pode ser uma maneira de induzir um humor diferente, o que pode facilitar o acesso a outras evidências não confirmatórias.

O impacto da crença

Um princípio orientador na avaliação de um pensamento é: "É verdade e é útil?". Avaliar o impacto de uma crença é uma forma de avaliar a utilidade do pensamento. Podemos fazer as seguintes perguntas:

> "Como acreditar nesse pensamento faz você se sentir?"
> "O que isso induz você a fazer?"
> "Acreditar nesse pensamento tornará mais fácil atingir seu objetivo?"
> "Quais são as consequências a curto e a longo prazo de acreditar nesse pensamento?"

A ideia básica aqui é a de que você está perguntando ao cliente qual crença o ajudaria a ter o tipo de reação que ele deseja ter. Se você considerar o modelo antecedente-crença-consequência (A-B-C, do inglês *antecedent-belief-consequence*), o antecedente da situação já foi determinado, e por isso fazemos ao cliente estas perguntas: "Que tipo de consequência emocional e comportamental você quer ter?"; "Qual crença plausível você precisaria para ajudá-lo a chegar lá?".

Seu comportamento dependente da crença está moldando o ambiente para fazer a crença parecer verdadeira?

Uma estratégia semelhante, mas um pouco diferente, é ajudar o cliente a traçar o ciclo vicioso de como sua crença afeta o que ele pensa e faz, e como isso afeta o que acontece, possivelmente reforçando sua crença. Se o seu cliente acredita que, ao pedir ajuda, ninguém vai se importar ou ajudá-lo e, consequentemente, nunca pede ajuda, quando você tentar avaliar as evidências de que as pessoas estão dispostas a ajudar, não haverá muitos exemplos sobre receber ajuda de outras pessoas. Isso não é necessariamente uma evidência de que a crença é verdadeira, e sim do comportamento do cliente. Da mesma forma, para um cliente que acredita ser incompetente e, consequentemente, evita tarefas difíceis e desiste ao primeiro sinal de fracasso, não haverá muitas evidências de realizações para contrariar a ideia de incompetência. Não pela suposta incompetência da pessoa, mas pelo medo de ser incompetente. Tentar desenhar o ciclo pode ajudar a contextualizar a evidência ou a falta de evidência que o cliente tem. Isso também pode criar uma justificativa para sair e coletar novas evidências com experimentos comportamentais.

Evidência desconhecida

Como analisamos anteriormente, existem dois tipos de pontos cegos: coisas que as pessoas não veem e coisas que as pessoas não sabem. Sair e reunir novas evidências é uma parte importante do processo socrático e do empirismo colaborativo. Experimentos comportamentais podem ser usados para reunir novas evidências ou testar novas suposições. Um capítulo posterior (Capítulo 10) entrará em mais detalhes sobre experimentos comportamentais. Se você identificar um desconhecimento substancial que pode enfraquecer a crença que você está avaliando ou que fortalece uma crença alternativa, deve destacar isso e talvez sugerir que entender a verdade completa será possível ao reunir novas evidências.

> Então, estivemos avaliando a ideia de que você não poderá tolerar a ansiedade relacionada a falar na frente da sua sala de aula. Mas, ao falarmos mais sobre isso, você explica que geralmente liga avisando que está doente nos dias em que deve fazer uma apresentação. Assim, você não faz uma apresentação há um bom tempo. Então, na verdade, não sabemos que você não seria capaz de tolerar isso. Sabemos que você costuma achar que não será capaz de tolerar e que muitas vezes evita ir, mas não temos boas evidências de que isso seja insuportável. Parece que precisamos testar sua capacidade de tolerar situações geradoras de ansiedade. Pode ser que você seja mais capaz do que pensa.

Evidência de explicações alternativas e provas indiretas

O conceito de prova indireta é o de que, às vezes, a melhor maneira de provar algo é demonstrar a falsidade de seu oposto; um exemplo semelhante seria refutar algo provando seu oposto (Polya, 1973). Devemos nos perguntar: "Existe uma explicação alternativa plausível?" e "Se essa explicação alternativa fosse verdadeira, como saberíamos?". Você pode conectar

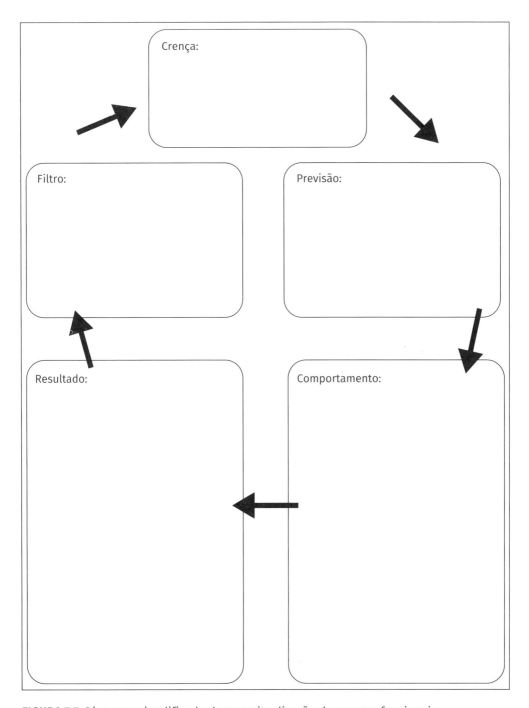

FIGURA 7.5 Diagrama simplificado de conceitualização de crenças funcionais.

essa estratégia à abordagem hipótese A/hipótese B, já citada, e classificar as evidências disponíveis para determinar se a explicação alternativa é melhor.

Reductio ad absurdum

Reductio ad absurdum é um conceito semelhante, embora clinicamente possa ser difícil de realizar, pois envolve estender uma declaração a um extremo para fazê-la parecer absurda (Polya, 1973). Essa é uma versão mais extrema da habilidade de aconselhamento geral, a reflexão amplificada, em que você reflete o que o cliente disse de uma maneira mais veemente. Veja um exemplo de *reductio ad absurdum*: se um cliente está chateado por um amigo não ter respondido a uma mensagem de texto, você pergunta a ele se todos devem sempre responder imediatamente às suas mensagens. Já se um cliente está preocupado em cometer um erro em uma tarefa, você pode perguntar a ele se cometer um único erro seria uma falha completa. Quando se trata de um conteúdo mais emocionalmente carregado, essa abordagem é arriscada e geralmente não é recomendada como estratégia de linha de frente, pois tem um enorme risco de invalidação (Linehan, 1997), especialmente se você não procedeu com a validação em primeiro lugar. O problema dessa estratégia é que você não está realmente avaliando a crença-alvo, mas está distorcendo o pensamento e depois demonstrando que a distorção é distorcida. Essa estratégia é frequentemente usada em debates políticos como uma maneira de simplificar demais um problema. Pode ser difícil alcançar mudanças duradouras ou uma profunda convicção a partir dessa estratégia.

LISTA DE PERGUNTAS

Há várias perguntas que o terapeuta pode fazer a si mesmo para orientar o processo de curiosidade colaborativa, incluindo:

- Posso adicionar contexto às evidências de apoio para mitigar seu efeito ou isso levaria a uma nova conclusão?
- Se estivesse nessa situação, o que eu teria esperado que acontecesse?
- Existem exceções ou discrepâncias que posso ajudar o cliente lembrar?
- Quais são os fatos?
- O que o cliente diria a um amigo?
- O que um amigo poderia dizer a ele?
- Tem sempre sido desse jeito?
- Como acreditar nesse pensamento afetou o comportamento do cliente e as evidências disponíveis para extrair?
- É possível reunir novas evidências?

EXEMPLO ESTENDIDO

A seguir está um exemplo estendido da fase de curiosidade colaborativa. O caso de Nicole, apresentado no capítulo anterior, continua aqui. Se você está lendo este livro sequencialmente, pode pausar para considerar o que está pensando sobre o caso dela. Como lembrete, considere que ela é uma jovem mãe em dupla recuperação de abuso de substâncias e Tept. Ela tem muita vergonha relacionada à sua crença de que é uma mãe ruim. Sua principal razão para pensar que é uma mãe ruim é o fato de que seus filhos foram retirados de sua custódia pelo Estado devido ao seu uso de drogas ilegais. Ela fez algum progresso em seu tratamento, mas sua vergonha é devastadora. Além disso, o terapeuta sabe que a vergonha pode ser um preditor de recaída para pessoas que estão em recuperação da dependência química (ver Luoma, Kohlenberg, Hayes, & Fletcher, 2012). O terapeuta já se envolveu na etapa do entendimento fenomenológico para compreender melhor a situação do ponto de vista de Nicole. Esse ponto de vista será expandido a seguir, usando uma curiosidade colaborativa que é consistente com o princípio beckiano do empirismo colaborativo.

TERAPEUTA (T): Nicole, deixe-me reafirmar minha compreensão de por que você pensa que é uma mãe ruim, com base nas evidências que reunimos e nas anotações que fiz enquanto conversávamos. Você acredita firmemente que é uma mãe ruim, e isso faz com que você sinta uma enorme vergonha. Algumas das principais evidências de que você é uma mãe ruim são o fato de você ter sido declarada legalmente inapta como mãe e o de ter essa imagem mental de seus filhos sofrendo em um orfanato. Existe essa ideia de que eles estão infelizes e de que isso é sua culpa. Além disso, várias pessoas lhe disseram que você estragou tudo. Estou certo?

CLIENTE (C): Sim, parece certo.

T: Há algo que estou deixando passar?

C: Bem, quer dizer... meus filhos foram levados por um motivo: meu uso de drogas me tornou negligente. Eu não estava lá para eles.

T: Deixe-me acrescentar isso à minha lista. Os efeitos do uso de drogas a deixaram negligente e indisponível para seus filhos. Nosso resumo está completo agora?

C: Sim, a maior parte está aí (suspirando).

T: Isso é algo tenso para se investigar, e você está fazendo um ótimo trabalho olhando para tudo isso comigo. Agora que demos uma boa olhada em por que essa ideia de que você é uma mãe ruim pode fazer sentido, quero olhar para o outro lado da moeda com você. Podemos olhar para as razões pelas quais esse pensamento de ser uma mãe ruim pode não fazer sentido?

C: Acho que sim. Eu gostaria de pensar que não sou tão ruim quanto me sinto agora.

T: Em minha mente, tenho a imagem que você compartilhou de seus filhos chorando no orfanato. É nisso que você está pensando agora?

C: Sim, eu continuo pensando nisso.

T: É uma imagem dolorosa e quero ver se não podemos encontrar ou criar uma imagem mais equilibrada. Vamos parar um momento e apenas respirar.
   (Pausa)
   Primeiro, quero avaliar algumas dessas evidências apresentadas como provas de que você é uma mãe ruim. Muitas vezes, nossa mente pode distorcer uma situação pouco clara para fazê-la parecer como esperávamos. Então, se você acha que é uma mãe ruim, pode estar distorcendo algumas dessas evidências para ser pior do que realmente é. Faz sentido?

C: Acho que sim.

T: Nós tendemos a ver o que esperamos ver; portanto, se olharmos juntos, poderemos ajudar um ao outro a ver as coisas de maneira mais objetiva. Então, vamos analisar essa lista. Uma evidência principal é a de que você foi declarada inapta pelo juiz, isso foi um fato objetivo. A próxima peça que temos é essa imagem de seus filhos muito infelizes no sistema adotivo, o que seria sua culpa. Podemos dar uma olhada nisso?

C: Claro.

T: Você tem essa imagem dolorosa em sua mente, mas como você sabe que ela é verdadeira?

C: Bom, parece verdade. Eu me sinto terrível com isso.

T: Eu sei que você se sente muito mal com isso. Você realmente não quer que seus filhos sofram, especialmente por causa de algo que você fez. Sabemos de fato se eles estão infelizes? Alguém disse a você que eles estão completamente infelizes?

C: Não, ninguém disse isso. Eu apenas me preocupo e acho que tudo isso é muito difícil para eles.

T: Tenho certeza de que tem sido difícil para eles, mas não sei se essa imagem que você tem em sua mente é completamente verdadeira.

C: Acho que não sei se eles estão completamente infelizes ou sozinhos. Só sinto falta deles e não queria isso acontecendo com eles. Não quero que eles sejam punidos por algo que eu fiz.

T: Parece injusto que eles sejam punidos por algo que você fez, e provavelmente há pelo menos um núcleo de verdade na ideia de que eles estão descontentes com a situação e de que ela não é culpa deles. Nós meio que tropeçamos em outra evidência aqui. Fico impressionado com o quanto você se sente mal e o quanto você não quer que eles sofram.

C: Claro, não quero que eles sofram. Eles são meus filhos, quero que sejam felizes, e não que sofram.

T: Então, esse carinho genuíno e o desejo de coisas boas para eles são evidências de você ser uma mãe ruim ou de outra coisa?

C: Amar seus filhos é o que os pais deveriam fazer, o problema é que eu nem sempre os amo, ou nem sempre os priorizo como deveria.

T: Vamos chegar lá, mas, primeiro, seu amor por seus filhos é uma evidência de você ser uma mãe ruim?

C: Não, é uma evidência de ser uma boa mãe. Ou pelo menos uma mãe decente.

T: Deixe-me anotar isso. Temos algumas evidências contra você ser uma mãe ruim. Em seguida, vamos à ideia de que seus filhos estavam infelizes e de que foi sua culpa.

C: É o que eu estava falando. Foi minha culpa.

T: Eu acho que pode haver algum contexto que estávamos perdendo. Isso foi uma coisa deliberada que você fez com eles? Você se propôs a torná-los infelizes?

C: Não, obviamente não.

T: Certo, eu escrevi o que você disse. Você disse algo sobre estar em um nevoeiro e tentar lidar com seu Tept.

C: Sim, eu estava uma bagunça.

Questionamento socrático para terapeutas **145**

T: E você escolheu ter Tept? Isso foi algo que você procurou?

C: Não, isso foi algo que o pai deles fez comigo, repetidas vezes. Eu tenho mais perspectiva sobre isso agora. O Tept não foi minha culpa, mas foi minha culpa eu me voltar para as drogas. Eu deveria ter vindo aqui e lidado com tudo isso antes que minha vida desmoronasse.

T: Bem, como faz sentido você não ter procurado a terapia naquela época?

C: Bem, eu nunca fiz terapia, também não sabia que precisava ou como funcionava, ou mesmo que era uma opção. Crescendo, nós simplesmente nunca conversamos sobre as coisas.

T: Então, esse é o contexto. Você não está feliz com a forma como respondeu a esse evento traumático, mas tenho dificuldade em ver como as coisas poderiam ter sido diferentes sabendo o que você sabia e como foi criada.

C: Não quero dizer que nada disso foi minha culpa e que eu sou uma vítima. Fiz algumas escolhas que me trouxeram até aqui.

T: Existe um espaço entre tudo ser culpa sua e nada ser culpa sua que permite que você tenha mais flexibilidade, mas não sinta que está se omitindo da responsabilidade?

C: Eu acho que é minha culpa que isso tenha acontecido, mas não tudo. Eu não cheguei aqui sozinha.

T: Isso muda sua experiência emocional?

C: Parece menos pesada.

T: Mas você acredita nessa afirmativa?

C: Sim, é pelo menos em parte minha culpa, mas, como você disse, há algum contexto indicando que nem tudo é culpa minha.

T: Então, a próxima evidência que estamos analisando é o fato de algumas pessoas terem dito que você havia errado. Podemos dar uma olhada nisso?

C: Sim, podemos conversar sobre isso.

T: Qual você acha que foi a motivação delas para lhe dizer essas coisas?

C: ??

T: O objetivo delas era fazer você se sentir mal? Ou o objetivo delas era motivá-la a mudar a situação?

C: Hum, acho que não pensei nisso.

T: Então, o que você acha agora?

C: Não parecia maldade.

T: Bem, seu ex fez parecer que todos tinham dito isso maliciosamente, mas não o agente penitenciário ou o assistente social, certo?

C: Não, eles conversaram comigo sobre como eu precisava me recompor e acertar as coisas para que eu pudesse ter meus filhos de volta e não virar uma estatística.

T: Então, o que significa eles dizerem que você estragou tudo, quando queriam que você mudasse sua vida?

C: Acho que talvez eles ainda não tivessem desistido de mim.

T: O que faz alguém não desistir de você?

C: Acho que eles acreditam que posso voltar aos trilhos.

T: Você acredita que isso é verdade?

C: Espero que sim.

T: Você perdeu a esperança em si mesma?

C: Não, ainda não.

T: Por que não?

C: (Lacrimejando) Porque eu preciso ter meus filhos de volta e fazer tudo certo.

T: Acho que encontramos nossa nova imagem. Você pode tirar um minuto e imaginar como vai ser quando você tiver seus filhos de volta?
(Pausa)

C: (Lacrimejando, mas sorrindo)

T: (Pausa) Você pode descrever?

C: (Lacrimejando) Eu vejo meus filhos, e corro até eles e os pego, e os abraço com força. Eles me abraçam de volta e parece que posso respirar novamente.

T: (Lacrimejando) Essa é uma imagem poderosa. Essa é você, que fez todo o trabalho duro para ter os filhos de volta. Ela é uma mãe ruim?

C: (Lacrimejando) Não, ela é uma mãe muito boa, ou pelo menos está tentando ser.

T: Vamos ficar com essa imagem e esse sentimento por um momento (pausa). Essa futura mãe não é você?

C: Ela é, ou será, mas ainda não.

T: Você tem que trabalhar para chegar lá, mas ainda não perdeu a esperança.

C: Exatamente.

T: Está faltando alguma coisa? Existe alguma outra evidência de que você é uma boa mãe?

C: Não sei, é difícil pensar nisso.

T: Bem, você está aqui no meu escritório fazendo um trabalho muito duro para ajudá-la a ter seus filhos de volta, isso é uma evidência de que você é uma boa mãe.

C: Sim, nunca pensei que estaria aqui, mas tenho que fazer o que for necessário.

T: Você se dedica a ter seus filhos de volta, isso parece mais uma evidência de ser uma boa mãe.

C: Sim, é.

T: E, antes de tudo isso acontecer, existem coisas do passado que mostram que você é uma boa mãe?

C: Quando eu estava melhor, costumava ler histórias para eles e passar um tempo com eles. Ficou mais difícil quando meu ex se tornou abusivo, porque eu estava tentando mantê-lo longe das crianças e não queria que elas se machucassem também.

T: Isso parece muito pesado. Então você tentou proteger seus filhos do seu ex abusivo?

C: Isso, ele ficava furioso com isso também. Eu só sabia que essa era a única coisa com a qual eu nunca ficaria bem. Eu o teria matado se ele tivesse tentado alguma coisa.

T: E ele ficou furioso quando você tentou proteger os seus filhos dele?

C: Sim, ele gritava comigo e me batia quando eu mantinha as crianças longe dele, mas isso só me fez mantê-las mais longe.

T: Parece uma situação aterrorizante.

C: Foi muito ruim por muito tempo.

T: Como tentar proteger seus filhos do seu ex abusivo se alinha com essa ideia de você ser uma mãe ruim?

Questionamento socrático para terapeutas **147**

C: Acho que não foi uma coisa que uma mãe ruim faria, mas talvez eu devesse tê-lo deixado antes.

T: Espere, não se culpe por isso. Vou fazer uma anotação e podemos avaliar isso mais tarde, se essa for uma preocupação contínua para você. Em essência, a situação foi pior para você porque você tentou torná-la melhor para eles. Isso é algo que uma mãe ruim faria?

C: Não, eu meio que esqueci o quanto lutei pelos meus filhos ao longo dos anos.

T: Então, você tem um histórico de lutar por seus filhos e tentar protegê-los, mesmo em seu próprio prejuízo.

C: Isso, a vida não tem sido fácil.

T: Não, a vida não tem sido fácil para você, mas você não desistiu. Agora considere essa história, sobre alguém que sobreviveu a uma situação de violência doméstica e de alguma forma protegeu seus filhos no processo, acabou desenvolvendo Tept a partir desse abuso e tem seus filhos removidos de sua custódia devido a problemas de dependência relacionados ao Tept. Se fosse outra pessoa, como você leria a situação?

C: Acho que eu teria muito mais compaixão pela mulher sabendo de tudo o que ela passou.

T: Você diria que ela é uma mãe ruim?

C: Não, quer dizer, ela precisa ter seus filhos de volta e não pode desistir. Mas, quando olho para a história, ela é uma sobrevivente e realmente se preocupa com as crianças.

T: Você é uma sobrevivente e realmente se importa com seus filhos?

C: Com certeza.

T: Eu também quero ver quão útil é a crença sobre ser uma mãe ruim. Nós temos esse objetivo em mente. Você se lembra daquela imagem de trazer seus filhos de volta, correr até eles e abraçá-los com força, eles a abraçarem de volta, e você finalmente conseguir respirar?

C: (Lacrimejando um pouco) Sim.

T: A crença de ser uma mãe ruim torna mais fácil ou mais difícil atingir o seu objetivo?

C: Torna mais difícil. Fico desanimada e com vontade de desistir quando penso sobre ser uma mãe ruim.

T: Então, juntando tudo, outras pessoas ainda não desistiram de você, e você também não. Você tem uma longa história de sofrimento duradouro por seus filhos e realmente se importa com eles. Você se envolveu em comportamentos que levaram seus filhos a serem tirados da sua custódia, mas há algum contexto importante sobre a violência doméstica e o Tept que torna isso menos claro do que pensávamos originalmente. Você decidiu que a situação era parcialmente sua culpa, mas não totalmente. Você tem uma imagem do tipo de mãe que deseja ser, e vamos trabalhar juntos para ajudá-la a chegar lá. Certo?

C: (Suspirando e um pouco chorosa) Sim, acho que esqueço tudo isso às vezes.

Avaliação

O terapeuta agora está preparado para ajudar a cliente a resumir e sintetizar as informações à medida que avança para a próxima etapa. Antes de passar a identificar as evidências não confirmatórias, o terapeuta primeiro procurou avaliar o argumento que havia sido apresentado para que o pensamento fosse verdadeiro. Algumas das evidências, como o fato de

Nicole ser considerada uma mãe inapta, eram claras; no entanto, o terapeuta foi capaz de extrair desse processo algum contexto importante que ajudou a mitigar algumas dessas evidências. O terapeuta usou o método do fio solto para testar como Nicole sabia que seus filhos estavam completamente infelizes, a fim de ajudar a suavizar a imagem que ela tinha em sua mente. Como Nicole parecia responder intensamente à imagem dolorosa do sofrimento de seus filhos, uma imagem mais adaptativa foi desenvolvida para ajudar a facilitar a motivação e a ação por parte dela. O terapeuta extraiu explicações alternativas para as motivações e desdobrou a construção de ser mãe ao longo do tempo para ajudá-la a se concentrar em seu objetivo de melhorar e recuperar seus filhos. O terapeuta contemplou a sua resposta emocional e a utilizou como evidência contra a noção de que o pensamento-alvo era completamente verdadeiro; finalmente, novas evidências foram obtidas para mitigar ainda mais as evidências de apoio e aumentar as evidências não confirmatórias.

Sem dúvida, esse processo foi aprimorado por uma compreensão completa do motivo pelo qual a cliente achava que a crença original era verdadeira e pelo foco nos elementos mais angustiantes. A partir daqui, o terapeuta provavelmente estaria procurando desenvolver ainda mais a imagem motivadora que foi criada. Na etapa seguinte, o terapeuta trabalharia para resumir e sintetizar as informações de maneira justa e equilibrada, a fim de criar um pensamento crível que diminuísse a vergonha e facilitasse o seu objetivo.

RESUMO DO CAPÍTULO

Embora essa etapa seja tecnicamente a da evidência não confirmatória, há muito trabalho que pode ser feito antes desse ponto para ajudá-lo a se preparar para o sucesso. Primeiro, escolher um alvo de tratamento ideal na seção de foco pode fazer uma grande diferença; e alcançar uma boa compreensão do contexto e do motivo pelo qual o cliente acredita no pensamento lhe dará uma melhor compreensão de como ajudá-lo a contemplar as informações que podem estar faltando. Muitas vezes, é mais fácil expandir o ponto de vista do cliente se você primeiro se concentrar em ver as coisas da perspectiva dele. Podemos juntos expandir seu ponto de vista das seguintes maneiras: (1) avaliar as evidências apresentadas anteriormente para ver se algo foi deformado, distorcido ou exagerado; (2) contemplar as evidências não confirmatórias; e (3) buscar novas evidências com experimentos comportamentais. O impacto dessas estratégias pode ser aprimorado e solidificado com técnicas de resumo e síntese que serão discutidas no próximo capítulo.

REFERÊNCIAS

Beck, A. T. (1979). *Cognitive therapy and the emotional disorders*. New York: Meridian. Beck, J. S. (2011). *Cognitive behavior therapy: Basics and beyond* (2nd ed.). New York: Guilford Press.

Codd III, R. T. (Ed.). (2018). *Practice-based research: A guide for clinicians*. New York: Routledge.

Dryden, W. (2013). On rational beliefs in rational emotive behavior therapy: A theoretical perspective. *Journal of Rational-Emotive and Cognitive-Behavior Therapy, 31*(1), 39–48.

Garber, J., Frankel, S. A., & Herrington, C. G. (2016). Developmental demands of cognitive behavioral therapy for depression in children and adolescents: Cognitive, social, and emotional processes. *Annual Review of Clinical Psychology, 12*(1), 181–216. doi:10.1146/annurev-clinpsy-032814-12836

Hintikka, J. (2007). *Socratic epistemology: Explorations of knowledge-seeking by questioning.* New York: Cambridge University Press.

Kazantzis, N., Beck, J. S., Clark, D. A., Dobson, K. S., Hofmann, S. G., Leahy, R. L., & Wong, C. W. (2018). Socratic dialogue and guided discovery in cognitive behavioral therapy: A modified Delphi panel. *International Journal of Cognitive Therapy, 11*(2), 140–157.

Kazantzis, N., Fairburn, C. G., Padesky, C. A., Reinecke, M., & Teesson, M. (2014). Unresolved issues regarding the research and practice of cognitive behavior therapy: The case of guided discovery using Socratic questioning. *Behaviour Change, 31*(01), 1–17. doi:10.1017/bec.2013.29

Kuhn, D. (2002). What is scientific thinking, and how does it develop? In U. Goswami (Ed.), *Blackwell handbook of childhood cognitive development* (pp. 371–393). Malden, MA: Blackwell.

Linehan, M. M. (1997). Validation and psychotherapy. Empathy reconsidered: New directions in psychotherapy. In A. C. Bohart & L. S. Greenberg (Eds.), *Empathy reconsidered: New directions in psychotherapy* (pp. 353–392). Washington, DC: American Psychological Association.

Luoma, J. B., Kohlenberg, B. S., Hayes, S. C., & Fletcher, L. (2012). Slow and steady wins the race: A randomized clinical trial of acceptance and commitment therapy targeting shame in substance use disorders. *Journal of Consulting and Clinical Psychology, 80*(1), 43–53.

Overholser, J. C. (1994). Elements of the Socratic method: III. Universal definitions. *Psychotherapy: Theory, Research, Practice, Training, 31*(2), 286.

Overholser, J. C. (2010). Psychotherapy according to the Socratic method: Integrating ancient philosophy with contemporary cognitive therapy. *Journal of Cognitive Psychotherapy, 24*(4), 354–363.

Overholser, J. C. (2011). Collaborative empiricism, guided discovery, and the Socratic method: Core processes for effective cognitive therapy. *Clinical Psychology: Science and Practice, 18*(1), 62–66.

Overholser, J. C. (2018). *The Socratic Method of Psychotherapy.* New York: Columbia University Press.

Polya, G. (1973). *How to solve it* (2nd ed.). Princeton, NJ: Princeton University Press. Salkovskis, P. M., & Bass, C. (1997). Hypochondria-sis. In D. M. Clark & C. G. Fairburn (Eds.), *Science and practice of cognitive behaviour therapy* (pp. 313–340). Oxford: Oxford University Press.

Sandberg, E. H., & McCullough, M. B. (2010). The development of reasoning skills. In E. H. Sandberg & B. L. Spritz (Eds.), *A clinician's guide to normal cognitive development in childhood* (pp. 179–198). New York: Routledge/Taylor & Francis.

Schein, E. H. (2013). *Humble inquiry: The gentle art of asking instead of telling.* San Francisco, CA: Berrett-Koehler.

Tee, J., & Kazantzis, N. (2011). Collaborative empiricism in cognitive therapy: A definition and theory for the relationship construct. *Clinical Psychology: Science and Practice, 18*(1), 47–61.

Trachtman, J. P. (2013). *The tools of argument: How the best lawyers think, argue, and win.* Lexington, KY: Trachtman.

Waltman, S. H., & Palermo, A. (2019). Theoretical overlap and distinction between rational emotive behavior therapy's awfulizing and cognitive therapy's catastrophizing. *Mental Health Review Journal, 24*(1), 44–50.

8

Resumo e síntese

Scott H. Waltman

❖ O QUE VOCÊ VERÁ NESTE CAPÍTULO

Justificativa para resumo e síntese	151
Explicando o custo emocional do processo	152
Contrariando filtros de atenção	152
Verificando a compreensão	152
Reconsolidação da memória	152
Acomodação esquemática	153
Extraindo implicações comportamentais	153
Reforçando o uso de habilidades	153
Como fazer isso	154
Resumo	155
Então, como tudo isso se encaixa?	155
Quanto você acredita nisso? Precisamos moldar isso para torná-lo mais crível?	156
Síntese	157
Como você concilia nossa nova declaração com o pensamento que estávamos avaliando (ou com a crença central que estamos focando)?	157
Qual é a nova maneira de ver a situação?	158
Como devemos aplicar a nova declaração à próxima semana? Como podemos testar isso?	158
O que aprendemos sobre seus processos de pensamento no exercício?	159
Imageamento mental	160
Resumo do capítulo	160

A etapa final trata de ajudar o cliente a resumir e sintetizar a consulta. Como Padesky (1993) aponta, aqui há duas etapas separadas. Os atos de resumir e sintetizar são diretos, mas são etapas fundamentais nesse processo.

JUSTIFICATIVA PARA RESUMO E SÍNTESE

Às vezes, os terapeutas cometerão o erro de concluir prematuramente o processo depois de cobrir algumas razões pelas quais a crença-alvo pode não ser verdadeira. Isso é lamentável, porque fizeram todo o trabalho para chegar lá e foram embora antes de realmente conseguirem tirar o máximo proveito disso. Isso seria como gastar tempo e esforço para chegar ao cume de um grande pico e depois dar meia-volta antes de atingir o topo ou chegar lá e voltar

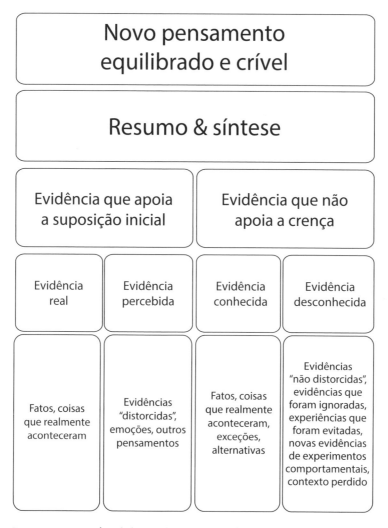

FIGURA 8.1 Panorama conceitual do modelo de questionamento socrático.

antes de dar uma boa olhada ao redor. Não se esqueça de aproveitar o tempo para usufruir ao máximo a vista pela qual você trabalhou tanto.

Há uma série de razões pelas quais resumir e sintetizar são etapas importantes no processo. Algumas delas serão brevemente analisadas a seguir. Algumas das principais razões são: explicar o custo emocional do processo, neutralizar os filtros de atenção, verificar a compreensão, a reconsolidação da memória e a acomodação esquemática, extrair implicações comportamentais e reforçar o uso de habilidades.

Explicando o custo emocional do processo

Se estivermos fazendo nosso trabalho de modo correto, teremos o cliente emocionalmente engajado na avaliação de uma cognição que é profundamente significativa para ele. Isso provavelmente envolveu a revisão de várias memórias dolorosas, situações difíceis e preocupações com o futuro. Também temos treinado nosso cliente a permanecer com sua experiência emocional à medida que avaliamos os fatos da situação. Embora esse processo possa terminar em catarse, pode ser difícil para nosso cliente atentar plenamente ao que foi discutido se não o ajudarmos a pausar e a refletir sobre o exercício. A observação reflexiva é um passo central no modelo de aprendizagem experiencial de Kolb (1984). Inicialmente, ele pode reconhecer que "se sente melhor depois de falar sobre isso", e queremos ajudá-lo a refletir para facilitar uma consolidação mais profunda da aprendizagem.

Contrariando filtros de atenção

Algo a lembrar é que os filtros de atenção que contribuíram para o desenvolvimento e a manutenção da crença desadaptativa que avaliamos provavelmente ainda estão em jogo, ao menos parcialmente (Beck & Haigh, 2014). Além disso, é provável que seus filtros de atenção sejam diferentes dos de seu cliente, então você verá coisas que ele não vê. Isso significa que será mais fácil para você ver que a crença-alvo não era verdadeira e generalizar a partir dessa nova crença. Por isso passamos pela fase de resumo e síntese; precisamos tornar a nova aprendizagem explícita (Beck, 2011).

Verificando a compreensão

Da mesma forma como um terapeuta cognitivo busca *feedback* sobre a compreensão do cliente no final da sessão, queremos buscar *feedback* sobre a compreensão do cliente no final de uma intervenção psicoterapêutica (Young & Beck, 1980). Queremos verificar e garantir que nossos entendimentos sejam compatíveis. Uma maneira ideal de fazer isso é garantir que o cliente forneça um resumo das evidências e sintetize esse resumo com a declaração original e seu sistema geral de crenças.

Reconsolidação da memória

A reconsolidação da memória refere-se à noção de que nossas memórias podem ser alteradas com base em como elas são lembradas e depois recodificadas (Alberini & LeDoux, 2013;

Schiller, Monfils, Raio, Johnson, LeDoux, & Phelps, 2010; Schiller & Phelps, 2011). A ciência da reconsolidação da memória ainda está sendo elaborada, e há muita pseudociência com a qual devemos ter ressalvas. No entanto, a descoberta de que a mente humana funciona de forma diferente de um disco rígido de computador e de que as memórias mudam ao longo do tempo, dependendo de como são recuperadas e recodificadas, está bem estabelecida (Randall, 2007). Há uma série de estratégias consistentes com os princípios da reconsolidação da memória que um terapeuta pode usar para ajudar a facilitar a aprendizagem corretiva ou a consolidação da aprendizagem. Um aspecto-chave do processo é que precisamos ativar elementos negativos dolorosos e sintetizar as informações corretivas para viabilizar a reconsolidação das memórias (Alberini & LeDoux, 2013; Schiller et al., 2010; Schiller & Phelps, 2011). Isso é semelhante à noção da terapia focada nas emoções de que, para provocar mudança na emoção, primeiro precisamos ativar a emoção dolorosa e depois induzir uma nova (ver Greenberg, 2004). Um resumo e uma síntese completos são a maneira ideal de realizar essa mudança.

Acomodação esquemática

Os fundamentos da modificação esquemática foram explicados por Piaget (1976). Um esquema é uma estrutura cognitiva. Quando uma pessoa encontra novas informações, elas podem ser consistentes ou inconsistentes com seu esquema. Se a informação for consistente com a estrutura de crença subjacente, será assimilada em seu esquema. Se a informação for inconsistente, o esquema será modificado para acomodá-la (i.e., acomodação). Judy Beck (2011) explica com seu modelo de processamento de informações que o processo não é tão simples assim; nele, uma pessoa pode deturpar, distorcer ou descartar informações que são incompatíveis com o esquema. Portanto, para facilitar a acomodação esquemática eficaz, precisamos ajudar o cliente a contemplar essas novas informações de uma maneira que não deturpe, distorça ou descarte as evidências. Ajudá-lo a resumir a evidência e sintetizá-la com seu esquema cumpre essa tarefa.

Extraindo implicações comportamentais

Poderemos obter um impacto maior do diálogo socrático se conseguirmos um compromisso do cliente para se engajar em comportamentos compatíveis com a nova perspectiva. Isso ajudará a moldar seu ambiente para reforçar a nova crença. Além disso, isso ajudará o cliente a ter novas experiências e novas evidências para reforçar ainda mais a crença com estratégias socráticas adicionais.

Reforçando o uso de habilidades

Estamos tentando facilitar a nova aprendizagem em alguns níveis, além de facilitar diretamente a modificação cognitiva por meio de uma avaliação curiosa e empática de suas crenças. Também estamos engajados em um processo de treinamento de habilidades, porque queremos que o cliente aprenda a ser seu próprio terapeuta (Beck, 2011).

COMO FAZER ISSO

Analisamos por que esse é um processo importante; agora vamos rever como esse processo funciona. Existem algumas perguntas que podem orientar o processo. É claro que um terapeuta não precisaria fazer todas essas perguntas; elas pretendem ser ilustrativas do processo.

Estas são algumas perguntas a serem feitas:

- Como tudo isso se encaixa?
- Você pode resumir todos os fatos para mim?
- Como seria uma declaração resumida que pudesse capturar os dois lados?
- Quanto você acredita nisso? Precisamos moldar isso para torná-lo mais crível?
- Como você concilia nossa nova declaração com o pensamento que estávamos avaliando (ou com a crença central que estamos focando)?
- Qual é a nossa nova maneira de ver a situação?
- Como devemos aplicar a nova declaração à próxima semana? Como podemos testar isso?
- O que aprendemos sobre seus processos de pensamento no exercício?

O exemplo de Nicole, apresentado nos dois capítulos anteriores, será usado para demonstrar esse processo. O resumo da evidência do terapeuta pode ser encontrado a seguir, em um trecho extraído do capítulo anterior.

TERAPEUTA (T): Nicole, deixe-me reafirmar minha compreensão de por que você pensa que é uma mãe ruim, com base nas evidências que reunimos e nas anotações que fiz enquanto conversávamos. Você acredita firmemente que é uma mãe ruim, e isso faz com que você sinta uma enorme vergonha. Algumas das principais evidências de que você é uma mãe ruim são o fato de você ter sido declarada legalmente inapta como mãe e o de ter essa imagem mental de seus filhos sofrendo em um orfanato. Existe a ideia de que eles estão infelizes e de que isso é sua culpa. Além disso, várias pessoas lhe disseram que você estragou tudo. Estou certo?

CLIENTE (C): Sim, parece certo.

T: Há algo que estou deixando passar?

C: Bem, quer dizer... meus filhos foram levados por um motivo: meu uso de drogas me tornou negligente. Eu não estava lá para eles.

... [*Diálogo que consiste na etapa de curiosidade colaborativa.*]

T: Então, juntando tudo, outras pessoas ainda não desistiram de você, e você também não. Você tem uma longa história de sofrimento duradouro por seus filhos e realmente se importa com eles. Você se envolveu em comportamentos que levaram seus filhos a serem tirados da sua custódia, mas há algum contexto importante sobre a violência doméstica e o Tept que torna isso menos claro do que pensávamos originalmente. Você decidiu que a situação era parcialmente sua culpa, mas não totalmente. Você tem uma imagem do tipo de mãe que deseja ser, e vamos trabalhar juntos para ajudá-la a chegar lá. Certo?

// RESUMO header and content

RESUMO

Para criar uma nova crença equilibrada e durável, precisamos criar um resumo das evidências que analisamos. Idealmente, pediremos que o cliente crie esse resumo, embora ele possa precisar de alguma ajuda. Alguns terapeutas buscam pensamentos alternativos puramente positivos, e isso é um erro, porque não corresponde à realidade da vida do cliente. Por exemplo, se Nicole se afastasse desse processo com o pensamento alternativo de que ela era realmente uma mãe muito boa, ela correria o risco de que essa crença fosse abalada ao ser lembrada de que seus filhos foram retirados de seus cuidados devido à sua negligência e ao uso de drogas. A queda de um humor elevado ligado a um humor puramente positivo e a queda associada à potencial quebra dessa crença também podem colocá-la em risco aumentado de recaída ou desmoralização. Uma crença alternativa mais durável será o reflexo de todo o quadro, e é por isso que primeiro fazemos um resumo equilibrado do quadro geral.

Então, como tudo isso se encaixa?

Uma boa primeira abordagem é perguntar ao seu cliente como ele encaixa tudo isso. Possíveis perguntas incluem as seguintes: "Então, como tudo isso se encaixa?"; "Você pode resumir todos os fatos para mim?"; "Como seria uma declaração resumida que captura os dois lados?".

Inicialmente, ele pode dizer que não tem certeza ou que não sabe como encaixar tudo. Isso criará o ímpeto de você fazer isso por ele. Resista a esse desejo, pois o cliente tirará mais proveito disso se você puder ajudá-lo a chegar lá por conta própria. Você pode começar ajudando-o a resumir as evidências de apoio e, em seguida, as evidências não confirmatórias; depois, pode ajudá-lo a juntar tudo.

TERAPEUTA (T): Nicole, acabamos de falar sobre todas as razões pelas quais a crença de que você é uma mãe ruim pode ser verdadeira e, em seguida, analisamos as razões pelas quais ela pode não ser verdade. Conversamos sobre muitas coisas. Você pode criar um resumo para nós que capture os dois lados?

CLIENTE (C): Não tenho certeza, foi muita coisa.

T: Foi, e você fez um bom trabalho olhando curiosamente para tudo comigo. Vamos começar fazendo um resumo das evidências de que você é uma mãe ruim.

C: Bom, meus filhos foram levados e agora estão em um orfanato por causa do que eu fiz, por causa do meu uso de drogas.

T: OK, agora vamos adicionar um resumo das evidências ou dos fatores atenuantes que sugerem que você não é uma mãe ruim.

C: Isso é mais difícil.

T: Bom, sobre o que conversamos?

C: Conversamos sobre o quanto amo meus filhos e o quanto tenho trabalhado duro para recuperá-los.

T: Sim, excelente! O que mais?

C: Nós conversamos sobre como eu costumava tentar protegê-los.

T: Ótimo, mais alguma coisa?

C: Não tenho certeza.

T: Também conversamos sobre como havia algum contexto para o que levou ao seu Tept e ao vício resultante, o que pode fazer com que a situação não seja completamente sua culpa.

C: Sim, isso mesmo.

T: Então, como podemos resumir tudo?

C: Bom, eu tenho um histórico de ser uma boa mãe. Eu saí dos trilhos e realmente estraguei tudo. Meus filhos sofreram por causa disso, mas vou fazer o meu melhor para recuperá--los e consertar as coisas. Eu tenho que consertar as coisas.

Quanto você acredita nisso? Precisamos moldar isso para torná-lo mais crível?

Este é um bom momento para se lembrar de que o fato de o cliente dizer algo não significa que ele acredita naquilo. Você deve estar ciente de que há uma grande armadilha aqui: o cliente pode dizer o que acha que é a resposta certa ou o que você quer ouvir. Aqui, queremos verificar se ele acredita no que acabou de dizer, e talvez seja necessário ajudá-lo a reafirmar isso de uma maneira mais crível. Dependendo de quão arraigada é a crença que estamos avaliando, podemos passar a almejar mudanças incrementais na intensidade da crença.

TERAPEUTA (T): Então, quanto você acredita que essa afirmação seja verdadeira?

CLIENTE (C): Eu meio que acredito, não sei, parece certo, só não tenho certeza se é verdade.

T: Quais são as partes em que você acredita mais e menos?

C: Bem, eu definitivamente acredito que estraguei tudo.

T: Você acredita no que disse? Que você tem um histórico de ser uma boa mãe?

C: Sim, não ao longo de toda a minha história, mas por boa parte dela.

T: E sobre a parte de querer seus filhos de volta?

C: Eu preciso, de verdade, mas temo não conseguir.

T: Na verdade, não sabemos o que vai acontecer, mas você está motivada? E você tem o que é preciso para trabalhar para recuperá-los?

C: Cem por cento.

T: Então, como podemos ajustar o que você disse para ser mais crível para você?

C: Talvez... eu costumava ser uma boa mãe, então por um tempo fui uma mãe ruim, mas estou determinada a ser uma boa mãe novamente.

T: Você acredita nessa afirmativa?

C: Sim, funciona melhor para mim.

T: Quanto você acredita nisso?

C: Noventa por cento.

T: Podemos trabalhar com isso. Deixe-me anotar isso.

Nesse ponto, o terapeuta ajudou a cliente a criar um resumo útil de todo o diálogo. Isso pode dar algum trabalho, mas é útil e ajuda a cliente a consolidar a conversa. Em seguida, ele precisa ajudá-la a sintetizar essa nova declaração com suas crenças anteriores.

SÍNTESE

A análise é o processo de dividir algo, e a síntese é o processo de criar algo novo. O diálogo socrático inclui ambos os componentes: decompomos uma situação para melhor compreendê-la e, depois, a sintetizamos para criar uma nova perspectiva. Podemos sintetizar ainda mais essa nova perspectiva com o esquema geral. Normalmente, os aspectos mais importantes envolvem ajudar o cliente a sintetizar declarações ou descobertas discrepantes. Isso pode ser feito apresentando a crença anterior e a nova conclusão juntas, para ajudar o cliente a sintetizar uma nova crença geral.

Como você concilia nossa nova declaração com o pensamento que estávamos avaliando (ou com a crença central que estamos focando)?

Essa etapa envolve basicamente perguntar ao cliente como ele encaixa duas ideias que parecem se contradizer. Você pode utilizá-la para focar a cognição que estava avaliando inicialmente ou uma crença central mais nuclear. Inicialmente, seu cliente pode não ter certeza de como responder. Dependendo de como foram as etapas anteriores, um cliente normalmente responderá com uma declaração de que talvez a crença inicial não seja tão verdadeira quanto pensava que era. A acomodação esquemática por meio da síntese pode ser um processo incremental concebido ao longo das sessões, seguindo várias sessões de estratégias socráticas sobre um único tema ou uma crença central-alvo. Um capítulo posterior discutirá o trabalho com crenças centrais, e um seguinte discutirá a resolução de problemas nesse processo.

TERAPEUTA (T): Então, Nicole, escrevi o que você disse: "Talvez... eu costumava ser uma boa mãe, então por um tempo fui uma mãe ruim, mas estou determinada a ser uma boa mãe novamente". Como você encaixa isso na afirmativa original de que você é uma mãe ruim?

CLIENTE (C): Hum, acho que não sou uma mãe completamente ruim.

T: Fale mais sobre isso.

C: Bem, às vezes eu me sinto a pior mãe por causa dos erros que cometi, mas essa não é a história completa.

T: Se a afirmativa de que você é uma mãe ruim não é completamente precisa, há uma nova que poderia ser mais equilibrada e precisa?

C: Não tenho certeza...

T: Eu gosto da noção de história completa que você mencionou. Então, se sua vida fosse um livro, como você poderia descrever a história completa?

C: Acho que tive capítulos em que fui uma boa mãe, em algum lugar coisas muito ruins aconteceram e tentei ser boa, e houve alguns capítulos em que realmente errei.

T: Em que capítulo você está atualmente?

C: No capítulo de redenção.

T: Isso é poderoso. Qual é a mensagem principal desse capítulo?

C: Lutar para ser uma boa mãe novamente.

Qual é a nova maneira de ver a situação?

Essa é a etapa em que você identifica uma nova crença ou a crença alternativa. Você pode ter algumas boas candidatas já identificadas no resumo ou nas etapas de síntese anteriores. Pode ser útil discutir isso depois que o cliente criou um resumo equilibrado e o sintetizou com suas crenças. Essencialmente, estamos perguntando: se essa afirmativa original não é verdadeira, o que seria verdade? Você obterá uma crença alternativa mais durável se vincular essa crença ao resumo e à síntese equilibrados com as crenças preexistentes.

TERAPEUTA (T): Então, Nicole, se essa afirmativa de que você é uma mãe ruim não é completamente verdadeira, e se sua vida é como um livro, com você atualmente em sua história de redenção, qual crença alternativa equilibrada e crível podemos cultivar?

CLIENTE (C): Acho que cometi erros graves como mãe, mas meus erros não definem a mim ou ao meu futuro.

T: Você acredita nessa afirmativa?

C: Sim.

T: É uma declaração poderosa. Deixe-me tomar um momento para escrevê-la.

Se o cliente não acredita na crença alternativa, você pode insistir em refiná-la ou usar experimentos comportamentais para reunir evidências e testar se ela é verdadeira.

Como devemos aplicar a nova declaração à próxima semana? Como podemos testar isso?

Estamos procurando provocar modificação cognitiva, mas não queremos apenas aumentar o *insight* sem uma mudança correspondente no comportamento. Idealmente, queremos conectar a nova cognição com um plano de ação, fazer algo diferente essa semana para alinhar comportamentos com sua nova perspectiva, ajudar o cliente a se envolver em um comportamento direcionado a metas ou reunir evidências para testar a nova crença.

TERAPEUTA (T): Nicole, você disse: "Acho que cometi erros graves como mãe, mas meus erros não definem a mim ou ao meu futuro". Eu gosto desse pensamento e quero passar um momento com você falando sobre como podemos aplicá-lo ao que você fará na próxima semana.

CLIENTE (C): Sim, isso faz sentido.

T: Então, se esse pensamento, de que seus erros não definem você ou o seu futuro, fosse verdade, que comportamentos você precisaria ter essa semana?

C: Preciso continuar trabalhando em direção ao meu objetivo de ter meus filhos de volta, preciso ir às reuniões e preciso procurar oportunidades de emprego.

T: Parece bom, e essa parte de seus erros não definirem você... há momentos durante a semana em que você normalmente diz a si mesma que seus erros definem você ou o seu futuro?

C: Sim, eu acho. Normalmente à noite, quando está quieto, eu penso em como errei, eu me sinto mal e fico pensando no que fiz de errado.

T: Parece que talvez precisemos mirar esses momentos.

C: Isso pode ser bom, é quando normalmente me perco em meus pensamentos.

T: Parece que a questão central aqui é você se preocupar com o seu futuro, e gostaria de saber se as imagens que discutimos anteriormente podem ser úteis à noite. Como você se sentiria ao se envolver em algumas estratégias de imaginação à noite para retratar aquela imagem que criamos anteriormente? Eu anotei. Você disse "Eu vejo meus filhos, corro até eles e os pego, e os abraço com força. Eles me abraçam de volta e parece que posso respirar novamente". Além de ir às suas reuniões e procurar emprego durante o dia, você poderia usar essas imagens à noite para manter o foco na visão em que está trabalhando?

C: Eu posso fazer isso.

T: Poderia ser útil, para desenvolver ainda mais essa imagem, usar algo como um desenho, uma história ou um mantra para ajudá-la a se segurar.

Agora, o plano de ação ideal vai depender do cliente e de sua situação. Você deve se perguntar se a nova perspectiva é útil e, se for, então precisa se perguntar como o cliente pode colocá-la em prática.

O que aprendemos sobre seus processos de pensamento no exercício?

Após consolidar a aprendizagem relacionada ao conteúdo da crença do cliente, queremos consolidar a aprendizagem relacionada às habilidades que estamos ensinando ou à conceitualização compartilhada do problema.

TERAPEUTA (T): Nicole, acabamos de nos envolver em um processo de avaliação de sua crença sobre ser uma mãe ruim e tivemos essa nova ideia de que seus erros passados não definem você ou o seu futuro. O que aprendemos sobre seus processos de pensamento no exercício?

CLIENTE (C): Acho que minha situação é tão ruim que tive dificuldade em ver o quadro geral e me lembrar de que essa é apenas uma parte da minha história.

T: Então, quando as coisas estão ruins, é difícil para você lembrar e pensar sobre quando as coisas não estão ruins?

C: Sim.

T: É importante saber sobre si mesma. Deixe-me escrever isso, pois pode ser útil revisarmos esse aspecto em sessões futuras, quando pensamentos semelhantes surgirem para você. Que tal esse exercício de dividir a situação e avaliar seus pensamentos? O que você aprendeu com esse processo?

C: Eu acho que, às vezes, algo pode parecer verdade, mas, se eu desmembrar, pode ser mais complicado do que eu pensava inicialmente.

T: Você gostaria de fazer mais disso no futuro?

C: Sim, é útil que você me ajude a decompor a situação.

T: Eu não sou mágico, posso ensiná-la a fazer o que estou fazendo. (Pega o registro de pensamento — ver Apêndice.)

Essa etapa pode ser um momento em que você reúne algumas instruções úteis que podem ser consultadas com o cliente em sessões posteriores. Por exemplo, o terapeuta poderia dizer em uma sessão posterior: "OK, isso parece uma situação muito ruim, mas lembre-se do que você disse antes. Você disse que, quando as coisas ficam ruins, você tem dificuldade em lembrar de quando as coisas estavam menos ruins e ver como as coisas não precisam ser assim no futuro". Isso poderia facilitar a avaliação de pensamentos futuros com o cliente, pois estaríamos construindo algo com base em sucessos passados.

IMAGEAMENTO MENTAL

Pode ser útil incorporar representações/imagens mentais nesse processo. Existem várias maneiras de você fazer isso. Você pode fazer com que o cliente imagine o novo pensamento como verdadeiro. Você pode fazer com que ele imagine alguém em quem confia verbalizando o pensamento. Você pode fazer com que ele se imagine sendo competente ou bem-sucedido. A imaginação é poderosa: é uma boa maneira de invocar uma forte resposta emocional. Josefowitz (2017) publicou um excelente guia sobre o tema da incorporação de imagens em estratégias socráticas e registros de pensamento.

RESUMO DO CAPÍTULO

A etapa final do modelo é o resumo e a síntese. Aqui ajudamos o cliente a resumir ambos os lados e a sintetizar esse resumo com sua crença e seu esquema preexistentes. É um passo simples, mas é um passo importante para consolidar a aprendizagem e ajudar o cliente a realizar ações que irão promover mudanças em sua vida. O próximo capítulo discutirá como elucidar esse processo.

REFERÊNCIAS

Alberini, C. M., & LeDoux, J. E. (2013). [parcial]Reconsolidação da memória Current Biology, 23(17), R746–R750.

Beck, A. T., & Haigh, E. A. P. (2014). Advances in cognitive theory and therapy: The Generic Cognitive Model. *Annual Review of Clinical Psychology, 10*, 1–24. doi:10.1146/annurev-clinpsy-032813-153734

Beck, J. S. (2011). *Cognitive behavior therapy: Basics and beyond* (2nd ed.). New York: Guilford Press.

Greenberg, L. S. (2004). Emotion-focused therapy. *Clinical Psychology and Psychotherapy: An International Journal of Theory and Practice, 11*(1), 3–16.

Josefowitz, N. (2017). Incorporating imagery into thought records: Increasing engagement in balanced thoughts. *Cognitive and Behavioral Practice, 24*(1), 90–100.

Kolb, D. A. (1984). *Experiential learning: Experience as the source of learning and development.* Englewood Cliffs: Prentice-Hall.

Padesky, C. A. (1993). Socratic questioning: Changing minds or guiding discovery. Paper presented at the A keynote address delivered at the European Congress of Behavioural and Cognitive Therapies, London. Retrieved from: http://padesky. com/newpad/wpcontent/uploads/2012/11/socquest.pdf

Piaget, J. (1976). Piaget's theory. In B. Inhelder, H. H. Chipman, & C. Zwingmann (Eds.), *Piaget and his school* (pp. 11–23). Berlin: Springer.

Randall, W. L. (2007). From computer to compost: Rethinking our metaphors for memory. *Theory and Psychology, 17*(5), 611–633.

Schiller, D., Monfils, M. H., Raio, C. M., Johnson, D. C., LeDoux, J. E., & Phelps, E. A. (2010). Preventing the return of fear in humans using reconsolidation update mechanisms. *Nature, 463*(7277), 49.

Schiller, D., & Phelps, E. A. (2011). Does reconsolidation occur in humans? *Frontiers in Behavioral Neuroscience, 5*, 24.

Young, J. E., & Beck, A. T. (1980). *Cognitive Therapy Scale: Rating manual.* Unpublished manuscript, Center for Cognitive Therapy, University of Pennsylvania, Philadelphia, PA.

9
Solucionando problemas com as estratégias socráticas

R. Trent Codd III

❖ O QUE VOCÊ VERÁ NESTE CAPÍTULO

Armadilha 1: não focar o conteúdo cognitivo central	163
Armadilha 2: engajar-se na "descoberta fornecida" em vez de na descoberta guiada	165
Armadilha 3: operar a partir de um modelo de pensamento positivo em vez de um modelo de pensamento realista	166
Armadilha 4: progredir para resumir e sintetizar prematuramente	167
Armadilha 5: explorar superficialmente o contexto	168
Armadilha 6: falhar em resumir	168
Armadilha 7: atentar inadequadamente às estratégias pós-consulta	168
Duas estratégias práticas perspicazes	169
É verdade e é útil?	169
Lidando com pensamentos discutivelmente verdadeiros	171
Conclusão	172

Os métodos socráticos de diálogo clínico são complexos e estão entre as habilidades mais difíceis para os terapeutas dominarem. Uma investigação qualitativa abrangendo a pesquisa de instrutores avançados de TCC envolvidos em iniciativas de treinamento substanciais perguntou sobre os desafios dos terapeutas em treinamento na aprendizagem da TCC. Os instrutores pesquisados foram unânimes em identificar a descoberta guiada como uma área problemática significativa para muitos supervisionandos, com alguns descrevendo-a como a habilidade mais difícil de dominar, mesmo entre terapeutas experientes (Waltman, Hall, McFarr, Beck, & Creed, 2017). Essa descoberta reflete nossas próprias experiências de treinamento e supervisão de centenas de terapeutas em TCC, bem como as de nossos colegas de treinamento. Ao elucidar processos socráticos em psicoterapia, a primeira coisa a considerar é se seu cliente está pronto para se engajar na reestruturação cognitiva. Os pré-requisitos padrão para isso são o estabelecimento de uma aliança de trabalho, a orientação do cliente para o modelo cognitivo e a aceitação, pelo cliente, de que seu modo de pensar está afetando o que faz e como se sente. As etapas foram bem abordadas anteriormente neste livro, no Capítulo 3, "Começando". Neste capítulo, descrevemos sete armadilhas comuns e oferecemos soluções para cada uma delas. Também apresentamos uma lista de verificação que os terapeutas podem usar ao avaliar uma sessão para auxiliar no processo de solução de problemas.

ARMADILHA 1: NÃO FOCAR O CONTEÚDO COGNITIVO CENTRAL

O conteúdo cognitivo varia em importância. Por exemplo, algumas cognições têm maior associação com sofrimento emocional, implicam crenças mais profundas e têm maior representação em áreas problemáticas do que outras. Como os clientes geralmente relatam uma série de pensamentos relacionados a situações problemáticas que podem, à primeira vista, parecer distorcidas ou importantes de examinar, muitos terapeutas são rápidos demais em assumir que um pensamento é significativo e intervir. Uma abordagem mais habilidosa é reservar um tempo para identificar quais pensamentos são mais centrais antes de prosseguir com a avaliação. Essencialmente, em cada sessão, temos um tempo limitado, só o suficiente para avaliar um pensamento (talvez dois) muito bem; portanto, queremos realmente explorar nossas opções para ter certeza de que estamos gastando nosso tempo limitado com sabedoria. Desenvolver esse tipo de abordagem estratégica do cliente aumenta as chances de que a cognição-alvo do exame resulte em mudança significativa e de que a terapia seja mais eficiente em geral.

Uma metáfora pode ser útil. Imagine uma grande parede de concreto sólido. Considere, em seguida, que lhe foi dito que sua tarefa é derrubar essa parede e que você recebeu um martelo e um cinzel para esse esforço. Você é informado de que há um ponto fraco nessa parede que, se atingido com o cinzel, levará a um colapso rápido da estrutura, mas não é informado onde esse ponto está localizado. Você aborda a tarefa batendo em muitos locais diferentes. Você só golpeia o cinzel algumas vezes em cada local antes de passar para o próximo, porque, ao martelar, você captura, de canto de olho, um ponto que parece ser o ponto fraco. Cada vez que você muda pensando que descobriu a área fraca, nunca é o caso, pois a parede

Checklist de solução de problemas do método socrático

Armadilha 1: não focar o conteúdo cognitivo central
Levamos tempo para entender e avaliar a situação antes de selecionar um alvo?
Recomendação: revise o capítulo sobre focalização; teste a planilha de focalização.

Armadilha 2: engajar-se na "descoberta fornecida" em vez de na descoberta guiada
Eu estava focado em uma noção preconcebida sobre qual era a resposta certa?
Recomendação: revise os capítulos sobre compreensão e curiosidade.

Armadilha 3: operar a partir de um modelo de pensamento positivo em vez de um modelo de pensamento realista
Eu estava focado em tentar fazer o cliente ver as coisas de forma mais positiva?
Recomendação: revise os capítulos sobre compreensão e resumo e síntese.

Armadilha 4: progredir para resumir e sintetizar prematuramente
Pareceu muito fácil?
Recomendação: reavalie a crença-alvo; revise os capítulos sobre compreensão e curiosidade.

Armadilha 5: explorar superficialmente o contexto
Levamos tempo para entender o contexto da situação e o contexto das evidências?
Recomendação: revise o capítulo sobre curiosidade.

Armadilha 6: falhar em resumir
Dedicamos tempo para reunir todo o diálogo em um resumo coerente? Ou me concentrei apenas nos elementos da avaliação que apoiaram meu caso?
Recomendação: revise o capítulo sobre resumo e síntese.

Armadilha 7: atentar inadequadamente às estratégias pós-consulta
Criamos mensagens significativas e planos de ação com base na avaliação?
Recomendação: revise o capítulo sobre crenças fundamentais.

Temos uma boa aliança de trabalho? O cliente é capaz de identificar pensamentos, sentimentos e comportamentos? Ele vê uma conexão entre os três?
Recomendação: revise o capítulo "Começando".

Conceitualmente, quais são os comportamentos, experiências e filtros de atenção que fortalecem a crença que estamos mirando?

Quais são minhas hipóteses sobre por que o diálogo socrático (ainda) não trouxe mudanças?

Qual é o plano de ação?

Quais são as estratégias de curto e longo prazo para trabalhar essa crença?

FIGURA 9.1 *Checklist* de problemas comuns.

permanece inalterada. Você continua com essa abordagem por algum tempo, mas a parede não mostra nenhum sinal de colapso e você está cansado de tanto martelar. Eventualmente, você percebe que seria melhor colocar o martelo e o cinzel no chão e usar seu tempo para inspecionar sistematicamente a parede em busca da área fraca. Você segue essa abordagem

Questionamento socrático para terapeutas **165**

e eventualmente a localiza. Então você martela o cinzel duas vezes no ponto ideal e a parede imediatamente desmorona. Embora a intervenção na cognição central nem sempre leve ao colapso rápido dos sistemas de crenças existentes, é mais provável que leve a uma mudança cognitiva consequente. Saber onde martelar é importante.

A solução para essa armadilha, então, é abster-se de perseguir cada objeto cognitivo brilhante que o cliente exibe e dar a si mesmo permissão para dedicar tempo suficiente à identificação da cognição de importância.[1] Isso também implica manter o foco uma vez que a cognição central é identificada. Objetos cognitivos de distração às vezes continuam a ser exibidos pelos clientes mesmo depois que um terapeuta se dedica ao trabalho árduo e paciente de selecionar um candidato digno para exame. Evitar essa armadilha envolve a seleção inicial do alvo, bem como a manutenção do foco.

ARMADILHA 2: ENGAJAR-SE NA "DESCOBERTA FORNECIDA" EM VEZ DE NA DESCOBERTA GUIADA

Conforme detalhado no Capítulo 7, "Curiosidade colaborativa", a implementação habilidosa dos métodos socráticos envolve o alinhamento com o cliente para descobrir informações em conjunto. Uma metáfora visual que captura a postura ideal é o terapeuta e o cliente sentados um ao lado do outro, ombro a ombro, voltados para a mesma direção, em vez de sentados um de frente para o outro. A partir dessa orientação, eles podem explorar informações de maneira mais eficaz: como uma equipe e de perspectivas semelhantes.

Muitos terapeutas, no entanto, caem na armadilha de se envolver no que pode ser rotulado como "descoberta fornecida", que pode assumir várias formas, incluindo instruir, aconselhar, contestar, dizer ao cliente o que ele deve pensar ou tentar persuadir o cliente a adotar uma visão diferente. Infelizmente, esse problema pode ser agravado pela consulta a textos e formulários de TCC mais antigos que sugerem que se deve "desafiar" os pensamentos do cliente. A forma como a palavra "desafio" funciona para a maioria das pessoas não é congruente com o espírito de descoberta guiada, e recomendamos retirar esse tipo de linguagem do seu vocabulário clínico.

Algumas formas de descoberta fornecida são menos óbvias e podem ser difíceis para os terapeutas identificarem, como quando um terapeuta oferece uma declaração na forma de uma pergunta, mas, em vez de realmente funcionar como uma pergunta, a declaração funciona como uma tentativa de persuasão. Por exemplo, um terapeuta que pergunta a um cliente "Você não acha que está exagerando?" está fazendo uma pergunta, mas, em vez de atrair curiosidade e reflexão, provavelmente está transmitindo uma perspectiva sugerida ao cliente.

Nossa experiência sugere que os terapeutas caem nessa armadilha por pelo menos duas razões. A primeira razão diz respeito a habilidades socráticas inadequadas, que esperamos que nosso modelo de quatro etapas ajude a remediar. A segunda razão, talvez menos óbvia, está relacionada à pressão autoimposta para produzir mudanças cognitivas rapidamente. Quando este último fator está presente, os terapeutas se beneficiariam de um exame de seus

---

[1] Estratégias específicas são detalhadas no Capítulo 5, "Foco no conteúdo-chave".

próprios pensamentos automáticos relacionados, pois é improvável que a instrução didática seja suficientemente útil. Alguns exemplos de cognições de terapeutas em treinamento que encontramos incluem:

- "Meu cliente vai desistir do tratamento se eu não o ajudar a mudar seu pensamento distorcido rapidamente."
- "Se não posso modificar os pensamentos inúteis do meu cliente, não sou um terapeuta cognitivo-comportamental competente."
- "Não conseguirei uma pontuação de aprovação na Escala de Classificação da Terapia Cognitiva (CTRS, do inglês *Cognitive Therapy Rating Scale*) se não tentar avaliar prontamente os pensamentos do meu cliente."
- "Vou perder a adesão do cliente ao modelo cognitivo se não mostrar a ele que seu pensamento pode ser mudado."

ARMADILHA 3: OPERAR A PARTIR DE UM MODELO DE PENSAMENTO POSITIVO EM VEZ DE UM MODELO DE PENSAMENTO REALISTA

Um mito prevalente sobre a TCC é que o seu objetivo é produzir pensamento positivo. A noção de pensar positivamente como remédio para problemas emocionais é predominante na sociedade, talvez originada com a publicação do famoso livro de Norman Vincent Peale *The power of positive thinking*, publicado pela primeira vez em 1952. O pensamento positivo não funciona. Se funcionasse, haveria poucas pessoas com distúrbios emocionais, porque essa ideia é amplamente disseminada, e a maioria das pessoas chegará a ela como uma solução potencial naturalmente (i.e., sem instrução explícita). A pesquisa demonstrou que podemos ensinar as pessoas a serem mais otimistas, mas isso não as torna menos deprimidas (Miranda, Weierich, Khait, Jurska, & Andersen, 2017). O pensamento excessivamente positivo (i.e., positividade tóxica) pode ser tão disfuncional quanto o pensamento negativo distorcido, porque da mesma forma obscurece a realidade. Também pode reduzir a resiliência, pois é essencialmente o oposto do que é o treinamento de inoculação de estresse. Para resolver os problemas da vida de forma eficaz, é necessário ter uma perspectiva clara e precisa das situações problemáticas. Além disso, o pensamento positivo pode envolver a mentira do cliente para si mesmo e, portanto, pode não ser profundamente acreditado — isso pode criar um efeito de reatância, em que a crença negativa correspondente é fortalecida pela refutação da crença irrealisticamente positiva.

O objetivo da TCC é pensar de forma realista ou ver as situações como elas são. Na maioria das vezes, quando um cliente experimenta um efeito negativo, ele experimenta um pensamento distorcido de alguma forma. No entanto, isso nem sempre é o caso. Ele pode, de fato, estar vendo a situação angustiante com precisão. Dada a prevalência de pensamento distorcido coincidindo com emoção angustiante e o impacto emocional positivo de modificar o pensamento, é útil iniciar a intervenção com um exame da precisão da avaliação. Se o processo socrático revelar uma percepção acurada, o cliente poderá ter mais confiança na ideia de que é capaz de se engajar na atividade de resolução de problemas com base em informações claras.

Existem duas maneiras principais de evitar essa armadilha. A primeira é garantir que o cliente compreenda que o objetivo é o pensamento preciso e que ele pode diferenciá-lo do pensamento positivo. É útil abordar isso primeiro ao orientar o cliente para o modelo cognitivo. Muitos clientes captarão a importância da relação pensamento-emoção, mas, dada a prevalência da estratégia de pensamento positivo na sociedade, eles assumirão que essa é a abordagem sugerida. Para além dos problemas gerados pela incompreensão do modelo pelo cliente, o terapeuta também pode perder o relacionamento com o cliente porque é provável que ele tenha feito tentativas malsucedidas de pensamento positivo anteriormente. Isso pode, de fato, ser uma das principais razões que o cliente apresentou para a terapia (i.e., ele não conseguiu resolver seu problema tentando pensar positivamente). Nosso conselho é esclarecer o objetivo relativo à mudança cognitiva já na primeira sessão de tratamento. Mesmo quando ele é esclarecido cedo, é provável que o cliente "recaia" na noção de que o pensamento positivo é o objetivo uma ou mais vezes ao longo das sessões e, portanto, isso pode precisar ser revisto. O segundo remédio para essa armadilha é o terapeuta manter o objetivo do pensamento realista saliente para si mesmo; caso contrário, pode inadvertidamente guiar o cliente para perspectivas superficiais e potencialmente prejudiciais.

ARMADILHA 4: PROGREDIR PARA RESUMIR E SINTETIZAR PREMATURAMENTE

Outra armadilha, talvez relacionada a um senso de urgência que muitos terapeutas neófitos relatam, é progredir para a etapa final de nosso processo muito rapidamente ou sequer progredir. Essencialmente, a estratégia de reenquadramento é pular do início para o fim do modelo; o terapeuta fornece uma solução de precisão desconhecida e que não foi considerada crível em conjunto. Antes de resumir e sintetizar, o que sempre deve ocorrer, um terapeuta experiente em estratégias socráticas pode querer dizer a si mesmo algo como "OK, acho que exploramos isso completamente e que o cliente tem informações suficientes para traçar uma conclusão". Embora a experiência seja um elemento importante para saber quando se pode dizer isso com precisão para si mesmo, recomendamos algumas perguntas que podem auxiliar nessa determinação:

- A pessoa comum poderia tirar uma conclusão com base nas informações disponíveis?
- Posso identificar áreas que não exploramos e que pode ser útil investigar?
- Estou sentindo algum senso de urgência para prosseguir para a etapa final? Em caso afirmativo, que pensamentos relacionados a essa urgência estou experimentando?
- O que estou sinalizando para o cliente sobre a profundidade de exploração desejada? Ele poderia concluir que o processo deveria envolver paciência e curiosidade ou um ritmo mais rápido e superficial?

ARMADILHA 5: EXPLORAR SUPERFICIALMENTE O CONTEXTO

Deixar de explorar o contexto em profundidade é outra armadilha que pode capturar o terapeuta de orientação socrática. Muitos clientes tentam resolver suas preocupações emocionais rapidamente. Isso pode ser devido a uma falha em reconhecer que resolver problemas frequentemente leva tempo e persistência. Um objetivo é ensinar aos clientes que nem todos os problemas podem ser resolvidos rapidamente e que soluções rápidas, mesmo que pareçam funcionar a curto prazo, podem não funcionar no longo prazo. Quando um terapeuta se envolve em um diálogo socrático rápido e superficial, corre o risco de reforçar a postura de solução de problemas inútil de um cliente, que pode, na verdade, ser parte do que o manteve preso naquela situação. Em contraste, o diálogo socrático consistente, que tem um ritmo adequado e envolve a exploração em modelos de profundidade apropriados, provê para o cliente o vigor e a extensão da exploração que muitas vezes são necessários. Às vezes, a aprendizagem que ocorre nas trocas socráticas não é explícita.

O contexto afeta o significado dos eventos. Portanto, para o cliente formular interpretações precisas dos eventos, ele deve ser auxiliado a explorar suficientemente o contexto de sua cognição. Como é o caso de outras armadilhas que discutimos, esse erro pode surgir quando terapeuta experimenta uma sensação de urgência, de que deveria estar progredindo no diálogo mais rapidamente do que está, e o remédio é o mesmo. O terapeuta deve investigar com curiosidade seus pensamentos automáticos relacionados à sensação de pressão.

ARMADILHA 6: FALHAR EM RESUMIR

A quantidade de informação descoberta durante as trocas socráticas pode ser substancial. Como a memória de curto prazo tem capacidade limitada, os clientes (e terapeutas) podem perder o controle de dados importantes devido ao volume disponível. Além disso, as informações mais relevantes para os clientes podem não ser as informações mais importantes ou úteis. Resumir é um meio de selecionar e unir os principais dados do vasto conjunto revelado durante o processo de descoberta, a fim de torná-los proeminentes e utilizáveis para o cliente durante o processo de síntese. Resumir também é um mecanismo para o terapeuta verificar sua compreensão do diálogo com seu cliente.[2]

ARMADILHA 7: ATENTAR INADEQUADAMENTE ÀS ESTRATÉGIAS PÓS-CONSULTA

As estratégias socráticas são eficazes na produção de importantes mudanças cognitivas, cujos impactos são frequentemente sentidos durante as sessões. Muitas ideias, especialmente aquelas que foram mantidas pelos clientes por longos períodos de tempo e que

---

[2] A mecânica dessa etapa é detalhada no Capítulo 8, "Resumo e síntese".

foram profundamente acreditadas, provavelmente exigirão uma intervenção de acompanhamento para que as mudanças perdurem. Muitos terapeutas supõem erroneamente que, porque observaram uma mudança na sessão, isso persistirá ao longo do tempo e em outros contextos. É imperativo, portanto, que o terapeuta contemple as estratégias pós-consulta como uma questão de rotina. A principal consideração aqui é determinar conjuntamente como aproveitar o sucesso para criar impulso para uma mudança duradoura. Por exemplo, o terapeuta deve fazer a si mesmo, em colaboração com o cliente, as seguintes perguntas:

- Podemos projetar outro experimento comportamental para aprendizagem adicional?
- Que exercícios de extrassessão podemos projetar para aumentar a generalização de sua aprendizagem?
- Como o cliente pode continuar a explorar essa ideia?
- Podemos antecipar quando a cognição angustiante pode surgir fora da sessão e planejar outras atividades práticas?
- O cliente deve continuar monitorando a frequência e a credibilidade dessa ideia na próxima semana?

DUAS ESTRATÉGIAS PRÁTICAS PERSPICAZES

Pragmaticamente, existem algumas estratégias que você pode tentar utilizar se ficar preso na sessão. Essas estratégias são usadas de maneira mais otimizada em situações em que você se pergunta se a crença negativa é verdadeira.

É verdade e é útil?

A cognição pode ser examinada com base na precisão, bem como com base na utilidade. Se o diálogo socrático revelar que uma avaliação angustiante é válida ou provavelmente válida, muitas vezes pode ser útil mudar a conversa para uma avaliação da utilidade da ideia. Essa exploração pode ser facilitada com este tipo de pergunta:

- "É útil dizer isso para si mesmo?"
- "Quais são as consequências de você ter essa visão (emocional e comportamental)?"
- "Essa ideia dificulta que você alcance algum de seus objetivos importantes?"
- "Quais são os prós e os contras de você continuar mantendo essa crença?"

Mesmo que os resultados da investigação socrática possam revelar que uma crença negativa é válida, é importante fortalecer os esforços do cliente no exame antes de mudar o foco para uma discussão sobre a utilidade da crença. Não fazer isso pode resultar na punição dos esforços de exploração de alguns clientes, o que diminui sua probabilidade de ocorrer no futuro. Como os resultados da consulta não podem ser conhecidos com antecedência e como a probabilidade de distorção é alta quando a angústia está presente, os clientes devem sempre começar seu exame com base na validade de um pensamento.

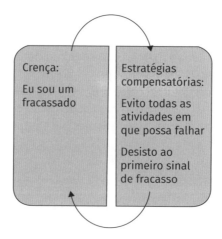

FIGURA 9.2 É verdade e é útil?

Situação	Pensamento	Sentimento
Não foi convidado para o churrasco da família	Minha família me odeia	Tristeza 8 Raiva 8

Situação	Pensamento	Sentimento
Minha família me odeia	Estarei sempre sozinho	Tristeza 10

FIGURA 9.3 Lidando com pensamentos discutivelmente verdadeiros.

O padrão para as novas conclusões que tiramos com o diálogo socrático é que queremos descobrir conjuntamente pensamentos que são verdadeiros e pensamentos que são úteis. Essa ideia foi discutida no Capítulo 7, "Curiosidade colaborativa". Essa também é uma estratégia para quando você tem uma crença negativa que não é eficaz, mas possivelmente verdadeira, com base nas evidências. Obviamente, esses são geralmente pensamentos negativos baseados em um conjunto distorcido de dados. Na Armadilha 5, discutimos contextualizar as evidências e o pensamento negativo. Outra estratégia é focar menos a veracidade e mais o impacto do pensamento. A ideia básica aqui é perguntar ao cliente qual crença o ajudaria a ter o tipo de reação que ele deseja ter. Se você considerar o modelo A-B-C, de antecedente-crença-consequência, o antecedente dessa situação já foi determinado e, por isso, perguntamos ao cliente: "Que tipo de consequência emocional e comportamental você quer ter?"; "E qual crença plausível você precisaria para ajudá-lo a chegar lá?". Claro, a chave aqui é que a crença alternativa precisa ser realista e crível. Recomenda-se que a estratégia hipótese A/hipótese B, do Capítulo 7, "Curiosidade colaborativa", seja usada para avaliar o pensamento novo e mais útil. Se a situação parece mais algo como ambas-e (*both-and*), as estratégias mais dialéticas abordadas no Capítulo 12, "Método dialético socrático", podem ser usadas.

Lidando com pensamentos discutivelmente verdadeiros

Há outra estratégia que pode ser usada com pensamentos que parecem falsos, mas são discutíveis. Ela foi sugerida por Greg Brown (embora possa haver origens além dele). A estratégia básica é simples. Se você tem um pensamento negativo que é questionável, pode evitar esse debate tratando esse pensamento como uma situação potencial e concentrando-se no seu significado emocional. Se você tem um cliente que não foi convidado para um evento familiar e por isso determinou que sua família o odeia, isso pode ser difícil de avaliar, pois não sabemos empiricamente o que a família pensa ou sente — e, às vezes, as pessoas se odeiam. Então, em vez de se concentrar em avaliar se a família do paciente o odeia, o terapeuta pode olhar para o significado emocional do ódio advindo da família. Nesse caso, focar a vulnerabilidade subjacente "sempre estarei sozinho" permite a avaliação de algo com que podemos trabalhar e que pode ser produtivo.

Existe outra estratégia para o terapeuta socrático perspicaz. De forma simplificada, a cognição pode ser categorizada de duas maneiras, a saber, inferencial e avaliativa. A cognição inferencial, como o nome indica, envolve inferências que os clientes fazem sobre eventos. Considere um cliente que relata andar por uma rua e ver alguém que conhece, mas não vê há algum tempo, andando do outro lado da rua e na direção oposta. Ao se aproximarem, o cliente diz: "Olá, Jack!". Jack não responde e continua seu caminho. Se o cliente relata pensar: "Ele não respondeu nada porque não gosta de mim", está inferindo por que Jack não retornou a saudação. Examinar a inferência pode envolver perguntar se havia explicações alternativas para o comportamento de Jack (p. ex., ele estava com pressa). Cognições inferenciais normalmente recebem maior ênfase na abordagem beckiana.

Se o terapeuta e o cliente descobrirem que talvez Jack tenha continuado andando sem dizer nada porque não gosta do cliente, eles podem considerar a eliciação e o exame de cognições avaliativas uma estratégia útil. As cognições avaliativas, que normalmente recebem maior ênfase na Trec, se dividem em quatro categorias principais: exigência, avaliações de valor humano, catastrofização e intolerância à frustração (Dryden, 2013; Ellis & Harper, 1961).

As demandas ocorrem quando se insiste que o mundo difere do que é. No caso envolvendo Jack, pode haver a seguinte ideia: "As pessoas devem sempre ser educadas e retribuir cumprimentos!". As avaliações de valor humano envolvem classificações em preto e branco de si mesmo ou dos outros, como exemplificado por "Não sou uma pessoa amável porque Jack me ignorou" e "Jack é uma pessoa realmente sem consideração!". Quando um cliente catastrofiza, ele eleva os eventos indesejáveis ao nível máximo. Por exemplo, se nosso cliente pensasse: "É absolutamente horrível que Jack tenha me ignorado!", quase como se tivesse perdido um membro, estaria envolvido em pensamentos horríveis. A intolerância à frustração envolve avaliações extremas de angústia que, segundo padrões objetivos, são de natureza moderada. Pensar "Não suporto quando as pessoas me desrespeitam!" é um exemplo de cognições desse tipo. Mesmo que Jack possa não gostar de nosso cliente, ajudá-lo com suas demandas, avaliações de valor, catastrofização e intolerância à frustração pode reduzir sua angústia e impactar positivamente sua capacidade de resolver problemas.

CONCLUSÃO

Neste capítulo, descrevemos sete armadilhas frequentemente observadas no trabalho de terapeutas que aprendem estratégias socráticas. As soluções geralmente se enquadram em duas categorias: (1) refinamento das habilidades socráticas, conforme descrito neste capítulo e em outras seções do livro; e (2) aplicação pessoal de estratégias de reestruturação cognitiva às cognições socráticas que interferem na estratégia. Finalmente, embora tenhamos uma estrutura geral, é importante lembrar que, em última análise, esse é um diálogo socrático e um processo de descoberta guiada. À medida que você se concentrar no conteúdo-chave, esforçando-se sinceramente para entender o cliente e a sua perspectiva, aplicando conjuntamente a curiosidade e o empirismo colaborativo para expandir essa perspectiva e reunindo tudo isso com resumos e sínteses para impulsionar mudanças significativas, você descobrirá que as estratégias socráticas são tanto uma maneira de pensar quanto uma maneira de ser. A verdadeira colaboração e a verdadeira curiosidade o levarão longe nessa prática.

REFERÊNCIAS

Dryden, W. (2013). On rational beliefs in rational emotive behavior therapy: A theoretical perspective. *Journal of Rational-Emotive and Cognitive-Behavior Therapy, 31*(1), 39–48.

Ellis, A., & Harper, R. A. (1961). *A guide to rational living.* Englewood Cliffs, NJ: Prentice-Hall.

Miranda, R., Weierich, M., Khait, V., Jurska, J., & Andersen, S. M. (2017). Induced optimism as mental rehearsal to decrease depressive predictive certainty. *Behaviour Research and Therapy, 90*, 1–8.

Peale, V. N. (1952). *The Power of Positive Thinking.* New York: Fawcett Crest.

Waltman, S. H., Hall, B. C., McFarr, L. M., Beck, A. T., & Creed, T. A. (2017). In-session stuck points and pitfalls of community clinicians learning CBT: Qualitative investigation. *Cognitive and Behavioral Practice, 24*, 256–267. doi:10.1016/ j.cbpra.2016.04.002

Webster, P., Stacey, D., Jones, D. (Producers), & Harris, T. (Director). (1991). *Rubin and Ed.* [Motion Picture]. United States: Working Title Films.

10

Registros de pensamento, experimentos comportamentais e questionamento socrático

R. Trent Codd III e Scott H. Waltman

❖ O QUE VOCÊ VERÁ NESTE CAPÍTULO

Registros de pensamento	175
Registros de pensamento: ensinando o modelo cognitivo	176
Registros de pensamento: facilitando a mudança cognitiva	181
Experimentos comportamentais	185
Passo 1: identifique uma previsão que está atrapalhando seu caminho	189
Passo 2: identifique previsões alternativas	190
Passo 3: defina a pergunta do experimento comportamental	190
Passo 4: projete o experimento	190
Passo 5: liste obstáculos à execução bem-sucedida do experimento ou qualquer coisa que possa dar errado (anote estratégias para superar os obstáculos)	191
Passo 6: faça o experimento	191
Passo 7: analise os resultados do experimento	191
Passo 8: tome nota do que pode ser concluído a partir do experimento	192
Passo 9: reavalie o grau de crença em crenças-alvo e alternativas	192
Passo 10: defina um plano de ação com base nas conclusões do estudo	192
Resumo do capítulo	192

O objetivo das estratégias socráticas na TCC é provocar mudanças cognitivas, comportamentais e emocionais por meio do empirismo colaborativo (Kazantzis et al., 2018). Conforme descrito nos capítulos anteriores, o empirismo colaborativo envolve juntar-se a alguém para descobrir cooperativamente a verdade. Esse processo de descoberta guiada é auxiliado por uma abordagem de treinamento de habilidades para terapia (Beck, 2011). Para aumentar a colaboração, o terapeuta ensina ao cliente as habilidades centrais da modificação cognitiva. Neste capítulo, discutimos o crescimento de duas abordagens-chave para a intervenção cognitiva com métodos socráticos: registros de pensamento (Beck, Rush, Shaw, & Emery, 1979) e experimentos comportamentais (Bennet-Levy et al., 2004). Conseguimos isso introduzindo brevemente essas intervenções, incluindo seus elementos centrais e, em seguida, fornecendo ilustrações clínicas de sua implementação.

Primeiro, pode ser útil desenvolver uma melhor compreensão de como os registros de pensamento e os experimentos comportamentais podem trabalhar juntos para provocar mudanças esquemáticas. Uma leitura do Capítulo 11, que discute como trabalhar com crenças centrais, é um recurso adicional para entender como as estratégias implementadas dentro e entre sessões podem atuar juntas para provocar grandes mudanças nas crenças e nos comportamentos, resultando em grandes mudanças no funcionamento emocional. Uma boa compreensão desse processo é o que separa um terapeuta eclético de um terapeuta estratégico. Se você observar a Figura 10.1, verá que as novas crenças que estamos tentando promover são construídas sobre uma base equilibrada de evidências. Cognitivamente, podemos usar registros de pensamento para avaliar as evidências que o cliente já tem (e das quais ele está ciente); comportamentalmente, podemos usar experimentos comportamentais a fim de reunir uma nova base de evidências para neutralizar a falta de experiência devida à evitação.

No Capítulo 2, "Por que a aprendizagem corretiva não acontece automaticamente?", revisamos como as respostas comportamentais das pessoas são limitadas por suas expectativas e como, por sua vez, isso pode limitar as experiências que elas têm para extrair ao determinar se seus pensamentos são verdadeiros. Considere o exemplo de uma cliente que tem medo de ser rejeitada romanticamente (devido a crenças de não ser passível de ser amada) e, portanto, nunca se compromete totalmente com um único relacionamento. Esse comportamento provavelmente leva a falhas no relacionamento, que ela pode interpretar como mais uma evidência de que não é passível de ser amada. Conceitualizar como a crença, a previsão, o comportamento, o resultado e a interpretação do resultado se encaixam pode ajudar terapeuta e cliente a entenderem onde está o ponto de intervenção ideal.

Também pode ser útil entender como os registros de pensamento e os experimentos comportamentais podem trabalhar juntos para provocar mudanças entre as sessões. Um registro de pensamento implementado com sucesso trará uma mudança gradual na perspectiva. Essa nova perspectiva pode ser usada como justificativa para tentar uma nova resposta comportamental, que seria usada para testar a nova perspectiva ou reunir mais evidências para avaliá-la. Novos comportamentos podem levar a novas experiências, que podem ser usadas para avaliar de forma mais abrangente os principais alvos cognitivos (i.e., crenças centrais). Por meio da mudança gradual de pensamentos e comportamentos, podemos construir um novo sistema esquemático que funcionará melhor para o cliente.

REGISTROS DE PENSAMENTO

Registros de pensamento (Beck et al., 1979) representam uma estratégia central de intervenção na TCC e são usados principalmente para ensinar o modelo cognitivo, bem como para facilitar a mudança cognitiva. O formato, os componentes e a complexidade dos registros de pensamento evoluíram substancialmente desde o seu início, resultando em inúmeras versões publicadas e não publicadas. Por exemplo, Waltman, Frankel, Hall, Williston e Jager-Hyman (2019) identificaram 110 registros de pensamento não idênticos, que codificaram em 55 combinações de componentes únicos. As categorias básicas para seu sistema de codificação de registro de pensamento se relacionam à função básica do registro de pensamento e a como essa função foi realizada. Um registro de pensamento de três colunas

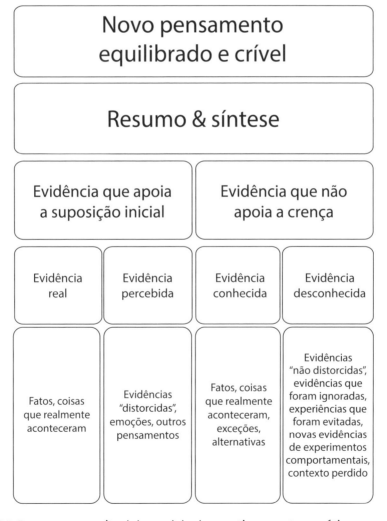

FIGURA 10.1 Panorama conceitual do modelo de questionamento socrático.

pode ser usado no início do tratamento para demonstrar e ensinar o modelo cognitivo, e, posteriormente, a mudança cognitiva pode ser realizada usando outras versões dos registros de pensamento, como o registro de pensamento de cinco colunas, o registro de pensamento de sete colunas ou a planilha A-B-C (ver Waltman et al., 2019); isso será detalhado a seguir.

Os nomes dos registros de pensamento também variaram entre as versões e ao longo do tempo. Muitos nomes incluem a palavra "disfuncional", como registro de pensamentos disfuncionais ou registro diário de pensamentos disfuncionais. Na maioria das vezes, do ponto de vista clínico, o nome usado com os clientes pouco importa, desde que seja usado consistentemente. No entanto, recomendamos retirar "disfuncional" do título, especialmente se estiver incluído em uma planilha fornecida a um cliente. Fazemos essa recomendação por dois motivos. Primeiro, sua presença pressupõe que o resultado da investigação será a identificação do pensamento disfuncional. Operar a partir dessa suposição viola uma postura central do diálogo socrático: abertura para novas informações e para onde a investigação levará (i.e., ignorância socrática). A segunda razão envolve a possibilidade de alguns clientes receberem essa linguagem como invalidante (ver o Capítulo 12, sobre a incorporação de estratégias socráticas no uso da terapia comportamental dialética). Nós simplesmente nos referiremos a essas ferramentas como registros de pensamento neste capítulo.

Os registros de pensamento são úteis porque externalizam o processo de reestruturação cognitiva. Ou seja, eles fornecem um roteiro escrito que inclui instruções para cada etapa da sequência e um mecanismo para revisão futura de pontos-chave de aprendizagem. Padesky argumentou que o uso de registros de pensamento ajuda o cliente a aprender a se envolver em processos socráticos (ver Kazantzis, Fairburn, Padesky, Reinecke, & Teesson, 2014). Isso se dá pelo uso de uma estrutura para ajudá-lo a aprender os principais passos. Com o tempo, a implementação da estrutura pode se tornar mais flexível, mas seguir uma rotina geral ajuda o cliente a aprender a habilidade. Ter essa habilidade em uma planilha que possa levar consigo para praticar ajuda a transportar a habilidade da sessão para a "vida real". Os registros de pensamento também viabilizam um distanciamento físico dos pensamentos e exigem formas ativas de praticar a habilidade (p. ex., escrever em vez de fazer "em sua cabeça"). Dessa forma, estamos ensinando o cliente a ser seu próprio terapeuta (ver Beck, 2011).

Registros de pensamento: ensinando o modelo cognitivo

Um uso central dos registros de pensamento é ensinar ao cliente o modelo cognitivo. Se você está tendo problemas para provocar mudanças cognitivas, primeiro pode se perguntar até que ponto o cliente entende e aceita o modelo cognitivo. Outro capítulo deste livro se concentra nas estratégias de resolução de problemas. A primeira coisa a ter em mente é que o cliente se envolve mais nas estratégias socráticas quando percebe como suas crenças estão afetando o que ele faz e como ele pensa. Então, primeiro, explicamos o modelo cognitivo e, depois, demonstramos a ele como usar o registro de pensamento de três colunas ou similar. O Capítulo 3, "Começando", detalha como orientar o cliente para o modelo cognitivo e como extrair exemplos de sua vida para demonstrar o modelo. A planilha de focalização neste capítulo foi criada para realizar as tarefas do registro de pensamento de três colunas. Discutimos como usar a planilha de focalização em detalhes no Capítulo 5, "Foco no

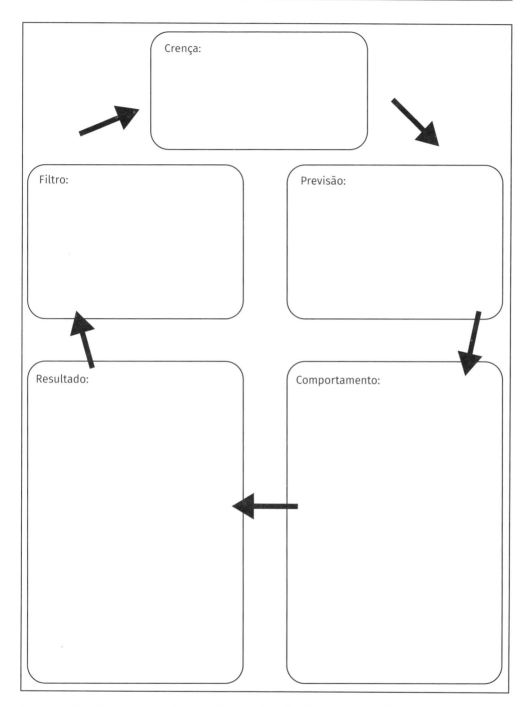

FIGURA 10.2 Diagrama simplificado de conceitualização de crenças funcionais.

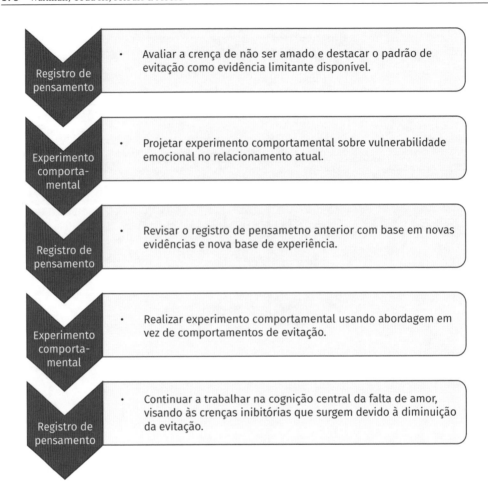

FIGURA 10.3 Exemplo de camadas de registros de pensamento e experimentos comportamentais.

conteúdo-chave". Neste capítulo, nos concentramos no uso dos registros de pensamento de três colunas mais gerais.

Existem algumas maneiras de ensinar o modelo cognitivo. Alguns terapeutas desenham um triângulo com pensamentos, sentimentos e comportamentos rotulados nos cantos. Existe um registro de pensamento desenvolvido especificamente para essa tarefa, chamado registro de pensamento de três colunas. Os elementos centrais necessários para essa tarefa são colunas que representam o contexto em que ocorre o sofrimento emocional, os pensamentos relacionados à emoção e a natureza da resposta emocional. Existem diferentes versões do registro de pensamento de três colunas, normalmente as colunas são rotuladas como "situação", "pensamentos automáticos" e "emoções", respectivamente — a ordem difere algumas vezes. No entanto, colunas dedicadas a respostas fisiológicas e comportamentais também podem ser incluídas se um dos objetivos for ajudar o cliente a descobrir as relações entre seus pensamentos automáticos e qualquer uma dessas duas variáveis. A implementação envolve uma interação entre o diálogo socrático e a transcrição de itens-chave para o registro de pensamento.

A situação, em termos simples, é o contexto que deu origem à angústia. Usar imagens ou representar a situação pode ajudar a aumentar a relevância dos seus elementos importantes, o que pode levar a uma memória mais rica relacionada a pensamentos e emoções mais tarde. As perguntas para avaliar a situação são as seguintes:

- Que evento pareceu desencadear sua angústia?
- O que estava ocorrendo na época em que você notou uma mudança em sua angústia?

O contexto nem sempre é exclusivamente externo à pessoa. Pode incluir variáveis internas que antecedem pensamentos automáticos perturbadores. Nesses casos, pode ser útil perguntar:

- Você experimentou algo internamente que pareceu provocar sua angústia (p. ex., sensações físicas, pensamentos, imagens)?

Dependendo do modelo que você está usando, os pensamentos automáticos podem ser os próximos na sequência. Se for esse o caso, pode ser útil pular para a coluna de emoções a seguir, porque isso pode aumentar a saliência da emoção, que pode, por sua vez, servir como uma dica útil de recuperação de pensamentos importantes. Se você seguir essa estratégia, pode ser útil dizer: "Vamos pular a coluna de pensamento automático por um momento e, em vez disso, focar a coluna de emoção a seguir. Discutiremos o porquê em breve". Perguntas úteis para avaliar a emoção incluem as seguintes:

- Qual(is) emoção(ões) perturbadora(s) você estava experimentando?
- Que rótulo(s) emocional(is) melhor captura(m) como você estava se sentindo nessa situação?
- Como você estava se sentindo emocionalmente?
- De 0 a 100, como você estava se sentindo (deprimido, ansioso, irritado, etc.)?

Depois de avaliar e observar a resposta emocional, voltamos à coluna de pensamento automático para avaliar e registrar o fluxo de consciência do cliente. Estes são alguns exemplos de perguntas:

- O que você estava dizendo para si mesmo antes de perceber essa mudança (depressão, ansiedade, raiva, etc.)?
- O que estava passando pela sua mente no momento?
- Alguma cena ou imagem lhe ocorreu?
- Que outros pensamentos ou imagens você experimentou?
- Se eu pudesse observar bolhas de pensamento acima de sua cabeça nessa situação, o que eu veria?
- Que ideias lhe ocorreram naquele momento?

Descrição da situação:
Quais foram os diferentes eventos perturbadores que aconteceram?
1.
2.
3.
4.
5.
6.
7.
Qual foi a parte mais perturbadora?

Que pensamentos passavam pela sua cabeça?	Qual foi o sentimento correspondente?

Qual pensamento foi o mais perturbador?
Qual é o significado emocional desse pensamento?

PLANILHA 10.1 Planilha de focalização.

© Waltman, S. H., Codd, R. T. III, McFarr, L. M., and Moore, B. A. (2021). Socratic Questioning for Therapists and Counselors: Learn How to Think and Intervene like a Cognitive Behavior Therapist . New York, NY: Routledge.

Depois que esses três elementos (i.e., situação, pensamentos automáticos, emoções) foram desembaraçados e registrados em um registro de pensamento, o próximo passo é ajudar o cliente a entender seu relacionamento e a utilidade de sua automaticidade disruptiva e separá-los um do outro. Estas são algumas perguntas-chave:

- Como essas coisas (apontando para a escrita no registro de pensamento) parecem se encaixar?
- Quando você olha para o que separamos aqui, o que você acha disso?
- Há algo para você aprender com esse exercício?
- Será que existe algum tipo de relação entre seus pensamentos e suas emoções?
- Qual é a diferença entre situações e pensamentos (ou pensamentos e emoções)?
- Você normalmente experimenta situações, pensamentos e emoções separadamente ou todos de uma vez? Como pode ser útil separá-los?
- Você acha que foi útil escrever isso? Como você acha que teria sido se fizéssemos isso em nossas cabeças?
- Você costuma estar ciente de seus pensamentos nessas situações ou está mais ciente de suas emoções perturbadoras? Como aumentar sua consciência de seus pensamentos pode ser útil?

Registros de pensamento: facilitando a mudança cognitiva

De acordo com a análise dos registros de pensamento existentes e com o sistema de codificação desenvolvido por Waltman e colaboradores (2019), existem três maneiras diferentes de um registro de pensamento promover a mudança cognitiva. O primeiro método é algo chamado de resposta racional (Beck et al., 1979; Layden, Newman, Freeman, & Morse, 1993). Ele envolve pedir imediatamente ao cliente para escolher um pensamento alternativo que pareça mais racional. O primeiro registro de pensamento de cinco colunas era nesse estilo (Beck et al., 1979). O segundo método que um registro de pensamento pode usar para promover a mudança cognitiva é se concentrar em entender por que o pensamento original é distorcido, como ao identificar distorções cognitivas. Burns (1989) foi o primeiro a incorporar a segmentação de distorções cognitivas aos registros de pensamento. Padesky desenvolveu e foi pioneira no terceiro tipo de registro de pensamento, que é tipificado por suas sete colunas (Greenberger & Padesky, 2015; Padesky, 1983). O registro de pensamento de sete colunas foi desenvolvido quando Padesky descobriu que seus clientes eram capazes de usar bem os registros de pensamento com ela na sessão, mas lutavam para completá-lo por conta própria; ela examinou o que eles estavam fazendo na sessão e o que não estavam fazendo por conta própria e descobriu que a peça que faltava era examinar as evidências (ver Waltman et al., 2019). Portanto, ela desenvolveu o registro de pensamento de sete colunas, com espaço dedicado à avaliação da evidência do pensamento em questão, a fim de ajudar seus clientes a fazer por conta própria o que ela estava fazendo junto a eles.

Nosso registro de pensamento socrático (apresentado na Planilha 10.2) foi desenvolvido para ajudar a adequar nosso modelo de quatro etapas para o diálogo socrático. Cada uma das quatro etapas da estrutura tem um capítulo dedicado neste texto, e também há um capítulo que reúne todo o processo. Os terapeutas são livres para usar os registros de pensamento que preferirem. Atualmente, o estado da ciência é que não sabemos se existem diferenças nos resultados clínicos para os diferentes registros de pensamento. Poucos estudos fizeram comparações diretas dos vários registros de pensamento (Waltman et al., 2019) — embora algumas indicações iniciais sugiram que isso pode importar ou que diferentes populações podem responder a diferentes registros de pensamento de maneira distinta (ver Waltman et al., 2019). Funcionalmente, há uma diferença entre pedir a um cliente que olhe para uma situação de forma diferente, perguntar a ele se suas opiniões estão distorcidas e solicitar que ele avalie a situação para chegar a um pensamento mais equilibrado e preciso. A última estratégia é mais consistente com o empirismo colaborativo e é uma estratégia mais socrática.

O objetivo final para um terapeuta que usa registros de pensamento é a mudança cognitiva, resultando em melhor resposta emocional. Um pré-requisito importante para o cliente usar com sucesso os elementos restantes dos registros de pensamento é uma compreensão adequada do modelo cognitivo (as três primeiras colunas do registro de pensamento, já descritas). Alguns clientes entendem o modelo rapidamente, enquanto outros exigem muitas tentativas de prática antes de desenvolver essa habilidade de pré-requisito. É importante ressaltar que a compreensão intelectual do modelo é insuficiente. Os clientes devem ser capazes de discriminar quando experimentam mudanças afetivas e usá-las como pistas para buscar conteúdo cognitivo importante. Além disso, eles devem ser capazes de identificar com sucesso seus pensamentos automáticos.

Se estiver usando um registro de pensamento de cinco ou sete colunas, uma vez que as três primeiras tenham sido preenchidas, o terapeuta deve colaborar com o cliente para desenvolver um foco para o diálogo socrático. Esse processo é detalhado no Capítulo 5, "Foco no conteúdo-chave". Alternativamente, a planilha de focalização, neste capítulo, destaca como dividir uma situação para identificar os elementos mais perturbadores, como identificar os vários pensamentos relacionados à parte mais perturbadora e, então, como se concentrar no pensamento mais perturbador ou no seu significado emocional. A intervenção cognitiva bem-sucedida e impactante depende de estratégias de focalização bem-sucedidas. Escolher um pensamento apenas porque soa como uma distorção ou soa doloroso é uma aposta que pode não valer a pena. Já dedicar um tempo para entender a situação e pesar suas opções pode ajudá-lo a escolher colaborativamente o alvo ideal para o seu registro de pensamento. Além disso, fazer isso junto com o cliente vai ajudá-lo a aprender a se concentrar nos pensamentos-chave. Aqui estão algumas perguntas que facilitam essa tarefa:

- Quais são as diferentes partes do problema?
- Qual parte é mais perturbadora?
- Que significado você está atribuindo a essa situação?
- O que você diz a si mesmo?
- Se hoje mudássemos apenas um pensamento que faz toda a diferença do mundo para você, qual seria?
- Qual pensamento incomoda mais?

Questionamento socrático para terapeutas **183**

> **Focalização:** o que estou mirando?
>
> *Quais são as diferentes partes do problema?*
>
> *Qual é a parte mais perturbadora?*
>
> *Qual é o significado que estou atribuindo a essa situação? O que estou dizendo a mim mesmo?*
>
> *Como estou definindo esse alvo?*

> **Compreensão:** como faz sentido que eu pense isso?
>
> *Onde eu aprendi isso?*
>
> *Isso é algo que as pessoas me disseram antes?*
>
> *Quais são os fatos que me dizem que isso é verdade?*
>
> *Como esse pensamento faz eu me comportar?*

> **Curiosidade:** o que estou perdendo?
>
> *Há contexto importante faltando nas declarações acima?*
>
> *Meus comportamentos influenciam minhas experiências?*
>
> *O que não sei?*
>
> *Quais são os fatos que me dizem que isso pode não ser verdade?*
>
> *Há alguma exceção que estou esquecendo?*

> **Resumo:** como posso resumir toda a história?
>
> **Síntese:** como esse resumo se encaixa com minha declaração original?
> *Como isso se encaixa com o que eu normalmente digo a mim mesmo?*
> **Conclusão:** qual seria uma afirmação mais equilibrada e crível?
>
> Como posso aplicar essa declaração à minha próxima semana?

PLANILHA 10.2 Registro de pensamento socrático.

© Waltman, S. H., Codd, R. T. III, McFarr, L. M., and Moore, B. A. (2021). Socratic Questioning for Therapists and Counselors: Learn How to Think and Intervene like a Cognitive Behavior Therapist . New York, NY: Routledge.

O próximo passo nesse processo dependerá de qual registro de pensamento você está usando. Idealmente, é desejável que as etapas seguidas na sessão sejam consistentes com o fluxo ou com as instruções do registro de pensamento que você está usando, para que o cliente possa aprender essas etapas por si mesmo. Se você estiver usando nosso registro de pensamento socrático, você primeiro procurará obter uma melhor compreensão do pensamento. Aqui estão algumas perguntas que você pode fazer e que são consistentes com as instruções do registro de pensamento socrático:

- Em que experiências se baseia esse pensamento?
- Quais são os fatos que sustentam isso?
- Se isso fosse verdade, qual você acha que seria a evidência mais consistente para apoiá-lo?
- Isso é algo que as pessoas disseram diretamente a você no passado?
- Como é acreditar nesse pensamento?
- Há quanto tempo você acredita nisso?
- Quando você tende a acreditar mais e menos nisso?
- O que você normalmente faz quando pensamentos como esse surgem?

Depois de ter desenvolvido uma boa compreensão do pensamento que é o seu alvo, você procurará expandir essa compreensão com curiosidade colaborativa (conjunta). Aqui estão algumas perguntas que você pode fazer e que são consistentes com as instruções do registro de pensamento socrático:

- Há contexto importante faltando nas declarações anteriores?
- Seus comportamentos anteriores influenciaram suas experiências?
- O que não sabemos?
- Quais são os fatos que dizem que isso pode não ser verdade?
- Existem exceções que estamos esquecendo?
- O que você diria a um amigo?
- O que um amigo poderia dizer a você?
- Tem sempre sido desse jeito?
- Como acreditar nesse pensamento afetou seu comportamento e as evidências disponíveis para extrair?
- Podemos reunir novas evidências?

Os passos clássicos do questionamento socrático são a análise e a síntese — desmembrar e juntar novamente. Um diálogo socrático que utilize um registro de pensamento como ferramenta será incompleto sem uma etapa de resumo e síntese. Esse é o momento em que ajudamos o cliente a encaixar tudo a fim de produzir uma crença durável e equilibrada que poderá ser usada para promover mudanças duradouras e significativas. Podemos pensar o resumo como forma de encaixar os diferentes elementos que abordamos na avaliação de nosso registro de pensamento. Por meio da síntese, encaixamos esse resumo no quadro mais amplo. É aqui que tornamos explícita a nova aprendizagem. Estas são algumas perguntas úteis que são consistentes com as instruções do registro de pensamento socrático:

- Como tudo isso se encaixa?
- Você pode resumir todos os fatos para mim?
- O que é uma declaração resumida que captura ambos os lados?
- Como você concilia a nova declaração com o pensamento que estávamos avaliando (ou com a crença central que estamos mirando)?

Um passo final é avaliar o impacto da consulta. O exame reduziu a credibilidade dos pensamentos que eram o alvo? O sofrimento emocional se tornou mais proporcional ao evento? Por fim, queremos conectar a nova perspectiva a uma mudança planejada de comportamento, perguntando: "Como você pode aplicar essa nova perspectiva durante a próxima semana?". Isso prepara bem o cenário para um experimento comportamental que pode reforçar a nova perspectiva, seja testando-a diretamente ou reunindo novas evidências para informar um registro de pensamento futuro.

EXPERIMENTOS COMPORTAMENTAIS

Experimentos comportamentais são uma estratégia de mudança cognitiva potente comumente usada na TCC (Clark, 1989; Greenberger & Padesky, 2015; Wells, 1997). Eles têm raízes na terapia comportamental e (depois de modificados) agora são amplamente utilizados em uma ampla gama de terapias cognitivas e comportamentais (ver Bennett-Levy et al., 2004; Greenberger & Padesky, 2015; Waltman, 2020). Um componente central da TCC é a criação de mudanças cognitivas. Experimentos comportamentais permitem o uso de meios comportamentais para provocar mudanças cognitivas (i.e., mudar os pensamentos por meio da mudança de comportamentos; ver Beck et al., 1979). O coração dos processos socráticos beckianos é o empirismo colaborativo, e os experimentos comportamentais tipificam esse processo quando são projetados e implementados de maneira colaborativa. Além disso, existem estratégias cognitivas tradicionais que podem ser usadas para aprimorar experimentos comportamentais, todas discutidas a seguir.

No texto seminal de Beck (1979) sobre os aspectos teóricos da terapia cognitiva, ele descreve a aplicação do método científico para testar a crença de um cliente. Isso é essencialmente o que é um experimento comportamental: a aplicação de investigação científica e curiosidade a uma previsão. Beck explicou que a percepção de uma situação por um indivíduo é limitada por sua percepção da realidade, e que seu envolvimento com a realidade é limitado por sua visão de mundo. Conceitualmente, podemos entender que uma pessoa tem crenças baseadas em sua experiência da realidade. Essas crenças podem moldar sua realidade e criar um ciclo de *feedback* que as fortalece. Por exemplo, as previsões e os comportamentos da pessoa são tipicamente baseados em seu sistema de crenças, limitando assim as experiências nas quais se baseia para moldar suas visões de mundo — a evitação impede a oportunidade de aprendizado corretivo (Beck, 1979).

Pensa-se, embora isto não seja empiricamente comprovado, que os experimentos comportamentais são mais impactantes do que os registros de pensamento. Foi sugerido que:

> Gerar uma interpretação alternativa (*insight*) geralmente não é suficiente para gerar uma grande mudança emocional. Um passo crucial, mas às vezes negligenciado na terapia, é, portanto, testar as avaliações do cliente em experimentos comportamentais, que criam novas evidências experimentais contra a interpretação ameaçadora do cliente.
>
> (Ehlers & Wild, 2015, p. 166)

Os efeitos diferenciais de experimentos comportamentais e registros de pensamento foram investigados. Bennett-Levy (2003) conduziu um estudo seminal de métodos mistos comparando experimentos comportamentais e registros de pensamento como parte de um programa de treinamento experimental em TCC voltado a terapeutas e terapeutas em treinamento. Ele descobriu que os experimentos comportamentais foram percebidos pelo grupo como mais poderosos e convincentes do que os registros de pensamento em sua autoprática. McManus et al. (2012) estenderam essa linha de pesquisa e compararam os efeitos de registros de pensamento e experimentos comportamentais em uma intervenção de sessão única visando a pensamentos relacionados ao transtorno obsessivo-compulsivo subclínico. Os participantes consideraram ambas as abordagens benéficas e relataram evidências de uma pequena vantagem dos experimentos comportamentais sobre os registros de pensamento, pois o pensamento-alvo mudava mais rapidamente e havia uma maior generalização da nova aprendizagem. Notadamente, ambos os estudos foram realizados com populações não clínicas e, portanto, são necessárias mais pesquisas sobre o tema. Clinicamente, recomendamos o uso de ambas as estratégias, pois podem ser utilizadas de forma complementar, conforme demonstrado no início deste capítulo.

Experimentos comportamentais (Bennet-Levy et al., 2004; Waltman, 2020) são uma abordagem comumente usada para reestruturação cognitiva que ensina os clientes a utilizar o processo científico para testar suas crenças sistematicamente. Assim como ocorreu com os registros de pensamento, diferentes versões de experimentos comportamentais foram desenvolvidas ao longo dos anos, embora com uma variabilidade consideravelmente menor. Em termos gerais, podemos classificar os tipos de experimentos comportamentais em três categorias:

- *Testando uma previsão específica*. A testagem de uma previsão específica é o tipo mais comum de experimento comportamental. Ela pode ser usada para testar se um pensamento alternativo que foi desenvolvido por meio de um registro de pensamento ou uma resposta racional é realmente verdadeiro. Na verdade, você não precisa fazer um registro de pensamento para encontrar uma previsão a ser testada, embora essa seja uma boa maneira de reforçar e criar impulso em um registro de pensamento bem-sucedido. A ideia geral é de que estamos tentando direcionar as previsões que estão impedindo o comportamento competente para promover previsões mais adaptativas e precisas.
- *Reunindo novas evidências*. A coleta de novas evidências está sob o guarda-chuva de um experimento comportamental, embora talvez não seja um experimento verdadeiro. Essa pode ser uma estratégia ideal se houver falta de evidências não confirmatórias devido à evitação ou à falta de exposição. Isso pode ser feito em sessão ou fora de sessão.
- *Fazendo algo diferente*. Esse não é realmente um experimento comportamental. Às vezes, um terapeuta pode dizer "Por que não tentamos isso e vemos o que acontece?", ou talvez oriente o cliente a não se envolver no comportamento inábil. Às vezes, essas sugestões podem ser úteis, mas são intervenções fracas que poderiam ser melhores

se transformadas em um verdadeiro experimento comportamental. Estamos interessados em mais do que fazer com que o cliente aja de modo diferente em sua vida; queremos ser inteligentes e prepará-lo para o sucesso.

Experimentos comportamentais são a aplicação do método científico a pensamentos e comportamentos. Crawford e Stucki (1990) descrevem o método científico da seguinte forma: (1) definir uma pergunta; (2) reunir informações e recursos; (3) formar uma hipótese explicativa; (4) testar a hipótese realizando um experimento e coletando dados de forma reprodutível; (5) analisar os dados; (6) interpretar os dados e tirar conclusões que sirvam de ponto de partida para novas hipóteses; (7) publicar resultados; (8) retestar. Anteriormente, expandimos esse modelo para abordar alguns dos pontos de travamento e armadilhas comuns na realização de pesquisas em ambientes baseados na prática do mundo real (ver Codd, 2018).

- Passo 1: tenha uma pergunta
- Passo 2: consulte a literatura/especialistas no assunto
- Passo 3: defina a questão de pesquisa
- Passo 4: projete o estudo
- Passo 5: busque *feedback* da consulta
- Passo 6: realize um piloto/prova de conceito
- Passo 7: avalie e refine
- Passo 8: conduza o estudo em escala
- Passo 9: depure os dados e analise os resultados
- Passo 10: interprete os resultados à luz da literatura existente
- Passo 11: divulgue suas descobertas

Plano de experimento comportamental

Qual é o medo ou a previsão negativa que tenho que me impede de ter a vida que eu quero ter?

O que especificamente esse medo me faz prever que vai acontecer? Quão intensamente eu acredito que isso vai acontecer (1-100%)?

Existe uma previsão alternativa plausível do que poderia acontecer? Quão intensamente eu acredito que isso vai acontecer (1-100%)?

Especificamente, o que eu estou testando? Isso pode ser comprovado?

Qual é o plano? Qual é a minha previsão e com quem, onde, quando e como eu a testarei?

Como eu vou saber se é verdade?

Que problemas podem surgir e o que eu posso fazer para planejar o sucesso?

Realizei o experimento como planejado? Preciso refazer o plano?

O que realmente aconteceu?

O que o resultado do experimento significa sobre minha previsão e minha previsão alternativa?

Estou deixando de perceber alguma coisa?

Como minha crença em minhas previsões mudou? Como eu classificaria cada uma delas (1- 100%)?

O que eu aprendi?

Como posso aproveitar esse novo aprendizado na próxima semana?

FIGURA 10.4 Formulário de experimento comportamental.

Plano de experimento comportamental

Qual é o medo ou a previsão negativa que tenho que me impede de ter a vida que eu quero ter? *Ninguém gosta de mim.*

O que especificamente esse medo me faz prever que vai acontecer? Quão intensamente eu acredito que isso vai acontecer (1-100%)? *Previsão — ninguém retornará um olá ou outra saudação, nem me envolverá em nenhum nível de conversa (95).*

Existe uma previsão alternativa plausível do que poderia acontecer? Quão intensamente eu acredito que isso vai acontecer (1-100%)? *A maneira como eu sinalizo socialmente afeta como os outros se comportam em relação a mim e, se eu sinalizar de forma mais eficaz, posso influenciar positivamente as interações que recebo. A questão não sou eu, mas minhas habilidades sociais (45).*

Especificamente, o que eu estou testando? Isso pode ser comprovado? *Se recebo uma resposta social diferente dependendo do meu comportamento. As interações competentes produzirão um resultado diferente das interações inábeis? Sim, se meu comportamento tem uma influência, posso acompanhar o que faço e o impacto que isso tem.*

Qual é o plano? Qual é a minha previsão e com quem, onde, quando e como eu a testarei? *Durante a próxima semana, prestarei atenção aos meus sinais sociais quando cruzar com colegas de trabalho. Especificamente, durante metade da semana de trabalho, farei questão de olhar para cada colega de trabalho por quem passar sorrindo, balançando as sobrancelhas e respirando devagar. Na outra metade da semana de trabalho, olharei para cada colega de trabalho por quem passar, mas mostrarei uma expressão impassível, um rosto inexpressivo, sem sorrisos, sobrancelhas arqueadas ou mudança no ritmo da respiração.*

Como eu vou saber se é verdade? *Após cada interação, avaliarei o quão positiva acredito que a interação seja de 0 a 10, levando em consideração se eles retornaram minha saudação, tentaram me envolver em uma conversa ou disseram algo elogioso. Vou anotar quais dias foram associados a interações mais positivas.*

Que problemas podem surgir e o que eu posso fazer para planejar o sucesso? *Há obstáculos potenciais. (a) Eu posso não encontrar pessoas suficientes durante a semana de trabalho para tirar conclusões. Se isso acontecer, continuarei o experimento por mais uma semana de trabalho. (b) Os colegas de trabalho podem não conversar comigo porque estão com pressa ou preocupados com algo não relacionado a mim. Se isso acontecer, vou me lembrar dessas possibilidades alternativas.*

Realizei o experimento como planejado? Preciso refazer o plano? *Experimento realizado por uma semana.*

O que realmente aconteceu? *Houve 15 interações em dias de rosto inexpressivo, e em três delas meus colegas de trabalho me cumprimentaram, dois deles com um sorriso (eu avaliei essas três com 8 ou mais). As outras interações podem ser caracterizadas por nenhum ou muito pouco envolvimento comigo e classifiquei todas essas interações abaixo de 5... Nos dias de sinalização pró-social, tive 12 interações, com nove colegas se envolvendo comigo positivamente (avaliei com 8 ou mais).*

O que o resultado do experimento significa sobre minha previsão e minha previsão alternativa? *O modo como eu sinalizo socialmente para os outros tem um impacto positivo em como eles se comportam em relação a mim, o que faz eu me sentir mais querido. Essa pode ser uma razão pela qual concluí que ninguém gosta de mim. Vou continuar isso por mais uma semana para reunir mais confiança.*

Estou deixando de perceber alguma coisa? *Pode ser que meu histórico de má sinalização social tenha impactado a forma como as pessoas me veem, e isso talvez também possa mudar para melhor ao longo do tempo.*

Como minha crença em minhas previsões mudou? Como eu classificaria cada uma delas (1- 100%)? *Ninguém gosta de mim = 60; minha sinalização social afeta como os outros se relacionam comigo = 75.*

O que eu aprendi? *Aprendi que os sinais sociais que envio a outras pessoas afetam a forma como elas respondem a mim.*

Como posso aproveitar esse novo aprendizado na próxima semana? *Quero continuar praticando minhas habilidades e acompanhando as respostas para coletar mais dados e praticar mais.*

FIGURA 10.5 Exemplo de formulário de experimento comportamental.

Neste capítulo, modificamos nosso método de pesquisa baseado na prática (ver Codd, 2018) e o sintetizamos com os modelos de experimentos comportamentais existentes (Bennett-Levy et al., 2004; Ehlers & Wild, 2015; Leahy, 2017) a fim de criar uma estrutura para experimentos comportamentais que aprimora a colaboração e o empirismo com ênfase na utilidade clínica.

- Passo 1: identifique uma previsão que está atrapalhando seu caminho
- Passo 2: identifique previsões alternativas
- Passo 3: defina a pergunta do experimento comportamental
- Passo 4: projete o experimento
- Passo 5: liste obstáculos à execução bem-sucedida do experimento ou qualquer coisa que possa dar errado (anote estratégias para superar os obstáculos)
- Passo 6: faça o experimento
- Passo 7: analise os resultados do experimento
- Passo 8: tome nota do que pode ser concluído a partir do experimento
- Passo 9: reavalie o grau de crença em crenças-alvo e alternativas
- Passo 10: defina um plano de ação com base nas conclusões do estudo

Esse modelo de experimento comportamental será elaborado e demonstrado a seguir.

Passo 1: identifique uma previsão que está atrapalhando seu caminho

Como ocorre quando utilizamos outras estratégias socráticas, queremos ser estratégicos quanto ao que visamos com experimentos comportamentais. Tenha em mente que o objetivo dos experimentos comportamentais é mudar os pensamentos por meio da mudança dos comportamentos. Então, queremos testar as previsões que facilitam os novos comportamentos que queremos encorajar ou as previsões negativas que impedem um comportamento mais habilidoso. As perguntas que ensinamos nossos clientes a fazerem a si mesmos são as seguintes: "Qual é o medo ou a previsão negativa que tenho que me impede de ter a vida que eu quero ter?"; "O que especificamente esse medo me faz prever que vai acontecer?"; "Quão intensamente eu acredito que isso vai acontecer (1-100%)?".

Veja o exemplo de experimento comportamental anterior. Existem algumas considerações-chave específicas para cada etapa do processo. Com relação ao primeiro passo, identificar as cognições a serem testadas, é importante especificar a cognição de forma falsificável (você não pode provar uma negativa). Isso pode ser feito frequentemente perguntando-se quais previsões podem ser derivadas da crença declarada. Pode haver uma ou várias implicações para qualquer crença particular. No exemplo fornecido no formulário de experimento comportamental preenchido, a crença "Ninguém gosta de mim" é difícil de testar. No entanto, uma previsão derivada dessa ideia é que ninguém retornará simples cumprimentos agradáveis nem envolverá o cliente em bate-papos ou conversas mais profundas. É muito menos desafiador organizar um experimento testando a noção "Minha sinalização social pode determinar se alguém retornará minha saudação".

Passo 2: identifique previsões alternativas

As perguntas que ensinamos nossos clientes a fazerem a si mesmos são as seguintes: "Existe uma previsão alternativa plausível do que poderia acontecer?"; "Quão intensamente eu acredito que isso vai acontecer (1-100%)?".

O segundo componente, no qual uma possível visão alternativa é especificada, envolve pelo menos duas considerações. Primeiro, é importante identificar o que o cliente precisa aprender para resolver seu problema. A resposta a essa pergunta aponta para o tipo de crença que seria útil formular e testar por meio do experimento. No exemplo fornecido anteriormente, determinamos que uma das coisas que a cliente precisa aprender é que ela tem algum controle sobre como as pessoas se relacionam com ela e que, portanto, sua "simpatia" não é uma qualidade fixa que leva a interações perturbadoras. Em segundo lugar, dados os efeitos tendenciosos das crenças centrais do cliente, é útil identificar aspectos da situação do experimento comportamental que possam ser desafiadores durante sua execução. Especificar uma crença alternativa ajuda a direcionar a atenção do cliente para características da situação às quais ele poderia não ter prestado atenção, interferindo, portanto, na aprendizagem significativa.

Passo 3: defina a pergunta do experimento comportamental

As perguntas que ensinamos nossos clientes a fazerem a si mesmos são as seguintes: "Especificamente, o que eu estou testando?"; "Isso pode ser comprovado?".

Esse é funcionalmente um momento para verificar e se certificar de que todos estão na mesma página e para conversar sobre a viabilidade de testar a ideia. Nos casos em que todos estão na mesma página, esse passo pode parecer redundante, mas é à prova de falhas e um momento para concretizar a previsão de resultados, para que você possa planejar o sucesso.

Passo 4: projete o experimento

As perguntas que ensinamos nossos clientes a fazerem a si mesmos são as seguintes: "Qual é o plano?"; "Qual é a minha previsão e com quem, onde, quando e como eu a testarei?"; "Como eu vou saber se é verdade?".

Projetar um experimento é o próximo componente. Além de garantir que o exercício tenha o potencial de produzir novos aprendizados em relação à(s) cognição(ões) testada(s), é muito importante descrever o experimento em detalhes específicos. Por exemplo, quanto tempo durará o experimento? Como os resultados serão medidos? O que o cliente vai dizer/fazer precisamente? Quantas vezes ele implementará o procedimento durante o experimento?

Também queremos definir claramente o que estamos testando; caso contrário, as pessoas vão distorcer o que acontece para atender às suas expectativas. Por exemplo, um cliente com ansiedade pode completar uma tarefa difícil e concluir erroneamente que foi um fracasso porque ficou ansioso durante a realização. Por isso é importante definir claramente os critérios de sucesso. Nesse exemplo de ansiedade, podemos discutir com clareza que ele provavelmente ficará ansioso porque estará fazendo algo que tem medo de fazer, mas estamos testando se ele pode se sentir ansioso e fazê-lo de qualquer maneira. Notadamente, é provável que precisemos revisar isso de novo durante a avaliação.

Passo 5: liste obstáculos à execução bem-sucedida do experimento ou qualquer coisa que possa dar errado (anote estratégias para superar os obstáculos)

A pergunta que ensinamos nossos clientes a fazerem a si mesmos é "Quais problemas podem surgir e o que eu posso fazer para planejar o sucesso?".

Em seguida, há um componente importante e frequentemente esquecido: antecipar obstáculos e problemas que possam surgir. Esse é um passo crucial, porque normalmente a primeira vez que você faz algo não é tão simples quanto você esperava. O terapeuta deve se perguntar se o cliente tem o repertório necessário para conduzir o experimento de forma legítima. No caso do exemplo apresentado antes, o cliente estava usando uma habilidade básica da terapia comportamental dialética radicalmente aberta (Lynch, 2018), chamada de Grande 3+1. Primeiro, o cliente teve que ser treinado nessa habilidade até que pudesse utilizá-la de maneira competente. Pode-se imaginar um cliente levantando as sobrancelhas e sorrindo de uma forma que seria mais aversiva para as pessoas do que acolhedora. Se ele não tiver o conjunto necessário de habilidades, o terapeuta deve criar um experimento diferente ou treinar a habilidade antes de executar o experimento. Além disso, é importante identificar o que pode dar errado ou quais problemas podem surgir, na medida em que podem ser antecipados. Por exemplo, se houver um experimento do tipo exposição fora da sessão, outras pessoas podem notar o comportamento do cliente. Isso é provável? Se sim, haverá algum problema? Se um terapeuta estiver acompanhando o cliente fora do consultório, alguém pode se aproximar deles para perguntar o que estão fazendo? O que você, como terapeuta, diria que não violaria a confidencialidade do cliente?

Estamos solucionando problemas relacionados à implementação do experimento real e também podemos direcionar a conformidade com o tratamento aqui. Existem barreiras que podem surgir e impedir que o cliente conclua o experimento? Ele é propenso a esquecer? Já programamos quando ele vai fazer isso? Precisamos fazer lembretes? Precisamos fazer cartões de enfrentamento sobre por que vale a pena? Planejamos um momento ideal para fazer o experimento?

Passo 6: faça o experimento

As perguntas que ensinamos nossos clientes a fazerem a si mesmos são as seguintes: "Realizei o experimento como planejado?"; "Preciso refazer o plano?".

Esse passo é simples. Queremos que o cliente investigue se fez o experimento conforme planejado. Há também uma questão sobre se o plano precisa ser reformulado. Isso ocorre porque às vezes surgem barreiras imprevistas. Queremos manter o foco na necessidade de reformular o plano, e não proporcionar uma experiência de falha para o cliente. Todos os dados são valiosos. Se descobrirmos uma nova barreira imprevista, talvez precisemos repensar o experimento juntos na sessão.

Passo 7: analise os resultados do experimento

A pergunta que ensinamos nossos clientes a fazerem a si mesmos é "O que realmente aconteceu?".

Após a realização do experimento, é importante que o cliente registre todos os dados relevantes. Você obterá os dados mais precisos se ele rastrear o que acontece no mesmo dia, em vez de preencher o formulário na sala de espera do seu consultório. O mais importante nessa etapa é que o cliente liste apenas os fatos, e não sua interpretação desses fatos. A interpretação ocorre na próxima etapa. Observe no exemplo de experimento comportamental apresentado anteriormente neste capítulo que listar dados objetivamente e interpretar esses dados são duas etapas distintas.

Passo 8: tome nota do que pode ser concluído a partir do experimento

As perguntas que ensinamos nossos clientes a fazerem a si mesmos são as seguintes: "O que o resultado do experimento significa sobre minha previsão e minha previsão alternativa?"; "Estou deixando de perceber alguma coisa?".

O objetivo dessa etapa é tirar uma conclusão clara do experimento. No início do tratamento, isso é algo que você moldará junto com o cliente. Lembre-se de que suas conclusões serão filtradas por suas expectativas e, portanto, essa é uma chance de você ajudar o cliente a desembaraçar suas percepções e a traçar uma visão mais construtiva. A questão sobre se ele está deixando de perceber alguma coisa é uma oportunidade para abordar quaisquer eventos negativos que aconteceram no experimento. Pode não ter sido identificado um contexto importante, capaz de mitigar os resultados negativos.

Passo 9: reavalie o grau de crença em crenças-alvo e alternativas

As perguntas que ensinamos nossos clientes a fazerem a si mesmos são as seguintes: "Como minha crença em minhas previsões mudou?"; "Como eu classificaria cada uma delas (1-100%)?".

Um componente importante do experimento comportamental é avaliar e observar o impacto do experimento reclassificando os graus de crença nas duas ideias testadas (i.e., a cognição-alvo e a alternativa).

Passo 10: defina um plano de ação com base nas conclusões do estudo

As perguntas que ensinamos nossos clientes a fazerem a si mesmos são as seguintes: "O que eu aprendi?"; "Como posso aproveitar esse novo aprendizado na próxima semana?".

Um princípio orientador da nossa abordagem é um entrelaçamento de estratégias cognitivas e comportamentais orientadas à mudança. Aqui vemos como, após um experimento comportamental, estratégias cognitivas são usadas para tirar uma nova conclusão. Em seguida, queremos desenvolver essa conclusão fazendo planos para realizar algo comportamentalmente baseado nela. Isso continuará a fomentar novas experiências, que fornecerão uma base mais ampla de experiências para nossas estratégias cognitivas.

RESUMO DO CAPÍTULO

Registros de pensamento e experimentos comportamentais são duas intervenções centrais de reestruturação cognitiva. Para otimizar a implementação efetiva desses procedimentos, eles devem ser acompanhados por estratégias socráticas sólidas. Além disso, os meios cognitivos e comportamentais de provocar mudanças podem ser intercalados para aumentar os efeitos clínicos. Tudo isso pode funcionar em conjunto para criar impulso e mudar a vida de nossos clientes.

REFERÊNCIAS

Beck, A. T. (1979). *Cognitive therapy and the emotional disorders.* New York: Meridian. Beck, A. T., Rush, A. J., Shaw, B. F., & Emery, G. (1979). *Cognitive therapy of depression.* New York: Guilford Press.

Beck, J. S. (2011). *Cognitive behavior therapy: Basics and beyond* (2nd ed.). New York: Guilford Press.

Bennett-Levy, J. (2003). Mechanisms of change in cognitive therapy: The case of automatic thought records and behavioural experiments. *Behavioural and Cognitive Psychotherapy, 31*(3), 261–277. doi:10.1017/s1352465803003035

Bennett-Levy, J. E., Butler, G. E., Fennell, M. E., Hackman, A. E., Mueller, M. E., & Westbrook, D. E. (2004). *Oxford guide to behavioural experiments in cognitive therapy.* New York: Oxford University Press.

Burns, D. D. (1989). *The feeling good handbook.* New York: William Morrow. Clark, D. M. (1989). Anxiety states: panic and general anxiety. In K. Hawton, P. M. Salkovskis, J. Kirk, & D. M. Clark (Eds.), *Cognitive behaviour therapy for psychiatric problems* (pp. 52–96). Oxford: Oxford Medical Publications.

Codd III, R. T. (Ed.). (2018). *Practice-based research: A guide for clinicians.* New York: Routledge.

Crawford, S., & Stucki, L. (1990). Peer review and the changing research record. *Journal of the American Society for Information Science, 41*, 223–228.

Ehlers, A., & Wild, J. (2015). Cognitive therapy for PTSD: Updating memories and meanings of trauma. In U. Schnyder and M. Cloitre (Eds.), *Evidence based treatments for trauma-related psychological disorders* (pp. 161–187). Cham, Switzerland: Springer.

Greenberger, D., & Padesky, C. A. (2015). *Mind over mood: Change how you feel by changing the way you think.* Guilford Press.

Kazantzis, N., Beck, J. S., Clark, D. A., Dobson, K. S., Hofmann, S. G., Leahy, R. L., & Wong, C. W. (2018). Socratic dialogue and guided discovery in cognitive behavioral therapy: A modified Delphi panel. *International Journal of Cognitive Therapy, 11*(2), 140–157.

Kazantzis, N., Fairburn, C. G., Padesky, C. A., Reinecke, M., & Teesson, M. (2014). Unresolved issues regarding the research and practice of cognitive behavior therapy: The case of guided discovery using Socratic questioning. *Behaviour Change, 31*(01), 1–17. doi:10.1017/bec.2013.29

Layden, M. A., Newman, C. F., Freeman, A., & Morse, S. B. (1993). *Cognitive therapy of borderline personality disorder.* Needham Heights, MA: Allyn & Bacon.

Leahy, R. L. (2017). *Cognitive therapy techniques: A practitioner's guide.* New York: Guilford Press.

Lynch, T. R. (2018). *Radically open dialectical behavior therapy: Theory and practice for treating disorders of overccntrol.* Oakland, CA: Harbinger Publications.

McManus, F., Doorn, K. V., & Yiend, J. (2012). Examining the effects of thought records and behavioral experiments in instigating belief change. *Journal of Behavior Therapy and Experimental Psychiatry, 43*(1), 540–547. doi:10.1016/ j.jbtep.2011.07.003

Padesky, C. A. (1983). *Seven column thought record.* Huntington Beach, CA: Center for Cognitive Therapy.

Waltman, S. H. (2020). Targeting trauma-related beliefs in PTSD with behavioral experiments: Illustrative case study. *Journal of Rational-Emotive and Cognitive- Behavior Therapy*, 38, 209–224. https://doi.org/10.1007/s10942-020-00338-3

Waltman, S. H., Frankel, S. A., Hall, B. C., Williston, M. A., Jager-Hyman, S. (2019). Review and analysis of thought records: Creating a coding system. *Current Psychiatry Research and Reviews, 15*, 11–19.

Wells, A. (1997). *Cognitive therapy of anxiety disorders.* Chichester, UK: Wiley.

11

Trabalhando com crenças centrais e esquemas

Scott H. Waltman

❖ O QUE VOCÊ VERÁ NESTE CAPÍTULO

Panorama	195
Revisão das crenças centrais e do esquema	195
Ativação modal	195
Quando mirar as crenças centrais e o esquema	196
Trajetórias típicas de mudança	196
Estratégias durante e entre sessões	197
Exemplo de caso: Aiden	198
Definindo colaborativamente a meta cognitiva	198
Estratégias durante a sessão	199
Estratégias socráticas tradicionais	199
Desenhando um *continuum*	199
Imageamento mental	200
Criando um ciclo menos vicioso	200
Tolerância ao sofrimento	201
Prós e contras	201
Exercício das duas cadeiras	202
Cartas	202
Reescrita de cenários	203
Estratégias entre sessões	203
Registro de evidências	203
Crença central A/crença central B	204
Reforçando o uso de habilidades	204
Fazendo mudanças no ambiente	204
Promovendo o modo mais adaptativo	205
Objetivos, metas, valores e visões	205
Resumo do capítulo	205

PANORAMA

Algumas cognições são mais difíceis de mudar do que outras. Aaron Beck (1979) explicou que as crenças centrais são crenças absolutistas e rígidas. Clinicamente, quando encontrar uma crença central, você descobrirá que ela está bem arraigada, e seu cliente irá tratá-la de forma intermitente como algo completamente verdadeiro ou que "parece" completamente verdadeiro. Trabalhar com crenças centrais é complicado pela falta de treinamento específico para lidar com elas (James & Barton, 2004). Isso pode ser exacerbado pelo fato de que os terapeutas em treinamento geralmente recebem um treinamento clínico supervisionado focado no início do curso de uma terapia, com algum treinamento nas fases intermediárias do tratamento e pouco treinamento nas fases finais do tratamento (Waltman, Rex, & Williams, 2011; Waltman, Williams, & Christiansen, 2013). O trabalho com a crença central é desafiador, mas recompensador. Você tirará o máximo proveito deste capítulo se primeiro ler e colocar em prática os capítulos anteriores; isso é semelhante ao modo como normalmente lidamos com o trabalho de crença central: não começamos por ele, mas construímos nosso caminho até ele (para que possamos utilizar as habilidades que ensinamos anteriormente ao cliente).

REVISÃO DAS CRENÇAS CENTRAIS E DO ESQUEMA

Uma revisão mais completa do modelo cognitivo-comportamental pode ser encontrada nos primeiros capítulos deste livro. Uma revisão dos pontos-chave é apresentada a seguir (ver Beck, 1979; Beck & Haigh, 2014; Padesky, 1994; Padesky & Mooney, 2012; Young, 1999; Waltman & Sokol, 2017):

- As crenças centrais são os níveis mais profundos de crenças.
- O termo "esquema" é usado para significar uma crença, uma estrutura de crença ou um modo de pensar. Esse termo pode ser usado para se referir a uma crença central, uma crença intermediária, uma suposição, uma atitude e assim por diante.
- Essas crenças afetam como pensamos, como nos sentimos e o que fazemos.
- As pessoas têm crenças centrais positivas e negativas.
- Uma crença central pode ficar inativa até ser desencadeada ou ativada por um estressor situacional ou ambiental.
- Uma crença central mais adaptativa pode já existir, mas estar adormecida na situação e nas contingências atuais.
- Quando uma crença central é ativada, pode resultar em uma ativação modal geral, que será elaborada a seguir.

Ativação modal

Uma das principais atualizações do modelo cognitivo geral (ver Beck & Haigh, 2014) é a inclusão dos modos. Esse conceito nasceu do desenvolvimento da TCC para transtornos da personalidade e da terapia do esquema (TE). Um modo representa uma constelação de ativação de uma crença, um sentimento, uma resposta comportamental e um estilo de atenção (Waltman & Sokol, 2017). Vários modos específicos de diagnósticos foram definidos por pesquisadores como Young (1999), que desenvolveu a TE.

Alternativamente, você pode procurar identificar a resposta modal idiossincrática (individual) oferecida pelo cliente quando sua crença central é ativada. As vantagens dessa abordagem baseiam-se na psicologia da *gestalt*, que entende que, nesse caso, o todo é maior do que a soma das partes; ou seja, os diferentes componentes modais trabalham juntos para reforçar os outros elementos. Por exemplo, o comportamento modal típico pode ser consistente com esquemas, evitativo de esquemas ou supercompensatório (Young, 1999); cada uma dessas respostas pode levar à manutenção da crença que está conduzindo o esquema. Portanto, para endereçar adequadamente uma crença central, você pode precisar endereçar toda a resposta modal ou criar um plano de tratamento individualizado que tenha como alvo cada componente do modo.

Quando mirar as crenças centrais e o esquema

Normalmente, um terapeuta se concentrará primeiro na criação de condições que tornarão mais fácil atingir com sucesso as crenças centrais e o esquema. Isso inclui o seguinte:

- Construir com sucesso uma relação de confiança.
- Criar um entendimento compartilhado de sua conceitualização.
- Ensinar ao cliente habilidades para ajudá-lo a tolerar a angústia de trabalhar em questões centrais.
- Ensinar ao cliente habilidades de reestruturação cognitiva.
- Usar colaborativamente essas habilidades para promover alguma mudança em sua vida ou uma redução de seu sofrimento.
- Cultivar novos padrões de comportamento com base em novas crenças.

Nem todo cliente quer ou precisa trabalhar em suas crenças ou em seus esquemas centrais. Muitos clientes ficam bastante satisfeitos com as etapas anteriores e, nesses casos, você pode avançar para a conclusão. É importante notar que o trabalho com crenças centrais é muitas vezes emocionalmente mais profundo e costuma envolver situações que historicamente foram evitadas e que podem implicar um curso de tratamento relativamente mais longo.

Trajetórias típicas de mudança

Normalmente, o trabalho com uma crença central representa um ponto liminar (ou o limiar entre dois estados). Quando alguém está trabalhando em direção a um objetivo, há um ponto em que seu foco muda dos ganhos que obteve para os ganhos que ainda precisa obter (Bonezzi, Brendl, & Angelis, 2011). Esse ponto é um risco para o desânimo, pois às vezes a jornada à frente parece mais longa do que o trajeto que o cliente se sente capaz de percorrer (Bonezzi et al., 2011). Nos estágios iniciais do trabalho com a crença central, o cliente pode

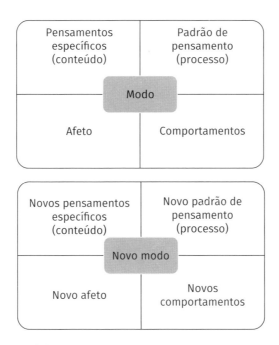

FIGURA 11.1 Mudança modal.

agir de novas maneiras, sabendo intelectualmente que a crença central-alvo provavelmente não é tão verdadeira como a tem tratado e, ainda assim, muitas vezes sendo cauteloso.

Normalmente, os padrões de comportamento e de pensamento precisam ser alterados antes que os sentimentos os alcancem. Seu cliente pode expressar algum desânimo porque as coisas que você está pedindo que ele faça são emocionalmente difíceis. Esse processo envolve pedir ao cliente que assuma riscos emocionais, o que pode resultar em medo e exaltação. O medo é, muitas vezes, mais saliente, e queremos ajudar o cliente a aprender a reconhecer e a manter ambas as experiências emocionais. Nesse processo, seu cliente pode dizer algo como: "De certa forma é aterrorizante, mas estou me sentindo muito melhor". Ao considerar esse trabalho emocionalmente difícil, pode ser útil lembrar que a única saída é através dele. Como Robert Frost (1915) escreveu: "A melhor saída é sempre através. E eu concordo com isso, ou na medida em que não vejo saída a não ser através". Pode ser útil dizer a seu cliente que, se houvesse uma maneira mais fácil, você já teria tentado colocá-la em prática com ele.

ESTRATÉGIAS DURANTE E ENTRE SESSÕES

Para provocar mudanças em uma crença bem arraigada, existem estratégias que você pode usar em uma única sessão com seu cliente (i.e., estratégias durante a sessão). Há também intervenções ou estratégias que usamos entre as sessões para provocar mudanças (estratégias entre as sessões). Essas estratégias serão discutidas a seguir. Um exemplo de caso será utilizado conforme necessário para ajudar a ilustrar o processo.

Exemplo de caso: Aiden

Aiden (pseudônimo) era um vendedor de 30 e poucos anos. Ele era charmoso e bonito, mas muitas vezes se sentia vazio e indesejado. Ele inicialmente entrou em terapia após uma crise suicida em que interpretou que sua então noiva desejava desistir de se casar com ele depois que ela expressou algumas insatisfações com os planos de casamento. Sua condição se estabilizou após algum treinamento de habilidades cognitivo-comportamentais, embora suas crenças centrais permanecessem uma parte pronunciada de sua apresentação clínica. Ele tinha mais gatilhos em situações nas quais se "sentia" desmoralizado. Nessas situações, ele perceberia rapidamente a rejeição e sentiria o pânico resultante, fazendo esforços frenéticos para manter sua imagem. Embora ele tivesse uma crença central subjacente de ser inútil, seu problema poderia ser entendido mais claramente por meio da ativação modal associada a essa crença. Ele se comportava impulsivamente, fazendo promessas grandes demais para cumprir ou incomodando sua parceira com comportamentos elaborados e intensos de busca de segurança. Ele se tornava obsessivo com o que os outros deveriam estar pensando sobre ele. Sentia intensa ansiedade e pânico. Tudo isso junto gerou mudanças abruptas em sua vida e em seu funcionamento.

Definindo colaborativamente a meta cognitiva

A primeira coisa que você precisa fazer é designar, de forma colaborativa, uma crença central como um alvo no qual você trabalhará em várias sessões. Os capítulos anteriores indicaram como quebrar uma situação, identificar o pensamento quente e, em seguida, usar a estratégia da seta descendente para encontrar o seu significado emocional. Avaliar o tema a partir do significado emocional dos pensamentos quentes lhe dará uma boa ideia sobre o que pode ser uma crença central em potencial.

Você também pode usar uma análise temática para identificar potenciais crenças centrais. Aqui, você pergunta ao seu cliente quais tipos de situações tendem a ser difíceis para ele. Em seguida, você discute o que acontece com ele nessas situações: como ele pensa? Como ele se sente? O que ele faz (mentalmente e comportamentalmente)? Se você puder mapear o modo, poderá torná-lo um alvo de tratamento.

Normalmente, você deverá começar com o elemento mais proeminente, pois será o mais fácil de identificar. Por exemplo, com Aiden, o elemento mais proeminente era a sensação de pânico que ele teria. Aqui, o terapeuta poderia dizer: "Vamos buscar o ponto em que esses sentimentos surgem para você". A partir daí, você pode falar sobre essas situações. Você pode perguntar diretamente sobre o significado emocional dos pensamentos do cliente fazendo a ele as seguintes questões: "Nessas situações, o que parece estar acontecendo?", ou "O que você teme que esteja acontecendo?", ou "O que é tão perturbador para você nessa situação?". Você pode precisar usar a estratégia de seta descendente: "Se isso estivesse acontecendo, por que seria tão ruim para você?" ou "Se isso fosse verdade, emocionalmente o que isso significaria para você?". Isso nos dará uma boa ideia de uma crença central ou de algo próximo a ela.

A partir daí, você precisa extrair as emoções e os comportamentos resultantes. Você pode então montar sua resposta modal. Por fim, você precisa criar um rótulo compartilhado não patologizante para mirar e falar sobre o modo de uma maneira que não envergonhe o cliente: "Então, como devemos chamar esse modo em que você entra às vezes?". No caso de Aiden: "Como devemos chamar esse modo em que você se sente em pânico, pensa ser desvalorizado, age impulsiva e freneticamente e se fixa no que as outras pessoas estão pensando sobre você?". Depois de criarmos um rótulo para esse modo, podemos discutir como fazer dele um alvo geral para a terapia.

ESTRATÉGIAS DURANTE A SESSÃO

Estratégias socráticas tradicionais

Nossa estrutura de quatro etapas para o diálogo socrático beckiano (i.e., foco em cognições-chave, compreensão fenomenológica, curiosidade colaborativa e resumo e síntese) pode ser usada para avaliar diretamente a crença central. É improvável que um único encontro seja suficiente para reestruturar por completo uma crença fortemente sustentada e emocionalmente carregada que foi mantida por anos (se não décadas). Inicialmente, o terapeuta tentará avaliar a crença geral. O objetivo desse encontro é promover a ambivalência de que a crença central não é 100% verdadeira e identificar os diferentes elementos que levam a pessoa a acreditar no contrário. Posteriormente, o terapeuta terá como alvo os elementos menores de evidência. Ele se concentrará na avaliação das evidências e experiências que o cliente sustenta subjetivamente como a evidência mais forte de sua crença. O terapeuta também rastreará situações atuais em que a ativação modal está ocorrendo, para ajudar a facilitar novas experiências e percepções discrepantes.

Desenhando um *continuum*

A técnica do *continuum* (ver James & Barton, 2004) é uma estratégia para reduzir a rigidez e o extremismo das crenças centrais. Normalmente vemos muito pensamento de tudo ou nada associado a crenças centrais, o que é, em parte, a razão pela qual a resposta emocional é tão forte. Isso também faz parte do que reforça a crença; quase nada é puramente bom e, então, algo que é parcialmente ruim é interpretado como totalmente ruim, reforçando a crença central negativa.

No caso de Aiden, sua crença absolutista de ser inútil o levou a se envolver em esforços insustentáveis para provar seu valor. O exagero acabaria falhando, e ele interpretaria isso como prova de que realmente não tem valor. Extrair um *continuum* de valor, em vez de considerar que as pessoas ou valem a pena, ou não têm valor, ajudou Aiden a ver que, mesmo que algumas pessoas, de fato, não percebessem seu valor, isso não significava que ele não tinha valor nenhum. Essas estratégias beckianas foram complementadas com estratégias de Trec, que são adequadas para avaliar o extremismo do pensamento. A noção de valor humano inerente de Ellis (Ellis & Harper, 1961) também ajudou a suavizar a falsa dicotomia entre inútil e valioso.

Imageamento mental

Nem todos os clientes respondem bem ao trabalho com imagens mentais. Pode ser útil discutir por que usamos esse recurso de uma perspectiva cognitivo-comportamental. As estratégias de imageamento são poderosas porque podem induzir uma mudança no afeto. Queremos usá-las para combater o processo de ativação modal. Criar uma visão ou uma imagem que seja consistente com seus objetivos ou com a crença alternativa que você está construindo pode ajudar o cliente a mudar sua ativação modal, facilitando que ele se comporte de maneira eficaz e criando experiências mais discrepantes.

No caso de Aiden, queríamos identificar algumas imagens que contrabalançassem seu sentimento frenético. À medida que nos aprofundávamos na compreensão desse sentimento, extraíamos a noção de que ele poderia desaparecer e, assim, escolhemos uma imagem de permanência. O cliente respondeu bem à imagem da constância de uma montanha. Ele aprendeu a meditação da montanha a partir de um protocolo de tratamento baseado em atenção plena (ver Bowen, Chawla, & Marlatt, 2011) e recebeu uma gravação de áudio para praticar o imageamento mental. Ele respondeu bem a essas imagens e adotou uma estratégia autoinstrucional (ver Meichenbaum & Goodman, 1971), pela qual ele poderia se lembrar de ser como a montanha sempre que sentisse seu modo de pânico sendo ativado, o que foi bastante eficaz em modular seu comportamento resultante.

Criando um ciclo menos vicioso

Em um capítulo anterior, revisamos como uma crença pode influenciar o que você espera, o que faz e como percebe o resultado de seu comportamento. Tudo isso pode criar um ciclo vicioso no qual uma crença se autoperpetua. Queremos ajudar nossos clientes a criar um novo jeito de ser para reforçar a nova crença que estamos cultivando. Queremos tanto multiplicar os comportamentos compatíveis com a nova crença que estamos construindo quanto reduzir os comportamentos incompatíveis. Se estiver cultivando um novo modo, você desejará definir os comportamentos que serão consistentes com a nova resposta modal. Você vai querer discutir comportamentos para praticar. Quando há falhas na implementação de novos comportamentos competentes, essa pode ser uma ótima oportunidade para usar estratégias cognitivas a fim de identificar e avaliar as cognições inibitórias que impediram o comportamento. Toda aprendizagem é valiosa.

Além disso, você vai querer ensinar seus clientes a reconhecer quando a resposta modal antiga está sendo acionada, para que possam se engajar no novo comportamento a fim de promover a nova resposta modal. No caso de Aiden, isso envolveu o desenvolvimento de uma resposta comportamental mais equilibrada do que seus comportamentos exagerados ou frenéticos de busca por segurança. Isso envolveu o desenvolvimento de um conjunto de habilidades que não reforçava o paradigma segundo o qual seu valor dependia de como ele sentia que outras pessoas o tratavam. Extraímos os comportamentos de alguém cujo valor não dependia de outras pessoas gostarem dele e usamos estratégias comportamentais para multiplicar esses comportamentos. À medida que ele aprendeu a ser mais comedido e a se concentrar mais nos comportamentos que estava exercitando para si mesmo, seu humor melhorou e seus relacionamentos também.

Tolerância ao sofrimento

Frequentemente, comportamentos e pensamentos precisam mudar antes que os sentimentos os alcancem. O trabalho com a crença central envolve confrontar medos, assumir riscos, tolerar desconforto e inibir comportamentos de segurança. Tudo isso pode ser um trabalho difícil que pode ser auxiliado pelo uso de várias habilidades. O objetivo é encontrar habilidades que facilitem o comportamento competente. Em todo o amplo guarda-chuva da TCC, há uma série de habilidades úteis a serem utilizadas. A ideia é usar quaisquer habilidades que você seja bom em ensinar e que funcionem bem para seus clientes. Nosso capítulo sobre como começar abordou os fundamentos do treinamento de habilidades.

Prós e contras

Uma estratégia clássica para trabalhar com crenças centrais é pesar os prós e os contras da crença (Leahy, 2017). Essa estratégia pode ser realizada de algumas maneiras. Você pode avaliar diretamente as vantagens e as desvantagens da crença central. Você também pode avaliar a crença na crença (desfusão) ou a ação de acordo com a crença (comportamento dependente do esquema). Além disso, você pode estender o exercício para pesar os prós e os contras da nova crença alternativa, acreditando na nova crença alternativa e nos comportamentos que se alinhariam com ela.

Foque a crença fortemente mantida que estamos avaliando:

Como isso me ajuda?	Como isso me machuca?
Existem benefícios adicionais que advêm de acreditar nessa crença?	Existem custos adicionais decorrentes de acreditar nessa crença?
Existem benefícios adicionais que advêm de se comportar como se essa crença fosse verdadeira?	Existem custos adicionais decorrentes de se comportar como se essa crença fosse verdadeira?

Considere classificar os itens por importância (1 a 10, sendo 10 a importância máxima) ou por duração (curto e longo prazos).

Quais são as tendências de curto e longo prazos para o efeito que essa crença tem em minha vida?

Essa crença me ajuda a avançar em direção aos meus objetivos e às minhas ambições?

Acreditar nessa crença faz com que eu me comporte de uma maneira que acaba apoiando a crença? (Profecia autorrealizada.)

Qual é a lição desse exercício? O que eu quero fazer com relação a isso?

Considere fazer um segundo formulário com a nova crença equilibrada que você está tentando construir.

FIGURA 11.2 Prós e contras das crenças centrais.

Exercício das duas cadeiras

O exercício das duas cadeiras, também chamado de técnica da cadeira vazia, é uma estratégia clássica para terapia focada nas emoções ou terapia do esquema. Também é comumente usada em outras abordagens terapêuticas, como a terapia da *gestalt*. Como existem várias orientações teóricas diferentes que utilizam o exercício das duas cadeiras, há uma diversidade de pensamento sobre como ele funciona. Em termos gerais, ao focar as crenças centrais, as várias explicações podem desmoronar sob o conceito de uma experiência emocional corretiva (Yalom, 1995). Isso quer dizer que as modificações no esquema inicial estão sendo feitas por meio de métodos experienciais que são bem adequados para aumentar a ativação e o engajamento emocional (ver Padesky, 1994).

Existem várias maneiras de fazer o exercício da cadeira. Quando um terapeuta está visando à mudança nas crenças ou nos esquemas centrais, ele normalmente trabalha com um cliente que tem mais consciência e uma perspectiva mais equilibrada (i.e., *insight*) de sua adversidade inicial do que seu eu mais jovem. O exercício da cadeira em geral envolve uma conversa entre a versão atual e a versão mais jovem de si mesmo, em que a versão atual explica para o eu mais jovem o contexto ou os elementos que teriam melhorado a situação na época (p. ex., contexto sobre por que algo que foi internalizado como sua culpa no início não era realmente sua responsabilidade).

A questão-chave a ser abordada é "O que você acha que precisava naquele momento, mas não conseguiu?". O exercício da cadeira pode ser direcionado ao processamento emocional dessa necessidade não atendida e, em seguida, à satisfação dessa necessidade no presente. Essa é a experiência emocional corretiva. Às vezes, isso pode se expandir para um exercício com três cadeiras, em que o eu mais velho treina o eu mais jovem para ser mais eficaz, competente ou assertivo em uma interação difícil, também criando uma experiência emocional corretiva. Ver Pugh (2018) para um guia mais abrangente para o exercício cognitivo-comportamental com a cadeira.

Cartas

As cartas podem ser uma alternativa ao exercício da cadeira. Seu uso geralmente é menos intenso emocionalmente do que o exercício da cadeira (possivelmente tornando-o menos impactante). As pessoas podem escrever cartas para seu eu mais jovem, para pessoas que já faleceram ou até mesmo para o seu eu futuro. Isso também pode ser usado como uma maneira de coletar os pensamentos de alguém antes que ele se envolva no exercício da cadeira. No caso de Aiden, essa estratégia foi usada para ajudá-lo a transmitir a uma versão muito mais jovem de si mesmo ideias relacionadas a uma masculinidade mais saudável, sua imagem de ser a montanha e um pouco do amor incondicional que ele não experimentou naquela idade. Tenha em mente o objetivo de uma experiência emocional corretiva. Queremos evocar a emoção associada ao esquema mal-adaptativo inicial, ativar esse esquema inicial e, em seguida, ativar e induzir experiências, informações e emoções corretivas, a fim de provocar mudanças cognitivas e emocionais. Portanto, isso não pode ser feito como uma tarefa puramente racional; ativação emocional e engajamento são as razões pelas quais esse recurso funciona no nível profundo em que se aplica.

Reescrita de cenários

As estratégias de reescrita são um tanto controversas, pois os terapeutas podem vê-las como contrárias à aceitação da realidade; no entanto, há boas evidências de que funcionam (Reimer & Moscovitch, 2015). É útil para um terapeuta saber quais são suas opções. Estratégias de reescrita são frequentemente usadas para mirar memórias dolorosas ou perturbadoras de momentos formativos. É importante fazer uma distinção entre trauma e adversidade. Há uma série de eventos que as pessoas descrevem como "traumáticos", mas que na verdade não são traumas. Esses são bons alvos para estratégias de reescrita. Quando as memórias são de traumas reais, você pode primeiro considerar o uso de uma dose de terapia focada no trauma.

A reescrita de cenários (ver Holmes, Arntz, & Smucker, 2007) pode incluir a tentativa de alterar uma memória anterior para suavizá-la ou criar imagens completamente novas. O modelo da terapia de ensaio de imagens (IRT, do inglês *imagery rehearsal therapy*; Krakow & Zadra, 2006; Waltman, Shearer, & Moore, 2018) pode ser um método útil para a reescrita. Primeiro, você pede ao cliente que escreva uma narrativa do que aconteceu. Então você modifica essa narrativa de uma maneira que seja mutuamente aceitável. Isso pode envolver mudanças maiores, como fazer com que o cliente responda de maneira mais eficaz (i.e., mudar o que fez), fazer com que ele tenha uma interpretação ou uma resposta interna mais eficaz no momento (i.e., mudar como se sentiu) ou estender a história para um ponto posterior em que o evento negativo já acontecera, mas ele ainda estava indo bem no quadro geral (i.e., mudar o final subjetivo para enfatizar que o episódio agora acabou e não o definiu). Com o modelo da IRT, você constrói ambas as narrativas em conjunto e, então, faz com que o cliente revise a narrativa reescrita diariamente para ajudar na absorção da nova imagem.

ESTRATÉGIAS ENTRE SESSÕES

Há também estratégias mais amplas de terapia que usamos nas sessões para facilitar a modificação esquemática. A maioria dessas estratégias são elaborações ou extensões de estratégias abordadas anteriormente neste livro.

Registro de evidências

Essa estratégia visa ao viés atencional de alguém. Nós ensinamos os clientes a prestar atenção aos elementos de evidência que estão sendo ignorados. Se o seu cliente tem a tendência de ignorar os aspectos positivos, faremos com que rastreie e registre o que está faltando. Se ele tem uma tendência a catastrofizar, faremos com que ele rastreie e registre todas as vezes em que temeu que algo terrível acontecesse e o temor não se realizou.

O tipo ideal de evidência para manter um registro corrente é aquele que apoia a nova crença que você está construindo (Padesky, 1994). Normalmente, você primeiro precisará ensinar o cliente a perceber esses elementos. Muitas vezes, isso é feito primeiro com você apontando experiências discrepantes ou novas na sessão. Depois de ter feito isso algumas vezes, você pode demonstrar os tipos de evidência que o cliente normalmente perdeu ou

204 Waltman, Codd III, McFarr & Moore

não manteve. A partir daí, você pode fazer com que ele comece a rastrear esses elementos (e semelhantes) em um registro que use de maneira contínua. Você pode revisar o registro no início de suas sessões e sugerir itens a serem adicionados quando encontrar elementos que não foram percebidos durante suas sessões de terapia. Ao longo do tempo, é desenvolvida uma preponderância de evidências para apoiar a nova crença. Essa também pode ser uma ferramenta útil para o cliente revisar quando não "sentir" que a nova crença é verdadeira. Itens impactantes na lista podem ser bons candidatos para as estratégias de imageamento mental descritas anteriormente.

Crença central A/crença central B

Essa é uma estratégia semelhante à da hipótese A/hipótese B, discutida em um capítulo anterior. Ela também é semelhante à estratégia de registro de evidências. A ideia é a de que você classifique o que acontece e o que o cliente faz nas categorias de apoio à crença central anterior ou à nova crença central, e você deve fazer com que ele mantenha esse registro de maneira contínua. Essa estratégia é ideal quando há uma combinação de evidências em que a crença anterior é parcialmente apoiada, mas a nova crença é uma explicação melhor da evidência geral.

Classifique a evidência de acordo com a crença que ela apoia

Crença central A	Crença central B
Que crença estamos avaliando?	Que crença alternativa estamos considerando?
Evidência que apoia a crença central A	Evidência que apoia a crença central B
Resumo das evidências da hipótese A	Resumo das evidências da hipótese B
Resumo geral	

FIGURA 11.3 Crença central A/crença central B.

Reforçando o uso de habilidades

A estratégia de reforço seletivo é uma parte importante desse processo. A cada sessão, você deve revisar verbalmente o comportamento competente do cliente e fornecer reforço. Às vezes, o aumento da conexão com o terapeuta pode ser um dos reforços mais fortes que se pode ter. Queremos ensinar o cliente a se autorreforçar. Também queremos extrair os reforçadores naturais que acompanham o comportamento competente e ajudá-lo a ver essa conexão.

Fazendo mudanças no ambiente

No início do tratamento, procuramos influenciar o ambiente aumentando comportamentos compatíveis com a crença (ou nova ativação modal) que estamos construindo. Depois que o cliente obtève algum sucesso em mudanças menores, ele geralmente considera mudanças maiores, como abandonar relacionamentos não saudáveis, estabelecer limites interpessoais mais firmes, voltar à escola, buscar promoções, buscar novos empregos ou outras mudanças no estilo de vida. As mudanças ambientais podem ajudar a reforçar a nova crença e, como diz o ditado, "aonde quer que você vá, lá estará você" (Kabat-Zinn, 2006). Isso significa que uma mudança de circunstâncias pode não ser a solução completa que o cliente espera que seja — as pessoas tendem a superestimar o impacto que uma mudança terá no modo como se sentem (i.e., viés de impacto). Por isso, queremos reforçar a autonomia e ajudar o cliente a pensar nas grandes decisões antes de tomá-las. Queremos também dar continuidade às outras intervenções que temos feito com ele.

Promovendo o modo mais adaptativo

Nas fases posteriores do trabalho com crenças centrais ou da terapia do esquema, nos concentramos em promover um estilo de vida consistente com o novo modo que desenvolvemos. Isso inclui a nova crença, o novo padrão de pensamento, a nova resposta comportamental e o afeto correspondente. À medida que surgem estressores e gatilhos, ensinamos os clientes a abandonar o modo antigo e utilizar a nova resposta modal. Isso geralmente é alcançado por meio do uso de estratégias de imageamento mental, como focar a imagem de um *self* mais bem-sucedido que desenvolveu bem o padrão modal de resposta. As representações também podem ser focadas em novas experiências discrepantes ou em outros elementos que ajudam a induzir o estado de humor e ativar o modo que estamos construindo. À medida que seu cliente continuar a agir de acordo com esse modo, ele reforçará essa crença e esse novo jeito de ser.

Objetivos, metas, valores e visões

À medida que seus clientes aumentam seu comportamento competente e abandonam crenças e suposições anteriores, há um espaço para esclarecer os objetivos, metas, valores e visões que eles têm para o futuro. Muitas vezes, quando as pessoas começam a entrar em contato com um *self* mais autêntico e começam a viver uma vida menos guiada pelo medo, há uma oportunidade de revisitar o que elas querem tornar importante em sua vida e o que elas querem da vida. Ação comprometida e vida valorizada (Hayes, 2005) são uma ótima maneira de enriquecer suas vidas e fortalecer o novo sistema de crenças que vocês construíram colaborativamente.

RESUMO DO CAPÍTULO

O trabalho com crenças centrais ou esquemas não é inerentemente diferente do trabalho com outras cognições; no entanto, pode ser um processo mais longo. A abordagem eficaz de crenças e esquemas centrais pode ser realizada como um processo de múltiplas intervenções que envolve estratégias cognitivas, comportamentais, experienciais e focadas na emoção para provocar mudanças. Fomentar a constelação de crença, comportamento, emoção e padrão de pensamento (i.e., resposta modal) pode contribuir para uma mudança mais impactante das crenças ou dos esquemas centrais.

REFERÊNCIAS

Beck, A. T. (1979). *Cognitive therapy and the emotional disorders.* New York: Meridian. Beck, A. T., & Haigh, E. A. P. (2014). Advances in cognitive theory and therapy: The Generic Cognitive Model. *Annual Review of Clinical Psychology, 10,* 1–24. doi:10.1146/annurev-clinpsy-032813-153734

Bonezzi, A., Brendl, C. M., & Angelis, M. D. (2011) Stuck in the middle: The psychophysics of goal pursuit. *Psychological Science 22*(5), 607–612.

Bowen, S., Chawla, N., & Marlatt, G. A. (2011). *Mindfulness-based relapse prevention for addictive behaviors: A clinician's guide.* New York: Guilford Press.

Ellis, A., & Harper, R. A. (1961). *A guide to rational living.* Englewood Cliffs, NJ: Prentice-Hall.

Frost, R. (1915). A servant to servants. *North of Boston.* New York: Henry Holt.

Hayes, S. C. (2005). *Get out of your mind and into your life: The new acceptance and commitment therapy* (2nd ed.). Oakland, CA: New Harbinger Publications.

Holmes, E. A., Arntz, A., & Smucker, M. R. (2007). Imagery rescripting in cognitive behaviour therapy: Images, treatment techniques and outcomes. *Journal of Behavior Therapy and Experimental Psychiatry, 38*(4), 297–305.

James, I. A., & Barton, S. (2004). Changing core beliefs with the continuum technique. *Behavioural and Cognitive Psychotherapy, 32*(4), 431–442.

Kabat-Zinn, J. (2006). *Mindfulness for beginners.* Louisville, CO: Sounds True.

Krakow, B., & Zadra, A. (2006). Clinical management of chronic nightmares: imagery rehearsal therapy. *Behavioral Sleep Medicine, 4*(1), 45–70.

Leahy, R. L. (2017). *Cognitive therapy techniques: A practitioner's guide.* New York: Guilford Press.

Meichenbaum, D. H., & Goodman, J. (1971). Training impulsive children to talk to themselves: A means of developing self-control. *Journal of Abnormal Psychology, 77*(2), 115.

Padesky, C. A. (1994). Schema change processes in cognitive therapy. *Clinical Psychology & Psychotherapy, 1*(5), 267–278.

Padesky, C. A., & Mooney, K. A. (2012). Strengths-based cognitive-behavioural therapy: A four-step model to build resilience. *Clinical Psychology & Psychotherapy, 19*(4), 283–290.

Pugh, M. (2018). Cognitive behavioural chairwork. *International Journal of Cognitive Therapy, 11*(1), 100–116.

Reimer, S. G., & Moscovitch, D. A. (2015). The impact of imagery rescripting on memory appraisals and core beliefs in social anxiety disorder. *Behaviour Research and Therapy, 75,* 48–59.

Waltman, S. H., Rex, K. H., & Williams, A. (2011). Naturalistic examination of a training clinic: Is there a relationship between therapist perception and client self-report of treatment outcomes? *Graduate Student Journal of Psychology, 13,* 17–24.

Waltman, S. H., Shearer, D., & Moore, B. A. (2018). Management of post-traumatic nightmares: A review of pharmacologic and nonpharmacologic treatments since 2013. *Current Psychiatry Reports, 20*(12), 108.

Waltman, S., & Sokol, L. (2017). The Generic Cognitive Model of cognitive behavioral therapy: A case conceptualization-driven approach. In S. Hofmann & G. Asmundson (Eds.), *The science of cognitive behavioral therapy* (pp. 3–18). London: Academic Press.

Waltman, S. H., Williams, A., & Christiansen, L. R. (2013). Comparing student clinician and licensed psychologist clinical judgment. *Training and Education in Professional Psychology, 7*(1), 33.

Yalom, I. D. (1995). *The theory and practice of group psychotherapy.* New York: Basic Books.

Young, J. E. (1999). *Cognitive therapy for personality disorders: A schema-focused approach.* Sarasota, FL: Professional Resource Press.

12

Método dialético socrático:
usando estratégias cognitivas e socráticas na terapia comportamental dialética para transtorno da personalidade borderline

Lynn M. McFarr e Scott H. Waltman

❖ O QUE VOCÊ VERÁ NESTE CAPÍTULO

História da terapia comportamental dialética e das estratégias cognitivas	209
Barreira potencial ao uso do "C" na DBT	210
Barreiras potenciais: desregulação	210
Barreiras potenciais: invalidação	210
Barreiras potenciais: simplificação excessiva da resolução de problemas	211
Consenso entre Linehan e Beck na ABCT	212
Mas o "C" já não está na DBT?	212
Ensinando auto-observação cognitiva	212
Verificação dos fatos	213
Mitos sobre as emoções	213
Pensamento dialético	213
Limites das estratégias socráticas atuais na DBT padrão	214
Precisamos do "C" na DBT?	214
Outros tratamentos para transtorno da personalidade *borderline* que incluem componentes cognitivos	215
Terapia cognitiva tradicional	215
Terapia do esquema	215
Terapia de desativação de modo	216
Elementos comuns de estratégias cognitivas em tratamentos para transtorno da personalidade *borderline*	217

Como podemos melhorar o "C" na DBT? 217

Nova estratégia: capitalizando em uma estratégia-chave 218

Análise em cadeia comportamental 218

Análise em cadeia cognitiva 218

Como fazer: análise em cadeia cognitiva 219

Passo 1: faça uma análise regular em cadeia comportamental 219

Passo 2: observe os temas nos pensamentos que levam aos comportamentos-alvo 219

Passo 3: teste colaborativamente se há uma conexão entre o pensamento-alvo e o comportamento problemático 220

Passo 4: avalie o pensamento na análise da solução usando estratégias tradicionais socráticas e dialéticas 220

Passo 5: promova comportamentos e habilidades consistentes com o pensamento mais adaptativo 221

Exemplo estendido de uma análise em cadeia cognitiva 221

Avaliação 224

Registro de pensamento do método dialético socrático 225

Passo 1: verifique regulações 225

Passo 2: defina a proposta 225

Passo 3: identifique as contraproposições 225

Passo 4: verifique os fatos 228

Passo 5: seja curioso 229

Passo 6: resumo 229

Passo 7: síntese 230

Passo 8: consolidação da aprendizagem e conexão com metas comportamentais 230

Exemplo de registro de pensamento do método dialético socrático 231

Avaliação 237

Resumo do capítulo 238

HISTÓRIA DA TERAPIA COMPORTAMENTAL DIALÉTICA E DAS ESTRATÉGIAS COGNITIVAS

Embora Linehan tenha insistido que a DBT é uma forma de TCC, ela também enfatizou que não se trata de uma terapia cognitiva tradicional, pois não há um foco na avaliação de crenças nem uma conceituação desenvolvida a partir do modelo cognitivo. Do ponto de vista da DBT, o principal problema no transtorno da personalidade *borderline* está no sistema de regulação emocional, e o tratamento é conceituado por meio de uma terapia comportamental, da prática zen e das lentes da filosofia dialética — não de um modelo cognitivo. Portanto, o questionamento socrático não seria rotineiramente considerado uma intervenção-chave, em parte por causa da postura radical da terapia comportamental em relação aos pensamentos (i.e., apenas mais um comportamento). Uma razão adicional é a crença de que a reestruturação cognitiva pode ser percebida como invalidante e, talvez mais importante, a de que o processo parece estar além das capacidades de pessoas emocionalmente desreguladas com transtorno da personalidade *borderline*.

É importante entender a relação histórica entre estratégias cognitivas e DBT. O primeiro manual de DBT publicado utilizou o nome de tratamento cognitivo-comportamental para transtorno da personalidade *borderline* (Linehan, 1993). No entanto, essa foi provavelmente uma estratégia de efeito, pois em 1993 a TCC era dominante e menos pessoas sabiam o que era DBT. Esse título (e a boa ciência) ajudou Linehan a alcançar as massas. A DBT é mais uma terapia comportamental do que uma TCC. Da perspectiva da terapia comportamental radical, as cognições são vistas como comportamentos (Linehan, 1993), e os comportamentos são mais bem contemplados ao abordar as contingências, o que não inclui a reestruturação cognitiva. Além disso, de acordo com o modelo da DBT para transtorno da personalidade *borderline*, que se desenvolve a partir de uma combinação de vulnerabilidade biológica e ambiente invalidante, os pensamentos não são vistos como causadores do transtorno, sendo considerados mais epifenomenais (i.e., as pessoas não têm transtorno da personalidade *borderline* porque têm pensamentos extremos; em vez disso, elas têm pensamentos extremos porque têm transtorno da personalidade *borderline*) — sendo essa outra razão para a falta histórica de foco na modificação cognitiva na DBT.

O segundo pilar da DBT, a prática zen, está focado em aceitar e estar atento aos pensamentos, em vez de avaliá-los ou alterá-los. No entanto, o terceiro pilar, a dialética, é uma postura filosófica que, como a maioria das filosofias, é um método de resolução de problemas e debate, e essencialmente uma visão de mundo. A prática da dialética é análoga ao "pensar em tons de cinza" da TCC, com uma grande diferença conceitual. Na DBT, essa prática é chamada de seguir pelo caminho do meio e se concentra na dialética para reconhecer a verdade em ambos os lados (i.e., verdade no preto e verdade no branco). O pensamento dialético está focado em chegar a uma síntese que honre verdades opostas — um processo muito cognitivo.

Embora a dialética mais óbvia na DBT seja o equilíbrio entre aceitação (prática zen) e mudança (ciência comportamental), há também uma tensão dialética entre aceitação (atenção aos pensamentos) e estratégias de mudança (verificação dos fatos) quando se trata de focar as cognições e o seu papel na desregulação emocional. Sem resolver isso, a prática de

BARREIRA POTENCIAL AO USO DO "C" NA DBT

estratégias cognitivas (que sempre fizeram parte da DBT) tem sido um ajuste desconfortável, e quaisquer acréscimos (além dos do texto original) são altamente debatidos. Neste capítulo, ilustramos como as estratégias cognitivas, particularmente o uso do questionamento socrático, podem fortalecer e aprimorar a DBT de uma maneira consistente com o modelo.

BARREIRA POTENCIAL AO USO DO "C" NA DBT

Suposições filosóficas e teóricas à parte, existem razões práticas muito boas pelas quais a DBT foi concebida como uma terapia comportamental radical e os pensamentos não foram historicamente considerados a principal via de intervenção. Usar estratégias de mudança cognitiva com uma população com problemas de desregulação emocional e histórico de invalidação pode ser um desafio, como veremos a seguir.

Barreiras potenciais: desregulação

Van Elst e colaboradores (2003) encontraram anormalidades cerebrais frontolímbicas em clientes com transtorno da personalidade *borderline* em um estudo de ressonância magnética volumétrica. Isso seria sugestivo de um possível correlato de impulsividade e comportamento agressivo. Descobriu-se que pessoas com o transtorno têm problemas com a regulação emocional secundária à hiperativação da amígdala em resposta a estímulos emocionais (Paret et al., 2016). Estudos de ressonância magnética funcional demonstraram essa hiperativação em tempo real (Paret et al., 2016).

Um estudo recente demonstrou esse aumento mais rápido da angústia e episódios mais longos de tensão aversiva (Stiglmayr, Grathwol, Linehan, Ihorst, Fahrenberg, & Bohus, 2005). O estudo fornece suporte para a teoria de que clientes com transtorno da personalidade *borderline* experimentam estados de tensão aversiva mais frequentes, mais fortes e mais duradouros, com percepções de rejeição, de solidão e de fracasso, sendo esses os três caminhos mais comuns para a desregulação.

É importante entender como a desregulação emocional afeta o processo socrático. Profissionais de TCC geralmente desenham um triângulo simples para demonstrar a interação entre pensamentos, sentimentos e comportamentos. A ideia básica é a de que o modo como você está pensando afeta a maneira como você está se sentindo, mas as setas na verdade vão nos dois sentidos, e o modo como estamos nos sentindo também afeta a maneira como estamos pensando. Assim, a desregulação emocional extrema leva ao pensamento extremo, em que é difícil considerar alternativas. Além disso, quando as pessoas estão emocionalmente sobrecarregadas, muitas vezes a nova aprendizagem não está ocorrendo.

Barreiras potenciais: invalidação

Há risco de invalidação ao empregar estratégias socráticas com essa população. As estratégias de mudança, por sua própria natureza, são invalidantes da condição atual do cliente. Como os clientes com transtorno da personalidade *borderline* são extremamente sensíveis à invalidação, mesmo o terapeuta mais bem-intencionado que tenta o questionamento socrático pode ser combatido com hostilidade, desligamento ou outros comportamentos de evitação.

Um contexto importante a ter em mente são as prováveis feridas históricas de crescer em um ambiente invalidante. Seus clientes provavelmente tiveram seus pontos de vista e suas crenças invalidados dura e punitivamente por outras pessoas antes de iniciarem a terapia. Isso pode levar a uma maior sensibilidade à invalidação. Ainda, seus clientes podem ter internalizado essa invalidação e podem assumir uma postura dura quando você inicialmente começa a avaliar um pensamento. É provável que eles tenham recebido repetidas comunicações de que são o problema; de que seus pensamentos, suas emoções ou seus comportamentos são excessivos. Portanto, um exame de crenças, mesmo que gentil, pode ser vivenciado da seguinte forma pelos clientes com o transtorno: "Ótimo, mais uma pessoa me dizendo que o problema sou eu, que está tudo na minha cabeça". Ou os clientes podem se autoinvalidar severamente: "Sei que isso não é verdade, o que há de errado comigo para eu não poder fazer isso?". Isso leva a uma espiral de vergonha e a uma possível dissociação na sessão.

Além disso, quando as crenças rígidas e de julgamento que os clientes com transtorno da personalidade *borderline* mantêm sobre si mesmos e seus ambientes são elucidadas pelo processo de questionamento socrático, isso pode desencadear uma resposta significativa de vergonha. Eles podem se sentir julgados pelas próprias perguntas, julgar a si mesmos e se envolver em autoinvalidação. A emoção primária de vergonha pode rapidamente se transformar em uma emoção secundária de raiva em relação ao que estimulou a vergonha, que pode ser você como terapeuta. Como se pode imaginar, isso interferiria na capacidade de qualquer terapeuta de utilizar o questionamento socrático na sessão. Além disso, isso pode moldar o comportamento do terapeuta e torná-lo menos propenso a tentar estratégias socráticas no futuro.

Barreiras potenciais: simplificação excessiva da resolução de problemas

Outra barreira para essa prática é um fenômeno conhecido como simplificação excessiva da resolução de problemas (Linehan, 1987). Na DBT, o cliente pode se engajar em estratégias comportamentais conhecidas como "competência aparente", nas quais ele realmente acredita que tem domínio das situações e pode lidar com a intervenção, a tarefa de casa, a exploração de pensamentos. No entanto, a tarefa realmente supera sua capacidade, o que pode levar à vergonha e à evasão. Isso pode acontecer no processo socrático quando o cliente expressa compreensão e percepção sobre o conteúdo cognitivo e qualquer tarefa de casa que possa resultar dele, mas, mais tarde, é incapaz de produzir os resultados que acordou com o terapeuta; nesse caso, ele pode sentir raiva e autoaversão.

A autoinvalidação também pode assumir outra forma na sessão em torno do questionamento socrático: o cliente pode se engajar no que é chamado de simplificação excessiva da resolução de problemas. Ou seja, o cliente (e o terapeuta) pode apresentar explicações ou soluções que são superficiais e que têm pouca probabilidade de resolver o problema. Isso pode acontecer no processo de questionamento socrático, em que tanto o terapeuta quanto o cliente podem concordar prematuramente que "chegaram ao fundo da questão" quando apenas arranharam a superfície. Outras vezes, o novo pensamento alternativo soa bem, mas na verdade não é crível nem reflete os fatos. Crenças excessivamente positivas ou implausivelmente positivas preparam o cliente para o fracasso, pois não correspondem às realidades da vida. Isso resulta em colapso emocional quando a crença frágil desmorona fora da sessão.

Consenso entre Linehan e Beck na ABCT

Por volta de 2004, na reunião anual da Association for Behavioral and Cognitive Therapies (ABCT), então chamada de Association for the Advancement of Behavioral Therapies (AABT), o criador da terapia cognitiva, Aaron Beck, e a criadora da DBT, Marsha Linehan, tiveram uma conversa na qual discutiram o uso do questionamento socrático com pessoas que têm desregulação emocional persistente. Marsha perguntou a Tim[1] à queima-roupa: "Como você pode fazer questionamentos socráticos a uma pessoa altamente desregulada?". Ele disse: "Você não pode. Nesse ponto, apenas diga a ela o que fazer". Isso sugere um consenso entre os principais especialistas de que as estratégias socráticas tradicionais em relação *vis-à-vis* estratégias de terapia cognitiva não funcionam com pessoas que são altamente desreguladas emocionalmente. Portanto, não é aconselhável tentar usar estratégias tradicionais de terapia cognitiva não modificadas com essa população. O objetivo deste capítulo é demonstrar quais estratégias funcionarão com essa população e como usá-las em termos práticos.

MAS O "C" JÁ NÃO ESTÁ NA DBT?

Com certeza, a DBT padrão incorpora estratégias cognitivas. Há uma subseção inteira sobre procedimentos de modificação cognitiva nos capítulos de procedimentos de mudança no texto original da DBT (Linehan, 1993). Entretanto, as estratégias cognitivas encontradas nos capítulos de estratégias centrais são as de validação cognitiva (Linehan, 1993). O novo manual de habilidades tem uma planilha inteira e uma apostila dedicadas à verificação dos fatos, sugerindo uma maior abertura para o uso de estratégias de mudança cognitiva na DBT. Na primeira edição do texto sobre DBT, Linehan reconhece o uso de estratégias cognitivas: "Muitas das estratégias da DBT exigem que o terapeuta (*implícita*, se não explicitamente) identifique, desafie e confronte crenças, suposições, teorias, avaliações e tendências a pensar rigidamente e em termos absolutos e extremos (i.e., pensamento não dialético)" (Linehan, 1993; p. 366; ênfase adicionada).

A chave aqui é que a ênfase estava em minar implicitamente as crenças ao longo do tempo por meio de uma mudança na relação com os pensamentos. Existem vários elementos cognitivos comprovados já encontrados na DBT, incluindo o ensino da auto-observação cognitiva, a verificação dos fatos, a abordagem de mitos sobre emoções e o pensamento dialético.

Ensinando auto-observação cognitiva

Como discutimos em um capítulo anterior, o primeiro passo para aprender a usar as estratégias cognitivas de mudança socrática de forma eficaz é aprender a estar mais consciente de

---

[1] N. de T. Apelido de Aaron Temkin Beck.

seus processos de pensamento. Esse automonitoramento é essencial para um bom trabalho cognitivo. Na DBT, essa habilidade está inserida nas habilidades de atenção plena, para que os clientes aprendam a observar e a descrever seus pensamentos. Na DBT, também existem algumas estratégias de desfusão cognitiva que acompanham os pensamentos, mas não se tornam enredadas por eles. Outro capítulo deste livro visará mais diretamente ao uso de estratégias de desfusão a partir de uma estrutura socrática.

Verificação dos fatos

Verificar os fatos é a estratégia de mudança cognitiva mais óbvia. Na DBT, a verificação dos fatos faz parte do módulo de regulação emocional; no entanto, é usada de uma maneira diferente daquela como os terapeutas cognitivos tradicionais a usariam. Os terapeutas cognitivos tradicionais afirmariam que a desregulação emocional é um produto do pensamento extremista (p. ex., o uso do pensamento de tudo ou nada), e o terapeuta cognitivo abordaria esse pensamento para provocar mudanças emocionais. Na DBT, a verificação dos fatos é usada para checar se a experiência emocional se ajusta aos fatos da situação, de modo a determinar a melhor estratégia comportamental (ação oposta ou resolução de problemas) para melhorar a situação e promover regulação emocional por meio da mudança de comportamento.

Mitos sobre as emoções

A DBT inclui algumas intervenções do tipo cognitivo que visam às crenças das pessoas sobre emoções. Isso é semelhante ao que um terapeuta cognitivo poderia fazer se estivesse usando uma estrutura como a terapia do esquema emocional (ver Leahy, 2018). Embora o formato da abordagem de mitos sobre emoção na DBT seja principalmente didático, ele visa a crenças sobre emoções que podem provocar mudanças cognitivas.

Pensamento dialético

Tese, antítese e síntese são os três elementos comuns considerados na filosofia dialética. No entanto, há alguma controvérsia no campo da filosofia quanto à melhor maneira de usar e compreender a dialética (Mueller, 1958). Uma crítica comum é que há a armadilha de focar deliberadamente contraproposições que são aparentemente o oposto da proposição, a fim de criar um paradoxo a ser resolvido. Embora a dialética possa ser usada para resolver situações paradoxais, sua finalidade é encontrar a verdade sintetizando o que se encontra em diferentes perspectivas (Mueller, 1958).

Terapeutas, clientes e, às vezes, familiares são ensinados a seguir o caminho do meio e a se apegar ao pensamento dialético como visão de mundo e modo de resolver disputas e pensamentos perturbadores. Aprender a usar essas técnicas é uma estratégia de mudança cognitiva, mesmo que um dos núcleos da dialética consista em mudança e aceitação. Muitos argumentariam que a aceitação é uma estratégia de mudança cognitiva em si.

Limites das estratégias socráticas atuais na DBT padrão

O registro do pensamento é talvez a estratégia de mudança cognitiva mais comumente usada na TCC (see Waltman, Frankel, Hall, Williston, & Jager-Hyman, 2019). Na DBT, em vez de registros de pensamento, existem análises de cadeia, que funcionalmente são uma série de registros de pensamento. Um registro de pensamento tradicional focado na avaliação de um único pensamento automático é um elo da cadeia; uma análise em cadeia envolve olhar para uma série de ligações. Esse foco na análise geral da cadeia, em vez de nos elos individuais, faz sentido por várias razões. Primeiro, saber em qual ligação focar sem antes fazer uma análise em cadeia pode ser difícil quando se trabalha com pessoas que têm transtorno da personalidade *borderline*. O contexto é importante aqui. Lembre-se dos achados biológicos relacionados a aumentos mais rápidos de angústia e episódios mais longos de tensão aversiva (Stiglmayr et al., 2005). Clientes com transtorno da personalidade *borderline* experimentam estados de tensão aversiva mais frequentes, mais fortes e mais duradouros. Isso pode resultar em dificuldades menores que levam a problemas maiores, pois a persistência e a construção de tensão aversiva tornam os padrões de pensamento e comportamento mais extremos, o que geralmente resulta em grandes problemas emocionais ou comportamentais. A estratégia da análise em cadeia é observar como esse processo se constrói e em que culmina, com o objetivo de aprender a intervir no início da cadeia com um comportamento diferente derivado da análise da solução. Além disso, o foco em análises de cadeia em detrimento de registros de pensamento fazia sentido à luz da noção de que pessoas com transtorno da personalidade *borderline* não seriam capazes de realizar uma reestruturação cognitiva quando estivessem altamente desreguladas (ver considerações anteriores).

PRECISAMOS DO "C" NA DBT?

Então, dadas todas as barreiras potenciais, por que alguém consideraria melhorar a DBT com intervenções cognitivas adicionais? Particularmente, com a estratégia de TCC mais difícil de aprender? Foi constatado que a descoberta guiada e o questionamento socrático são possivelmente a estratégia de TCC mais difícil de aprender (ver capítulo sobre o panorama da estrutura e Waltman, Hall, McFarr, Beck, & Creed, 2017).

Uma razão para considerar o reforço das estratégias cognitivas na DBT está relacionada à ideação suicida. A DBT demonstrou ser eficaz na redução de comportamentos problemáticos, como tentativas de suicídio (Cristea, Gentili, Cotet, Palomba, Barbui, & Cuijpers, 2017). Além disso, a DBT supera o tratamento usual na redução de comportamentos suicidas e de autolesão não suicida (Panos, Jackson, Hasan, & Panos, 2014). Ademais, a DBT padrão com treinamento de habilidades em DBT parece ser mais eficaz do que a terapia caracterizada por DBT sem treinamento de habilidades (Linehan et al., 2015). Ao mesmo tempo, uma metanálise recente demonstrou que, embora a DBT seja eficaz na redução de comportamentos suicidas, não foi observada uma redução correspondente na ideação suicida (DeCou, Comtois, & Landes, 2019). Os pesquisadores especularam que isso pode ser devido à ênfase da DBT na mudança de comportamentos, em detrimento da mudança de pensamentos. Da mesma forma, eles apontaram que menos pesquisadores se concentram em relatar ideação suicida, portanto pesquisas futuras sobre o tema certamente serão necessárias (DeCou et al., 2019).

Essa é uma boa razão para considerar a adoção de mais estratégias cognitivas para atingir fatores de risco crônicos, como a ideação suicida. Se tivermos intervenções eficazes de outros tratamentos (p. ex., questionamento socrático na TCC), não deveríamos usá-los para ajudar a reduzir o risco de suicídio em clientes com transtorno da personalidade *borderline*? A TCC é eficaz para reduzir a ideação suicida (p. ex., Alavi, Sharifi, Ghanizadeh, & Dehbozorgi, 2013). Dado o que está em jogo e a missão da DBT, devemos estar dispostos a usar toda e qualquer estratégia eficaz para fortalecer o efeito do tratamento, desde que não violemos os princípios básicos do tratamento. Não se pode simplesmente mudar uma terapia bem estudada e supor que o componente adicionado não fará diferença na avaliação da base científica do tratamento. Felizmente, adicionar o questionamento socrático à DBT não violaria a base teórica do behaviorismo radical, uma vez que os pensamentos devem ser tão passíveis de avaliação quanto qualquer outro comportamento.

OUTROS TRATAMENTOS PARA TRANSTORNO DA PERSONALIDADE *BORDERLINE* QUE INCLUEM COMPONENTES COGNITIVOS

A revisão dos componentes cognitivos de outros pacotes de tratamento pode ajudar a demonstrar a necessidade e a potencial viabilidade do uso de estratégias cognitivas com populações que apresentam altos níveis de desregulação emocional.

Terapia cognitiva tradicional

Alguns terapeutas aplicaram a terapia cognitiva tradicional ao transtorno da personalidade *borderline* (ver Layden, Newman, Freeman, & Morse, 1993). Notadamente, o ensaio clínico de terapia cognitiva para esse transtorno usou um protocolo que tinha uma estranha semelhança com um manual de habilidades de DBT (ver Brown, Newman, Charlesworth, Crits--Christoph, & Beck, 2004). Os primeiros textos sobre terapia cognitiva para transtorno da personalidade *borderline* abordavam uma intervenção cognitiva principal chamada resposta racional, em que você pede ao seu cliente que apresente uma resposta mais racional como forma de reestruturação cognitiva. O problema dessa abordagem é que as pessoas com o transtorno muitas vezes podem pensar em uma resposta mais lógica, mas simplesmente não acreditam nela porque não corresponde à sua experiência emocional. Outras estratégias de terapia cognitiva podem incluir uso de imagens mentais para aumentar a relevância emocional da resposta racional (Layden et al., 1993), o que pode ser uma estratégia útil.

Terapia do esquema

A terapia do esquema foi inicialmente desenvolvida devido à necessidade de melhor explicar e abordar problemas como os observados em clientes com transtorno da personalidade *borderline*. O conceito de modos foi introduzido pela primeira vez na literatura da TE para dar conta das rápidas mudanças na apresentação de clientes com esse transtorno. Os terapeutas do esquema observaram que, quando esses clientes se tornavam desregulados, tinham padrões de pensamento extremista, alta ativação emocional e se envolviam em comportamentos impulsivos (ver Fassbinder, Schweiger, Martius, Brand-de Wilde, & Arntz, 2016). Alternativamente, quando esses clientes estivessem regulados, seus pensamentos não seriam extremistas, suas emoções não seriam elevadas e seus comportamentos não seriam impulsivos (essas diferentes apresentações representam diferentes estados modais; ver Fassbinder et al., 2016).

Na TE, o terapeuta trabalha para promover a regulação e a mudança emocional, proporcionando uma experiência corretiva por meio da relação terapêutica, uma mudança cognitiva por meio de uma estratégia de distanciamento (i.e., desfusão por meio de uma tarefa de mudança de perspectiva) e, em seguida, concentrando-se na mudança da resposta comportamental (Fassbinder e outros, 2016). Um terapeuta do esquema trabalha para ajudar o cliente a se desvencilhar do modo ineficaz e construir o modo alternativo mais eficaz. No entanto, o método de fazer isso é bem diferente na TE em oposição à DBT: "Uma diferença central entre as duas abordagens é que a DBT se concentra diretamente na aquisição de habilidades de regulação emocional, enquanto a TE raramente aborda a regulação emocional diretamente" (Fassbinder et al., 2016, p. 1).

Um terapeuta do esquema pode usar várias estratégias cognitivas semelhantes às usadas por um terapeuta cognitivo tradicional. Além disso, um terapeuta do esquema realizará uma análise funcional da função histórica do esquema/modo, extrairá o resultado que provavelmente não mudará e se concentrará na construção de uma resposta modal mais adaptativa. Estratégias de imagem mental e experienciais também podem ser uma parte importante desse trabalho (Jacob & Arntz, 2013). O capítulo deste livro sobre como trabalhar com crenças centrais também abordará outras estratégias de TE.

Terapia de desativação de modo

Outra terapia cognitiva usada no tratamento de pessoas com problemas de regulação emocional é a terapia de desativação de modo (TDM), que nasceu da TCC e possui elementos da DBT (i.e., validação) integrados a ela. Funcionalmente, é uma terapia eclética (Apsche, 2010). A TDM é mais usada com jovens que têm problemas de conduta ou questões legais. A principal intervenção da TDM é um processo modificado de reestruturação cognitiva chamado validação-clarificação-redirecionamento (VCR; Apsche, 2010). O desenvolvedor do tratamento descobriu que os terapeutas tinham dificuldade em aplicar a terapia cognitiva tradicional a populações com labilidade emocional e impulsividade comportamental. Notadamente, sua descrição da TCC é um argumento falacioso segundo o qual essa terapia é excessivamente rígida, puramente racional e conflituosa — se aplicarmos seu modelo à sua descrição da TCC, poderemos "clarificar" essa percepção dizendo que talvez a "TCC ruim" não tenha funcionado bem com pessoas que têm labilidade emocional e impulsividade comportamental.

O fluxo geral do método VCR é amplamente conduzido por terapeutas. Primeiro, o terapeuta fornece validação quanto aos possíveis elementos de verdade na afirmativa que está sendo avaliada. Em seguida, ele esclarece que existem outras explicações possíveis que podem ser verdadeiras, e há uma tendência a suavizar ou diminuir o extremismo da percepção. Finalmente, o terapeuta redireciona o cliente para uma crença alternativa funcional (FAB, do inglês *functional alternative belief*) que esteja de acordo com uma resposta comportamental consistente com os objetivos do tratamento ou com os objetivos de vida do cliente.

Elementos comuns de estratégias cognitivas em tratamentos para transtorno da personalidade *borderline*

Embora haja uma boa diversidade de estratégias de mudança cognitiva, existem elementos comuns que aumentam a probabilidade do uso efetivo de estratégias cognitivas com essa população:

- Ênfase na validação.
- Ênfase no relacionamento.
- Uso do relacionamento para provocar mudanças cognitivas.
- Uso de imagens mentais.
- Foco em mudanças cognitivas que produzirão um comportamento eficaz.
- Trabalho experiencial.
- Exercício das duas cadeiras.
- Estratégias de distanciamento e desfusão.

COMO PODEMOS MELHORAR O "C" NA DBT?

Pesquisas anteriores demonstraram anormalidades cerebrais frontolímbicas em clientes com transtorno da personalidade *borderline* — isso está associado à desregulação emocional e à desinibição comportamental (van Elst et al., 2003). Entretanto, estudos de imagem também demonstraram que, se pudermos ensinar as pessoas com transtorno da personalidade *borderline* a reduzir sua desregulação (com treinamento de habilidades de DBT; ver Bohus & Wolf-Arehult, 2012, conforme citado em Paret et al., 2016), a ativação da amígdala diminui no momento e as conexões amígdala–lateral–córtex pré-frontal podem mudar ao longo do tempo (Paret et al., 2016).

Isso é importante para o ordenamento de intervenções com essa população. Os terapeutas cognitivos tradicionais que trabalham com uma população neurotípica usam a reestruturação cognitiva para alcançar a regulação emocional; já os terapeutas tradicionais de DBT usam a verificação de fatos para determinar qual estratégia comportamental levará à regulação emocional. Estamos sugerindo uma terceira opção para terapeutas que desejam focar a mudança cognitiva na sessão. O desafio que enfrentamos é o de que precisamos regular o cliente antes das estratégias cognitivas. Portanto, existem novos métodos a serem adotados por profissionais tanto de TCC quanto de DBT ao utilizar essas estratégias. Veremos como usar as habilidades que já existem na DBT em diferentes configurações para

NOVA ESTRATÉGIA: CAPITALIZANDO EM UMA ESTRATÉGIA-CHAVE

provocar mudanças cognitivas com métodos socráticos. Para ser consistente com o modelo da DBT, a mudança cognitiva está então conectada ao objetivo definitivo da mudança de comportamento.

Análise em cadeia comportamental

A análise funcional, às vezes chamada de análise comportamental ou análise em cadeia, é uma ferramenta para entender um comportamento (Waltman, 2015); é também a principal habilidade usada em sessões individuais de DBT. O objetivo da análise em cadeia é identificar quais estímulos estão provocando um comportamento e quais contingências o estão reforçando (Ferster, 1972; Lewon & Hayes, 2014; Skinner, 1957). A análise funcional é normalmente considerada uma ferramenta de avaliação; no entanto, também pode ser utilizada como intervenção clínica (Linehan, 1993). Em outras palavras, a análise em cadeia é usada para hipotetizar a função de um comportamento. Os resultados de uma análise funcional produzem um "diagnóstico funcional" (Yoman, 2008, p. 331), que informa os alvos do tratamento — os terapeutas visam estrategicamente aos mecanismos que se acredita estarem mantendo o problema.

Skinner (1983) certa vez argumentou que a psicologia precisava de análise funcional. A análise em cadeia é anterior à terapia comportamental (Yoman, 2008) e ocupa um papel central nas terapias comportamentais. A análise funcional é normalmente considerada uma ferramenta de avaliação e tem se mostrado eficaz em ambientes de tratamento hospitalar, ambulatorial, domiciliar e escolar. No entanto, também pode ser usada como uma intervenção clínica (Linehan, 1993), e assume-se que cada sessão de DBT individual (1:1) incluirá uma análise em cadeia.

O que isso tem a ver com o questionamento socrático? A análise funcional está tipicamente preocupada com o comportamento, e o questionamento socrático está tipicamente preocupado com os pensamentos. Os profissionais de ambos os métodos estão interessados em desenvolver uma compreensão mais profunda das contingências que fazem os problemas serem mantidos. O processo de análise em cadeia é semelhante aos métodos socráticos na medida em que, em ambos os casos, o terapeuta é encorajado a assumir a postura de um "observador ingênuo". Ou seja, o terapeuta não deve presumir que entende como o cliente vai de um elo da cadeia para o seguinte, da mesma forma que um terapeuta que se dedica à descoberta guiada não presume o destino final da exploração do pensamento. Esse processo também tipifica o empirismo colaborativo (Tee & Kazantzis, 2011), em que a díade faz descobertas em conjunto.

Análise em cadeia cognitiva

As habilidades necessárias para concluir a análise em cadeia cognitiva são muito semelhantes às exigidas para concluir uma análise em cadeia, e isso torna a estratégia ideal do ponto de vista do terapeuta e do cliente.

COMO FAZER: ANÁLISE EM CADEIA COGNITIVA

Passo 1: faça uma análise regular em cadeia comportamental

Essa etapa é bem abordada em vários outros textos, e a suposição é que os terapeutas de DBT terão um bom controle sobre esse passo. Ver Rizvi e Ritschel (2014) para uma revisão mais elaborada sobre como conduzir uma análise em cadeia.

Passo 2: observe os temas nos pensamentos que levam aos comportamentos-alvo

Recomenda-se que, com essa população, o uso do questionamento socrático seja ancorado a um comportamento específico; não se deve extrapolar o pensamento e encará-lo como um construto abstrato. Isso é prudente, visto que o mantra de "seguir o afeto" muitas vezes não é aconselhado com essa população. Portanto, em vez de descobrir qual pensamento está associado à emoção mais intensa, queremos ver qual pensamento está levando ao comportamento-alvo (ou impedindo um comportamento mais competente). Isso serve, em parte, para manter a intervenção ancorada no comportamento-alvo, o que ajuda a manter o foco do tratamento na eliminação de comportamentos problemáticos. No exemplo a seguir, vemos como o terapeuta usa estratégias socráticas como parte de uma análise em cadeia para identificar um pensamento potencial em que focar e então estabelecer uma conexão entre esse pensamento e o comportamento problemático.

TERAPEUTA (T): Então, quando você acabou gritando com sua amiga na quinta-feira, parece que o evento inicial foi ela desligar o telefone rapidamente depois de falar com você. Você ligou novamente para ela e gritou.

CLIENTE (C): Sim.

T: E qual foi a consequência?

C: Ela desligou e não fala comigo desde então.

T: OK, me conduza pelo fato. Quando ela desligou o telefone rapidamente, o que passou pela sua cabeça?

C: Ela não quer falar comigo.

T: E se isso fosse verdade, o que significaria?

C: Que ela não é minha amiga.

T: E se isso fosse verdade?

C: Que não tenho amigos.

T: E por que não teria?

C: Porque é impossível me amar.

T: Então, você teve muitos pensamentos negativos e de julgamento. OK, como você foi disso até ligar para ela novamente e gritar?

C: Fiz isso porque é injusto que ela tenha desligado o telefone quando eu precisei dela.

T: Então, o que você disse a si mesmo?

C: Eu tenho que dizer a ela que isso é injusto.

T: E você esperava que, quando você dissesse isso a ela, o que aconteceria?

C: Não sei, senti que precisava.

T: Ou o que aconteceria?

C: Eu explodiria.

T: Porque a emoção foi?

C: Raiva.

T: E logo após a raiva?

C: Muita, muita mágoa.

T: Então, parece que a função do comportamento era comunicar sua mágoa e sua raiva na esperança de que essa comunicação fizesse o que por você?

C: Ela ouviria como eu estava magoado.

T: Como foi?

C: Ela não ouviu. Ela desligou.

T: Certo. Você estava comunicando "mágoa"?

C: Não. Eu só estava com raiva.

T: Esse é o ponto. Ao comunicar a raiva e as pessoas desligarem na sua cara, você acha que se sente passível de ser amado?

C: Oh, Deus, não.

T: Tudo bem.

C: Mas eu nunca vou me sentir passível de ser amado.

T: Acho que manter essa crença certamente terá um impacto em como você age.

Passo 3: teste colaborativamente se há uma conexão entre o pensamento-alvo e o comportamento problemático

A questão a ser abordada aqui é se o cliente vê uma conexão entre o pensamento e o comportamento. O questionamento socrático, então, pode ser usado para melhorar a compreensão das contingências internas que reforçam ou perpetuam o comportamento. Perguntas padrão e elementos de uma análise em cadeia típica envolveriam olhar para o que alguém estava pensando e sentindo antes que o comportamento-alvo ocorresse. Pensamentos relacionados a percepções de ameaça geralmente incluem imagens mentais ou previsões do que alguém pensa que acontecerá. Uma das melhores maneiras de testar de forma colaborativa se há uma conexão entre o pensamento-alvo e o comportamento problemático é revisar análises de cadeia anteriores. Se um padrão comum for observado, uma justificativa para abordar o pensamento pode ser facilmente elaborada.

Passo 4: avalie o pensamento na análise da solução usando estratégias tradicionais socráticas e dialéticas

Como as pessoas com desregulação emocional persistente são dadas a falhas no pensamento dialético, você pode optar por usar o registro de pensamento do método dialético socrático apresentado mais adiante neste capítulo ou outras estratégias encontradas no restante deste livro. Os terapeutas vão querer procurar o contexto ausente e destacar as lacunas no conhecimento. Outro capítulo se concentrará nas estratégias socráticas para terapeutas que estão usando a terapia de aceitação e compromisso; e estas podem ser úteis para contemplar cognições relacionadas à não aceitação ou à obstinação. Um princípio orientador na avaliação de um pensamento é: "É verdade e é útil?". Avaliar o impacto de uma crença é uma forma de avaliar a utilidade do pensamento: "Como você se sente ao acreditar nesse pensamento?"; "E então o que você faz?"; "Acreditar nesse pensamento tornará mais fácil atingir seu objetivo?"; "Quais são as consequências a curto e a longo prazo de acreditar nesse pensamento?".

A ideia básica aqui é perguntar ao cliente qual crença crível o ajudaria a ter o tipo de reação que seria competente. Notadamente, isso pode precisar ser uma perspectiva de aceitação radical. Você pode considerar o modelo A-B-C. O antecedente da situação já foi determinado e, por isso, perguntamos ao cliente: "Que tipo de consequência emocional e comportamental você quer ter?"; "E de qual crença plausível você precisaria para ajudá-lo a chegar lá?". Um profissional socrático usando DBT estará focado no desenvolvimento de perspectivas que facilitem o comportamento competente. Incrementos no comportamento competente levarão a melhoras na vida do cliente, resultando em novas experiências que podem ser usadas para reforçar avaliações socráticas anteriores.

Passo 5: promova comportamentos e habilidades consistentes com o pensamento mais adaptativo

Nosso objetivo é promover modificação cognitiva, mas não queremos apenas aumentar o *insight* sem uma mudança correspondente no comportamento; A DBT é uma terapia comportamental. Idealmente, queremos conectar a nova cognição com um plano de ação a fim de fazer algo diferente nessa semana como parte de uma análise de soluções para: (1) alinhar comportamentos com a nova perspectiva, (2) ajudar o cliente a se envolver em um comportamento direcionado a metas ou (3) reunir evidências para testar a nova crença.

Exemplo estendido de uma análise em cadeia cognitiva

Outra interação típica da DBT em torno da ideação suicida é dizer diretamente: "Não há evidências de que pessoas mortas tenham vidas melhores do que pessoas vivas". Essa é uma afirmação bastante justa que geralmente funciona para dar ao cliente uma nova perspectiva. Você pode ver uma amostra de variação dessa afirmação em um exemplo clínico posterior neste capítulo. Essa declaração feita de maneira irreverente tem duas funções na DBT: (1) abalar o cliente e tirá-lo de sua atual trilha emocional e (2) fornecer uma visão alternativa e não ortodoxa da morte. Como você verá no exemplo posterior, o terapeuta pode se basear nessa afirmação com métodos socráticos para atingir diretamente a redução da ideação suicida e a mudança de comportamento.

Acredita-se que o questionamento socrático leve a um nível mais profundo de mudança cognitiva (Beck, 2011), e ele foi considerado preditivo de reduções na depressão (Braun, Strunk, Sasso, & Cooper, 2015). Empiricamente, há a questão de saber se usar estratégias socráticas para ajudar o cliente a ter uma nova perspectiva sobre a situação seria mais impactante do que fornecer a declaração irreverente. Pode ser que fornecer diretamente o pensamento equilibrado sem uma descoberta guiada ou processo socrático não seja tão eficaz com clientes com transtorno da personalidade *borderline*, o que pode contribuir para a falta de movimento na ideação suicida em clientes que recebem DBT (ver DeCou et al., 2019).

A seguir está um exemplo de como um terapeuta pode usar métodos socráticos e a análise em cadeia cognitiva para atingir uma redução na ideação suicida e um aumento no comportamento competente. Essa estratégia seria utilizada após o planejamento básico de segurança, tornando o ambiente seguro, e uma boa dose de DBT. Essa estratégia é recomendada para uso com pensamentos relacionados à ideação suicida ou comportamentos de autolesão que não se moldaram com as análises em cadeia comportamental padrão.

TERAPEUTA (T): Então, noto que o pensamento que continua surgindo nessa cadeia é que, se você se matar, sua dor acabará. Como na sexta-feira.

CLIENTE (C): Sim, claro.

T: Bem, eu não sei ao certo. Parece que quando você tem esse pensamento e acredita nele é muito mais provável que você se envolva em comportamento suicida.

C: Bem, sim, é uma saída. Eu adoraria uma renovação de vida. A que tenho é uma porcaria.

T: E quando você pensou nisso sexta-feira, o que aconteceu? Sua vontade de morrer aumentou ou diminuiu?

C: Aumentou.

T: OK, então, quando você teve esse pensamento, sua vontade de morrer aumentou. E você está me dizendo que acha que morrer resolveria seu problema. Que problema resolveria?

C: Todos. Eu estaria morto.

T: Como você sabe que isso resolveria seu problema?

C: Eu estaria morto.

T: Como você sabe que estar morto resolverá seus problemas?

C: Bom, a morte é o fim da sua vida, então os problemas em sua vida definitivamente terminariam.

T: Como você sabe? Sério, qual é a evidência?

C: Bom, a ciência tem algo a dizer.

T: OK, vamos seguir a ciência. A ciência tem algo definitivo a dizer sobre o que acontece após a morte? Já foi publicado em algum jornal, como no *The New York Times*?

C: Não.

T: Parece também que você acredita em algum tipo de vida após a morte, já que estava falando sobre uma "renovação".

C: Sim, talvez eu acredite um pouco em reencarnação.

T: OK, então, vamos seguir nessa linha. O pensamento é: "Se eu morrer, vou reencarnar e não terei esses problemas". O que você sabe sobre reencarnação?

C: Não muito.

T: OK, então dependendo do seu sistema de crenças, você meio que tem que aprender as mesmas lições repetidamente. Ou você desce a escada da iluminação. Como se você voltasse como uma cobra ou uma centopeia.

C: Ah, eu não gostaria disso.

T: E você não teria a mim para ajudá-lo com isso. Então, o pensamento que está por trás de sua ideação suicida e a mantém presente é a crença de que seus problemas seriam resolvidos morrendo, certo?

C: Sim.

T: Sim, e o que você consegue concluir dessa crença?

C: Que se baseia na ideia de que a morte significa o fim dos problemas, mas, se realmente pensamos nisso, não sabemos ao certo se é verdade.

T: OK, quanto você acredita nisso em uma escala de 0 a 100?

C: Cerca de 85%.

T: O que dizem os outros 15%?

C: Talvez eu esteja disposto a arriscar que estejamos errados.

T: Porque você ainda acredita que funcionaria?

C: Isso.

T: E quando você estava desregulado na sexta-feira, o quanto você acreditou?

C: Ah, tipo 100%.

T: OK, então, eu não quero fingir que essa é uma solução fácil. E eu acho que esse é o problema. Qual é o pensamento que está logo após o "Se eu morrer, isso resolverá meus problemas"? O mundo deveria funcionar dessa maneira porque...

C: Meus problemas devem ser solucionáveis.

T: Por que deveriam ser?

C: Eu mereço ter uma solução fácil.

T: Certo. Por quê?

C: Porque eu sou uma boa pessoa. Coisas ruins aconteceram comigo e eu mereço um descanso.

T: OK, então, vê o problema? Não é só que você acha que o suicídio vai resolver os problemas. Você também acha que deveria ter uma solução fácil para os problemas que tem. Faz sentido que uma solução como o suicídio possa ser atraente, então?

C: Sim, não tinha pensado assim.

T: Se eu tivesse uma resposta fácil, eu lhe daria. Juro.

C: Obrigado.

T: Mas não sei, você já encontrou respostas fáceis para problemas difíceis?

C: Não, é tão injusto.

T: Bom, temos que falar sobre isso também. Mas voltemos a essa cadeia. Você está tendo pensamentos como: "Fazer isso resolverá meus problemas"; "Meus problemas deveriam ser fáceis de resolver"; "Se eles não são fáceis de resolver, é injusto"; "Eu tive coisas ruins acontecendo e eu mereço uma pausa". Isso resume?

C: Sim, muito bem.

T: E, quando você pensa em tudo isso, o que você se sente orientado a fazer?

C: Suicídio.

T: Certo. Foi isso que aconteceu na sexta-feira?

C: Sim, totalmente.

T: OK, então, se você está carregando esses pensamentos, quão motivado você vai estar para resolver os problemas muito difíceis de sua vida?

C: Não muito, obviamente.

T: E é aí que eu acho que continuamos presos na cadeia. Podemos encontrar todos os tipos de ótimas soluções, mas, se você está se apegando à ideia de que não deveria ser você a resolver os problemas, então realmente não vamos longe. Quem você acha que deveria estar resolvendo esses problemas para você?

C: Bom, meu pai, para começar. E Kyle, provavelmente.

T: OK, então eles concordam que são responsáveis por resolver seus problemas? [*Enfraquecendo a passividade ativa.*]

C: Não, esse é o problema.

T: Eles vão concordar em algum momento?

C: Provavelmente não.

T: Parece que isso pode estar minando a coisa toda. Se você está sentado esperando que eles concordem em resolver seus problemas, quanto tempo você vai esperar?

C: Eternamente.

T: OK, então o que você quer fazer com isso?

C: Acho que vou ter que resolvê-los, mas não estou feliz com isso.

T: Entendido. Então, vamos amarrar isso com a sexta-feira. Como você pode usar isso?

C: Bem, se eu cair na toca do coelho do "Isso é injusto e eu não deveria ter que fazê-lo", eu preciso me lembrar de não ser tão voluntarioso.

T: Sim, posso ver como isso está chegando à obstinação. OK, então quais habilidades você poderia usar? [*Discussão subsequente de habilidades e análise de soluções.*]

Avaliação

O terapeuta poderia ter se apegado à solução direta de problemas comportamentais e sido diretivo sobre a abordagem "pessoas que estão mortas não têm vidas melhores", mas, nesse caso, a questão não era apenas essa. Para além disso, seus problemas deveriam ser facilmente resolvidos, e resolvidos por outra pessoa. Em termos de DBT, isso é "passividade ativa" — a ideia de que os clientes trabalharão ativamente para fazer com que o mundo os regule e resolva seus problemas. Isso geralmente decorre do fato de os clientes terem pouco sucesso tentando resolver seus próprios problemas devido à baixa tolerância à frustração e à crença no "deveria" relacionado à solução de problemas excessivamente simplificada.

O questionamento socrático e a análise em cadeia cognitiva podem ser vistos como parte da solução de problemas das análises de soluções anteriores que não impediram o cliente de considerar o suicídio uma solução. O questionamento socrático foi usado nesse caso para elucidar as crenças que impediam o cliente de se engajar e se comprometer com a resolução ativa do problema. Isso é importante pois a elucidação da análise da solução é uma área negligenciada da DBT, e talvez possa render mais frutos em termos de modelagem de comportamentos. Se entendermos as crenças que interferem na implementação de soluções comportamentais e as contemplarmos, poderemos aumentar o sucesso de nossas análises de soluções e melhorar a vida de nossos clientes. A esperança é que o uso de estratégias dialéticas e socráticas para atingir essas crenças inibitórias leve a mudanças cognitivas e comportamentais duradouras. O passo-chave a não perder de vista é vincular as estratégias aos planos comportamentais explícitos como parte da análise da solução.

REGISTRO DE PENSAMENTO DO MÉTODO DIALÉTICO SOCRÁTICO

A leitura dos capítulos anteriores deste livro ajudará você a compreender melhor nossa estrutura para o diálogo socrático.

Passo 1: verifique regulações

O primeiro passo nesse processo é verificar quão regulado é o seu cliente. No módulo de regulação emocional da DBT, usamos uma escala de 0 a 100, em que 100 representa a emotividade máxima e 0 representa a ausência de emoção. Qualquer um dos extremos não será eficaz. Se o seu cliente estiver dissociado, talvez você precise usar algumas habilidades de *grounding* para fazê-lo presente na sala com você (e consigo mesmo). Se ele for altamente ativado/desregulado emocionalmente, você vai querer treiná-lo para usar algumas habilidades de regulação na sessão com você. Isso normalmente consiste em mais do que algumas respirações profundas, e você pode esperar gastar cerca de 15 minutos fazendo isso se as emoções forem intensas. Algo a observar é uma catastrofização das emoções que não abrandam rapidamente por conta própria. A habilidade ideal a ser usada depende do cliente e do que você faz bem. Estratégias comuns incluem respiração diafragmática, representação, relaxamento muscular progressivo, *grounding*, relaxamento com os cinco sentidos ou acolhimento consciente das emoções. Alguns clientes se saem bem com uma combinação de estratégias, e você vai querer que eles pratiquem o que funciona fora da sessão também.

Passo 2: defina a proposta

O próximo passo é identificar qual declaração você está procurando avaliar. Na dialética, esse elemento pode ser chamado de tese ou proposição (com a perspectiva alternativa sendo a antítese ou contraproposição). Escolher o pensamento certo a ser perseguido é importante, e um capítulo anterior deste livro aborda em detalhes como identificar os alvos cognitivos ideais.

Ao trabalhar com essa população, há pelo menos três alvos estratégicos: (1) pensamentos que comumente aparecem nas análises de cadeia que vocês fazem juntos na sessão; (2) previsões que impedem o comportamento competente ou previsões autoderrotistas que impedem os comportamentos necessários para construir uma vida que valha a pena ser vivida; (3) pensamentos ligados à ideação suicida (p. ex., o significado emocional da principal razão pela qual o cliente quer morrer ou suposições relacionadas à principal razão pela qual ele acha que a vida não pode melhorar). Uma crença comum relacionada à ideação suicida que ocorre com frequência nas cadeias é a de que o suicídio resolverá o problema de sua dor.

Passo 3: identifique as contraproposições

Esse é um passo importante no processo e, para o terapeuta, não é o momento de sentar e acompanhar o que quer que surja. Queremos considerar perspectivas alternativas estraté-

Verificação da regulação: *em uma escala de 0 a 100, quão intenso é o seu estado emocional atual? Considere usar algumas de suas habilidades de regulação para reduzir a intensidade a um nível moderado.*		
Proposição: *(Que pensamento estamos avaliando?)*		
Contraproposição(ões): *(Qual é o ponto de vista alternativo que queremos considerar ou avaliar?)* *(Pode haver algumas contraproposições a serem consideradas?)*		
Confira os fatos: *Liste os fatos abaixo e marque (✓) as colunas em que os fatos se encaixam melhor. Um único fato pode apoiar várias conclusões, então queremos listar todos e verificar qual conclusão tem mais suporte.*	Proposição (✓)	Contraproposição(ões) (✓)
Curiosidade: *O que estamos perdendo? O que não sabemos? Há contexto importante faltando nas declarações acima? Há alguma exceção que estamos esquecendo?*		
Resumo: *Como podemos resumir toda a história?*		
Síntese: *Conecte os diferentes elementos verdadeiros com o termo "e".*		
Mensagem: *Qual é a declaração mais eficaz e crível?* *Como posso aplicá-la à minha próxima semana?*		

FIGURA 12.1 Registro de pensamento do método dialético socrático.

gicas. Não é aconselhável sugerir alternativas excessivamente positivas ou puramente positivas, porque elas podem ser rejeitadas pelo cliente. Esse é um momento para usar suas habilidades de validação de nível 4, 5 e 6 e conceitualizar a situação para ver o que pode estar faltando. Pode ser útil sondar como você veria a situação se estivesse nela. Ou como o cliente pode ver a situação em um dia em que estiver mais regulado ou em um dia com menos adversidades. Aqui, podemos recorrer à terapia FAB de desativação de modo descrita anteriormente, na medida em que podemos procurar suavizar a proposição. A contraproposição não precisa ser o oposto da proposição, embora geralmente esteja na direção do comportamento efetivo.

Obtendo uma perspectiva 3-D com a dialética

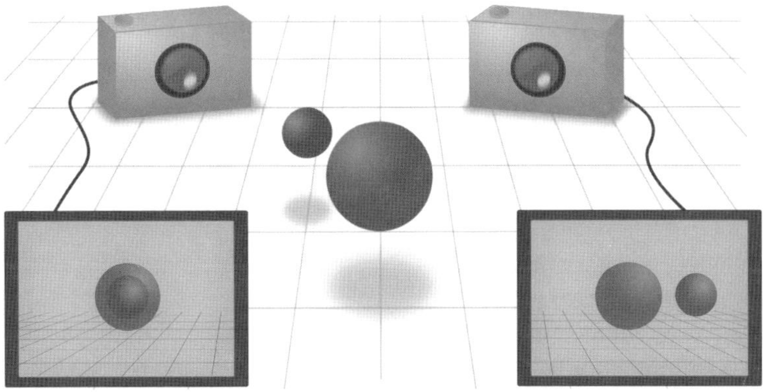

Uma câmera multilentes é capaz de criar uma imagem 3-D sintetizando múltiplas perspectivas. Ao usar o pensamento dialético, podemos criar uma visão 3-D da situação sintetizando a verdade encontrada a partir de diferentes perspectivas. Primeiro, precisamos identificar as diferentes perspectivas que queremos avaliar.

Descreva a situação:

Proposta-alvo:
(Qual é a sua interpretação da situação ou o resultado esperado?)

Quais são as contraproposições?
(Quais são as explicações alternativas plausíveis e úteis?)
(Considere como você pode ver a situação de uma perspectiva diferente, em um dia diferente, com a ajuda de seu terapeuta ou de sua imaginação.)

Próximos passos: verifique os fatos e siga em direção à síntese.

FIGURA 12.2 Visão 3-D e dialética.

Às vezes, uma metáfora pode ser útil. Incluímos uma planilha que introduz o conceito de proposições e contraproposições usando a metáfora de uma câmera 3-D. Uma câmera 3-D é capaz de criar imagens tridimensionais integrando vários pontos de vista. Da mesma forma, podemos criar uma compreensão mais "3-D" da situação sintetizando a verdade encontrada em vários pontos de vista.

Um contraponto estratégico pode auxiliar no processo, e você pode precisar acessar sua própria *expertise* para ajudar o cliente a encontrá-lo. Conceitualmente, é interessante pensar sobre qual perspectiva ajudaria a criar uma compreensão mais sutil e precisa da situação. Outra opção é se concentrar na alternativa crível que está faltando. Às vezes, o fato de que pode haver mais na história que você ainda não sabe pode ser uma contraproposição adequada. Outras vezes, focar o comportamento necessário na situação pode ser a contraproposição.

Os terapeutas de DBT são ótimos em serem flexíveis e se concentrarem em fazer o que funciona. Ao trabalhar com ideação suicida, pode ser útil recorrer à estrutura de avaliação e gestão colaborativa da suicidalidade (Cams, do inglês *collaborative assessment and management of suicidality*; Jobes & Drozd, 2004).

Na Cams, o terapeuta avalia o desejo de viver e o desejo de morrer do cliente e, em seguida, avalia a principal razão para querer viver e a principal razão para querer morrer. Terapeuta e cliente também analisam o que seria necessário para melhorar a situação. Um terapeuta poderia abordar a principal razão para querer viver e a viabilidade de isso acontecer como duas contraproposições potenciais. Alternativamente, o terapeuta pode direcionar a viabilidade da melhoria da situação como uma contraproposição. Dando um passo adiante, ele pode avaliar se a prática da aceitação melhoraria a experiência do cliente.

Se o seu cliente estiver particularmente sem esperança, talvez você precise usar representações para cultivar uma boa contraproposição. Se você puder ajudá-lo a desenvolver uma imagem mental em que sua vida vale a pena ser vivida, então poderá ter algumas boas contraproposições em potencial. Se você fizer isso, definir se a imagem é algo pelo qual vale a pena lutar, como uma contraproposição, pode ser uma maneira de contornar as previsões iniciais de que ela nunca se concretizará. Ou, se o cliente tem "certeza" de que isso é algo que não será capaz de fazer, você pode usar estratégias de representação para que ele imagine uma versão futura de si mesmo que aprendeu e desenvolveu suas habilidades de DBT e para que avalie se essa versão de si mesmo poderia ter o tipo de vida que quer construir. Há muitas contraproposições boas a serem consideradas.

Passo 4: verifique os fatos

Existem diferentes maneiras de verificar os fatos. O método atual no manual da DBT está focado em verificar se seu pensamento está distorcido (p. ex., se você está percebendo uma ameaça ou catastrofizando). Outros métodos para verificar os fatos incluem pesar as evidências ou usar uma abordagem mais indutiva. Uma revisão sistemática de registros de pensamento descobriu que eles tendem a tentar a mudança cognitiva de três maneiras diferentes: (1) pedindo diretamente um pensamento diferente; (2) demonstrando a necessidade de um pensamento diferente ao indicar como o pensamento é distorcido; (3) desenvolvendo um novo pensamento ao avaliar a situação e as evidências (Waltman et al., 2019). O atual manual de habilidades de DBT se concentra mais no segundo método, e vamos focar mais o terceiro método; isso está de acordo com o enfoque no empirismo colaborativo.

Uma coisa é mostrar que um pensamento está distorcido; outra é ajudar alguém a encontrar um pensamento mais equilibrado e crível. Ambos os métodos têm valor e você pode pensar nisso como uma análise em cadeia e uma análise de soluções — uma está focada em

Questionamento socrático para terapeutas **229**

avaliar como um problema aconteceu e a outra, em verificar como evitar que o problema aconteça novamente.

Para verificar os fatos, primeiro você precisa expô-los. Se você quiser examinar as evidências confirmatórias e não confirmatórias, considere usar o registro de pensamento padrão encontrado neste livro e descrito em detalhes nos capítulos anteriores. Descobrimos que isso tende a ser um processo difícil. Como alternativa, sugerimos uma estratégia que integre tanto a habilidade de checar os fatos quanto a habilidade do caminho do meio. Como você pode ver em nosso registro de pensamento do método dialético socrático, estamos usando uma abordagem que é consistente com um método popular para tratar a hipocondria chamado de hipótese A/hipótese B (Salkovskis & Bass, 1997). A integração desses componentes resulta em um processo em que listamos a proposição e a contraproposição que estamos avaliando, elencamos os fatos sobre a situação e, em seguida, verificamos qual afirmação é apoiada por qual fato. O mesmo fato pode apoiar várias conclusões, e isso dá ao terapeuta a chance de incluir alguma validação, destacando: "Bem, posso ver como você chegou lá".

Deve-se ter cautela ao utilizar outros pensamentos, interpretações, julgamentos ou emoções como fatos. É um fato que o cliente teve esse pensamento e um fato que ele se sentiu de determinado modo, e estamos nos concentrando em uma definição mais rigorosa dos fatos. Nossos fatos devem ser evidências de que qualquer conclusão (a proposição ou a contraproposição) é verdadeira.

Passo 5: seja curioso

O principal objetivo dessa etapa é tentar explicar os fatores externos ou as peças que faltam no quebra-cabeça. Existem lacunas em nosso conhecimento? Há coisas que não sabemos? Existe um contexto importante para explicar a evidência que apoia a proposição? Existem outros elementos relevantes para incluir no processo?

Se a etapa de verificação dos fatos é a da evidência confirmatória, então essa também é a etapa da evidência não confirmatória. Buscar a evidência não confirmatória implica estar curioso sobre quaisquer sinais de que a proposição não seja verdadeira. Se tivermos feito um bom trabalho ao apoiar a contraproposição, talvez não precisemos solicitar diretamente evidências de que a proposição não seja verdadeira; em vez disso, podemos nos concentrar em reforçar o apoio à contraproposição. O Capítulo 7, "Curiosidade colaborativa", apresenta uma variedade de estratégias para ajudar nessa etapa.

Passo 6: resumo

Muitas vezes, esse pode ser um processo emocionalmente desgastante para nossos clientes e, por isso, queremos passar algum tempo ajudando-os a encaixar tudo. As etapas de resumo e síntese são importantes e fáceis de serem ignoradas por terapeutas iniciantes. É aqui que trabalhamos para tornar explícita a nova aprendizagem. Como normalmente não temos os mesmos esquemas e as mesmas estruturas de crenças que nossos clientes, frequentemente é mais fácil vermos uma nova perspectiva antes deles. Também pode haver o ímpeto de o terapeuta tentar escolher um pensamento puramente positivo, porque assim os clientes podem se sentir melhor. Pensamentos irrealistas e cegamente positivos não são consistentes com a aceitação radical.

Além disso, a fantasia pode ser um tipo de dissociação que impede as pessoas de tomar decisões difíceis e dar passos difíceis em suas vidas. Portanto, estamos procurando desenvolver novos pensamentos que sejam equilibrados e adaptativos. Esse processo envolve resumir os diferentes aspectos da tensão dialética e o suporte atual observado para os diferentes componentes: "Como podemos encaixar todas as diferentes peças de verdade que encontramos?". Assim, uma declaração resumida não é simplesmente uma declaração de qualquer componente que tenha mais suporte.

Passo 7: síntese

A síntese é o passo final tradicional do processo dialético filosófico. Aqui, trabalhamos para reconciliar a verdade que encontramos ao considerar diferentes perspectivas, de modo a criar aquela visão "3-D" que foi descrita anteriormente. Muitas vezes isso é feito costurando elementos aparentemente incompatíveis com o termo "e". Por exemplo:

> Há evidências de que minha mãe nunca me amou como eu precisava E isso não significa que não seja possível que eu seja amada como pessoa. É doloroso não ser amada por alguém como minha mãe E acho que isso tinha mais a ver com ela do que comigo. Conheci algumas pessoas que me amaram E estou aprendendo a me amar.

Para sintetizar, trabalhamos em dois níveis: (1) sintetizamos diretamente os elementos da dialética (síntese dialética) e (2) sintetizamos a síntese dialética com seu esquema cognitivo geral (acomodação esquemática). Uma vez que tenhamos uma síntese dialética, queremos ajudar o cliente a sintetizá-la com suas proposições iniciais e seus pressupostos gerais de vida. Como a nova conclusão se compara à suposição inicial? E às suas crenças subjacentes? Como o cliente concilia suas suposições anteriores com essa nova perspectiva complexa?

Pode ser útil incorporar representações nesse processo. Existem várias maneiras de fazer isso. Você pode fazer com que o cliente imagine o novo pensamento como verdadeiro. Você pode fazer com que ele imagine alguém em quem confia verbalizando o pensamento. Você pode fazer com que ele se imagine sendo competente ou bem-sucedido. A imaginação é poderosa: é uma boa maneira de invocar uma resposta emocional consistente. Josefowitz (2017) publicou anteriormente um excelente guia sobre o tema da incorporação de imagens em estratégias socráticas e registros de pensamento.

Passo 8: consolidação da aprendizagem e conexão com metas comportamentais

Também queremos ajudar a solidificar esses ganhos, auxiliando o cliente a traduzir a mudança cognitiva em mudança de comportamento. Então, perguntamos a ele como quer colocar a nova perspectiva em prática ou como quer testá-la na próxima semana. Se esse tiver sido o módulo de regulação emocional em DBT, verificar os fatos seria um passo para determinar se o melhor plano de comportamento é usar ação oposta ou resolução de problemas. Para ser consistente com o modelo, recomendamos que você ancore o exercício nessas conclusões. Se a proposição inicial não for uma perspectiva precisa ou efetiva, então uma ação oposta àquela perspectiva inicial pode ser indicada. Notadamente, a ação oposta à proposição inicial pode ser o mesmo que agir de acordo com a nova perspectiva da síntese dialética, o que pode cair sob o guarda-chuva da resolução de problemas. A questão a ser considerada é: "Que comportamento específico será eficaz e competente?".

Exemplo de registro de pensamento do método dialético socrático

O que se segue é um exemplo de como o registro de pensamento do método dialético socrático é usado na sessão. Neste exemplo, Patrícia, uma mulher lésbica, afro-caribenho-americana, com transtorno da personalidade *borderline*, que está na casa dos 30 anos, usa esse método em sessão com seu terapeuta para reduzir sua ideação suicida. Alguns antecedentes são importantes para a compreensão do caso de Patrícia: o ambiente invalidante em que seu transtorno da personalidade *borderline* se desenvolveu era aquele em que ela, quando criança, era frequentemente colocada no papel de cuidadora de sua mãe, que provavelmente tinha dependência de álcool. Patrícia foi ensinada a invalidar e a esconder sua experiência emocional e a ser excessivamente passiva e acomodada, o que acabaria levando a períodos de descontrole e agressão verbal. Mais tarde, ela aprendeu a descontar essa emoção em si mesma. Com o tempo, seu ambiente foi moldado para reforçar ainda mais seus comportamentos, já que as pessoas que tendiam a permanecer em sua vida eram aquelas abusivas e exploradoras em relação a ela. Ela entrou em terapia após sua terceira tentativa séria de suicídio, e sua vida digna de ser vivida envolve ter relacionamentos de apoio mútuo. Ela então teve alguns meses de treinamento de habilidades de DBT, e os conceitos estavam começando a se encaixar; consequentemente, seu terapeuta começou a se concentrar em avaliar e mirar as cognições persistentes associadas à sua ideação suicida e a comportamentos de autolesão.

Nessa sessão, o terapeuta recorreu à estrutura anterior para abordar pensamentos relacionados à ideação suicida usando um método dialético socrático. O terapeuta observou na revisão do cartão diário que a ideação suicida surgiu durante a semana. Terapeuta e cliente iniciaram uma análise em cadeia sobre a ideação e descobriram que determinados pensamentos surgiram nessa cadeia do mesmo modo como surgiram nas anteriores que terminaram em ideação suicida ou autolesão. Assim, o terapeuta decidiu passar a avaliar esses pensamentos como parte da análise da solução.

TERAPEUTA (T): Patrícia, esse pensamento surgiu em algumas das cadeias que fizemos juntos. Isso é algo em que você pensa com frequência?

CLIENTE (C): Não constantemente.

T: Então, você não está constantemente tendo esse pensamento. Fico feliz em ouvir isso, porque parece um pensamento doloroso. Esse é um pensamento que comumente surge em seu caminho para ações de autolesão ou pensamentos de autolesão?

C: Sim.

T: Deixe-me mapear minha compreensão do que você me disse em nossa análise em cadeia, para que possamos ver se estou no caminho certo. Então, você chegou em casa do trabalho e sua parceira estava sentada no sofá ao telefone. A casa estava uma bagunça, havia pratos na pia, o jantar não tinha começado a ser preparado. Parecia que nada tinha sido feito desde que você saíra de casa. Você disse a si mesma que tinha que fazer tudo e ficou com raiva. Você começou a limpar ruidosamente esperando que ela se levantasse e a ajudasse, mas ela apenas aumentou o volume da tevê. Você se envolveu em uma discussão em que coisas ofensivas foram ditas. Depois, você chorou sozinha enquanto fazia o jantar. Então, você passou a maior parte da noite pensando em como isso sempre acontece, como você sempre será uma serva para outras pessoas e como você desejava estar morta. Essa é a cadeia que escrevemos, certo?

C: Sim, parece-me familiar.

T: Esses pensamentos no final, de que isso sempre acontece e você sempre será uma serva para outras pessoas, são semelhantes a outros pensamentos que vimos em cadeias anteriores.

C: Certo, então, sim, muitas vezes tenho esses pensamentos quando me sinto assim.

T: E esses pensamentos tendem a torná-la mais ou menos suicida?

C: Mais!

T: Acho que uma questão-chave para analisarmos é por que esses pensamentos fazem você se sentir suicida.

C: Acho que é porque percebo que nunca terei o tipo de relacionamento que quero, que sempre estarei presa nessa situação.

T: (Irreverente) Bem, posso assegurar que a única maneira de garantir que você nunca terá o relacionamento que deseja é se matar.

C: Hum, eu acho que está certo. Tipo, as coisas não podem melhorar se eu me matar.

T: Exatamente.

C: Mas ainda não acredito que terei o relacionamento que quero.

T: Eu sei que é uma parte importante da sua vida que vale a pena ser vivida. E se aplicarmos algumas de nossas habilidades de DBT para avaliar esses pensamentos? Você está disposta a fazer isso?

C: Se você acha que vai ajudar.

T: OK, então o primeiro passo é verificar como somos regulados. Quais emoções você está sentindo atualmente e quão intensas elas são?

C: Atualmente estou triste, mas não tão triste quanto quando começamos.

T: De 0 a 100, sendo 100 a tristeza máxima, quão triste você está atualmente?

C: Talvez 80, 85, talvez mais. Estou bem triste com isso.

T: Ótimo trabalho nomeando suas emoções e relacionando um número a elas. Vamos tirar um momento e aplicar algumas de nossas habilidades à sua tristeza. Vamos usar o que funcionou na semana passada. Vamos nos sentar em nossas cadeiras, abrir as palmas das mãos e praticar nossa respiração diafragmática.

C: (Acompanhando)

T: Acho que hoje vou adicionar um mantra à minha prática. Inspirando, apenas neste momento. Expirando, apenas esta respiração. (Continua a prática.)

C: (Acompanhando)

T: (Após um período de prática sustentada) Quão intensas estão suas emoções agora?

C: Minha tristeza é cerca de 60. Além disso, sinto-me mais conectada com você.

T: Vamos planejar lembrar de que isso foi útil para você. OK, o próximo passo nesse processo é definir os diferentes elementos da dialética. Primeiro, qual é o pensamento que estamos avaliando?

C: Que nunca terei o tipo de relacionamento que quero ter.

T: Para deixar mais claro, como estamos definindo o tipo de relacionamento que você quer ter?

C: Um em que nós duas ajudamos e eu não tenho que fazer tudo.

T: Estamos nos concentrando na divisão do trabalho?

C: Sim, esse é um conceito totalmente estranho ao meu relacionamento!

T: E tem mais a ver com você não fazer tudo ou com elas fazerem mais?

C: As duas coisas!

T: OK, então a proposta que estamos analisando é a previsão de que você nunca terá um relacionamento em que não faça todo o trabalho. Certo?

C: É exatamente disso que tenho medo.

T: Em seguida, queremos traçar algumas contraproposições ou pontos de vista alternativos a serem considerados. Então, quais são algumas outras maneiras de olhar para a situação que podem ter alguma verdade?

C: Bem, você me disse que uma vida em que eu tenho relacionamentos diferentes com outras pessoas e comigo mesma é possível, e estou apenas confiando em você.

T: E quais seriam as condições necessárias para que isso acontecesse, para você ter relações diferentes?

C: Eu precisaria ser melhor em me defender e também poderia precisar de pessoas melhores em minha vida.

T: Gosto da ideia de que ser assertiva a ajudará a conseguir o que deseja. E como estamos definindo essa ideia de pessoas melhores?

C: Pessoas que não se aproveitam de mim e que carregam seu próprio peso.

T: Então, pessoas que não esperam que você faça tudo ou pessoas que trabalham mais?

C: De novo, as duas coisas!

T: Parece que temos três contraproposições para analisar.

1. Você pode ter melhores relacionamentos aprendendo a ser mais assertiva.
2. Você pode precisar abordar a divisão de expectativas de trabalho que as pessoas têm ou conhecer novas pessoas com expectativas diferentes.
3. Você pode precisar conhecer pessoas que trabalham mais ou fazer com que as pessoas em sua vida realizem mais com suas habilidades de assertividade.

Podemos fazer isso de algumas maneiras diferentes, podemos escolher uma delas para avaliar com métodos de TCC padrão. O método dialético consiste em buscar a verdade em cada perspectiva e tentar encaixar essas peças para obter uma melhor compreensão da verdade.

Então, temos a proposição inicial de que você nunca terá o tipo de relacionamento que deseja (i.e., um relacionamento em que haja mais equidade na divisão do trabalho).

Além disso, temos estas contraproposições que criamos: aprendendo a ser mais assertiva, você pode ter melhores relacionamentos; abordando as expectativas das pessoas sobre divisão de tarefas ou trabalho, ou encontrando pessoas com expectativas diferentes, você pode ter melhores relacionamentos; e, finalmente, seja fazendo com que as pessoas com quem você se relaciona trabalhem mais com suas habilidades de assertividade, seja conhecendo novas pessoas que são mais produtivas, você pode ter melhores relacionamentos.

Estou anotando isso neste formulário para que possamos rastrear o que estamos vendo. Em seguida, vamos usar nossa habilidade de verificar os fatos e registrar os fatos da situação.

C: Então, quais são os fatos?

T: Sim, quais são os fatos relevantes para a proposição e as contraproposições de sua capacidade de ter o tipo de relacionamento que deseja?

C: Bom, eu não tenho o relacionamento que quero. Minha parceira nunca me ouve e eu faço todo o trabalho!

T: Então, o fato de você estar atualmente insatisfeita com o relacionamento está bem demonstrado e não precisamos avaliar mais essa parte. Existem fatos que demonstrem que esse sempre será o caso?

C: Todo relacionamento que eu já tive foi assim.

T: Quer dizer, todo relacionamento que você teve envolveu você fazendo a maior parte do trabalho?

C: Sim, isso mesmo.

T: Bem, isso é uma evidência, vamos registrar isso como outro fato. Agora, quando você diz todos, você quer dizer todos os relacionamentos?

C: Sim.

T: Houve algum que fosse pior do que os outros?

C: Sim, alguns não me valorizavam, alguns foram abusivos e muito ruins.

T: Fico feliz que você esteja fora dessas situações agora.

C: Eu também.

T: Então, em geral, você tende a fazer a maior parte do trabalho, e algumas vezes foram piores do que as outras. Estou curioso para saber se houve momentos um pouco menos ruins do que o habitual. Qual foi a divisão de trabalho menos desfavorável que você teve em um relacionamento?

C: Eu tinha uma colega de quarto, Jill, que não era tão ruim. Ela fazia algumas coisas, eventualmente, mas deixava pratos na pia ou roupas no chão que eu normalmente acabava limpando.

T: E esse era o acordo que vocês duas tinham sobre a divisão do trabalho?

C: Acordo?

T: Parece que as expectativas foram mais intuídas do que definidas e acordadas?

C: Sim, você quer dizer que algumas pessoas falam claramente com as pessoas sobre quem faz o quê?

T: Sim, parece que encontramos mais alguns fatos para nossa lista de verificação. Jill foi menos desagradável do que as outras e normalmente não há um acordo ou uma discussão sobre expectativas, divisão ou trabalho. Existem outros fatos para a nossa lista?

C: Bom, minha mãe sempre esperou e ainda espera que eu cuide dela.

T: Então, esse é outro fato para incluir em nossa lista. Algo mais?

C: Não tenho certeza.

T: E os fatos relacionados a essa ideia de você se tornar mais competente: existem fatos relacionados a isso que queremos considerar?

C: Estou aprendendo a técnica DEAR MAN,[2] ainda não sou boa nela, mas estou aprendendo novas habilidades.

T: Sim, excelente. O que mais?

C: As pessoas do grupo falaram sobre como tiveram algum sucesso usando a DEAR MAN com familiares e amigos.

T: Então, talvez a habilidade funcione, pelo menos algumas vezes. E essa ideia de atender às expectativas de outras pessoas para a divisão do trabalho ou atender outras pessoas com expectativas diferentes?

C: Bom, acho que poderia aprender a ter uma conversa franca com as pessoas sobre quem faz o quê e sobre como não quero fazer tudo.

T: Adorei essa ideia, vamos escrever isso. E estabelecemos com o exemplo de Jill que as pessoas são diferentes. É possível que existam algumas pessoas por aí que podem ser receptivas a uma versão assertiva de você, que podem aceitar seus limites relacionados à divisão do trabalho e que podem ser mais produtivas em casa?

C: Acho que sim, quer dizer, deve haver, certo?

T: Sim, definitivamente.

C: OK, bom.

T: Então, vamos ver qual coluna os fatos sustentam. Os fatos apoiam a ideia de que você nunca terá o tipo de relacionamento que deseja e/ou eles apoiam uma de nossas contrapropostas sobre sua capacidade de aprender a ser mais hábil e de usar essas habilidades para promover mudanças no relacionamento ou para conhecer novas pessoas? Primeiro, vamos começar com a ideia de que você atualmente não está feliz com seus relacionamentos e de que a maioria de seus relacionamentos envolveu você fazendo a maior parte do trabalho. Quais conclusões isso apoia?

C: A proposição?

T: Bom, sim, eu também acho. Temos o exemplo de Jill e ela fazendo um pouco mais do que todas as outras pessoas. Onde isso se encaixa?

C: Talvez nas duas coisas, não fiquei feliz com a forma como o trabalho foi dividido, mas esse exemplo me dá esperança de que algumas pessoas sejam melhores nisso do que outras.

T: E sobre a parte em que as expectativas para a divisão do trabalho normalmente não foram ditas?

---

[2] N. de R. T. Técnica empregada pela DBT que busca desenvolver a efetividade nas relações interpessoais e resolver conflitos referentes às necessidades do indivíduo. É um acrônimo em que D se refere a **descrever**; E, **expressar**; A, comunicar **assertivamente**; R, oferecer **reforços** antecipados; M, manter-se em *mindfulness*; A, aparentar confiança; N, **negociar**.

C: Então, esse é o tipo de evidência de que talvez as coisas possam melhorar se eu puder aprender a fazer isso, mas ainda não consegui. Talvez também seja uma evidência de que as coisas não melhorarão.

T: Então, novamente as duas coisas. E essa ideia de aprender novas habilidades e a técnica DEAR MAN?

C: Isso faz parte das contraproposições, com certeza. Além disso, há a ideia de que eu poderia ter um pouco do sucesso que as outras pessoas do grupo tiveram. Mas... você acha que eu consigo?

T: Sim, eu não estaria lhe ensinando essa habilidade se não achasse que isso funciona e se não achasse que você poderia colocá-la em prática. Finalmente, temos essa parte sobre a existência de outras pessoas por aí que podem se encaixar melhor em relação às expectativas e à carga de trabalho. Onde devemos colocar isso?

C: Talvez na coluna "As coisas podem melhorar"? Nunca pensei que merecia algo melhor do que tenho, mas talvez mereça.

T: Isso parece outro pensamento para trabalharmos em um dia diferente.

C: Sim, isso provavelmente seria inteligente.

T: Então, agora queremos tirar um momento e aplicar um pouco de curiosidade ao que acabamos de fazer para ver se perdemos alguma coisa ou se há outros fatores importantes a serem considerados. Eu me pergunto se pode haver algumas variáveis externas em jogo. Há alguma característica comum nas pessoas com as quais você tende a se relacionar?

C: O que você quer dizer?

T: Bem, estamos analisando a ideia de divisão do trabalho em casa. Existem semelhanças entre as pessoas com quem você tende a se relacionar quanto às habilidades domésticas?

C: Acho que nenhuma delas é realmente boa em coisas domésticas. Costumo namorar pessoas mais jovens e a maioria não parece saber cozinhar ou limpar. Acho que suas mães fizeram isso por elas.

T: E, para você, era o oposto, você tendia a fazer essas coisas para sua mãe.

C: Você está certo, temos vivências muito diferentes.

T: E possivelmente expectativas diferentes também.

C: Sim, muito.

T: Existe algum outro contexto que podemos estar ignorando? Ou outras coisas importantes a considerar?

C: Acho que não.

T: Se elas tentassem ajudar, provavelmente não seriam tão boas em cozinhar ou limpar como você.

C: (Rindo) Sim, certo. Eu nunca como nada que elas cozinham, porque elas não sabem temperar.

T: Isso é algo que você disse a elas no passado?

C: Sim, tivemos algumas brigas por causa disso.

T: É?

C: Sim, elas me disseram que, se eu fosse insultar a comida delas, não iriam cozinhar.

Questionamento socrático para terapeutas **237**

T: Então talvez seja um contexto a ser considerado. Teremos que incluir isso na resolução de problemas futuros. OK, o próximo passo é resumir o quadro geral e todos os pontos de verdade que abordamos. Como você resumiria as verdades que discutimos?

C: Estou infeliz e sempre fui infeliz, mas talvez as coisas possam melhorar.

T: Quais são os elementos de verdade relacionados às coisas melhorando?

C: Existem boas habilidades.

T: E?

C: Funcionaram para pessoas que conheço.

T: E?

C: ??

T: E você pode aprender a usá-las também.

C: Ah, certo!

T: E as outras pessoas?

C: Posso usar a DEAR MAN para atender às expectativas da minha parceira ou posso encontrar outra pessoa.

T: Uau! OK, então vamos encaixar tudo isso usando a palavra "e".

C: Atualmente, estou insatisfeita porque faço a maior parte do trabalho e normalmente tem sido assim, e isso não significa que as coisas não possam melhorar e que eu não possa aprender a usar habilidades como DEAR MAN, e conheço pessoas que conseguiram e posso aprender também, e posso usar essas habilidades para tentar mudar meu relacionamento ou encontrar um novo.

T: Você acredita nessa afirmativa?

C: Sim.

T: Então, qual é a mensagem principal disso tudo?

C: As coisas só vão melhorar se eu usar minhas habilidades.

T: E como você quer aplicar isso na próxima semana?

C: Acho que preciso melhorar minhas habilidades da técnica DEAR MAN.

T: Perfeito, vamos revisar as habilidades e planejar alguma prática para a semana.

Avaliação

O terapeuta decidiu abordar a crença de que os relacionamentos não melhoraram como um antecedente de comportamentos problemáticos que não foi moldado por análises de soluções anteriores. O terapeuta aproveitou o tempo para entender melhor a suposição antes de passar para a definição de contraproposições, o que então permitiu a ele ter algumas ideias sobre quais seriam as contraproposições efetivas. Algumas alternativas foram selecionadas e estavam próximas o suficiente para serem avaliadas em conjunto. A cliente parecia estar exibindo algum pensamento de tudo ou nada (i.e., "isso sempre acontece"), e o terapeuta optou por seguir a rota socrática de avaliar a supergeneralização em vez de descartar imediatamente a afirmativa como distorcida. Uma estratégia-chave para demonstrar que uma afirmativa é supergeneralizada é indicar variabilidade. O terapeuta escolheu primeiro olhar para "É sempre pior?" a fim de que, mais tarde, pudessem contrabalançar com "Bem, se às vezes é pior, às vezes é melhor". Isso ajuda a construir um argumento para a possibilidade de mudança.

O terapeuta também utilizou as contraproposições como pontos de ancoragem, solicitando diretamente os fatos que as sustentavam. Depois de desenvolver alguns bons fatos e verificá-los, a curiosidade é importante, porque é fácil para qualquer uma das partes obter uma visão limitada da situação. Aqui o terapeuta se perguntou o que poderia ter acontecido no passado se as parceiras tivessem tentado ajudar, e descobrimos que a cliente poderia ter punido previamente essas tentativas. O terapeuta optou por evitar o foco nisso naquele momento, pois havia uma armadilha percebida — a cliente poderia se culpar pela situação —, e não havia tempo suficiente na sessão para abordar uma potencial "espiral da vergonha". O terapeuta certamente abordará esse comportamento ineficaz mais tarde, ao estabelecer novos planos para a técnica DEAR MAN. Finalmente, eles reuniram tudo e conectaram as descobertas a um plano de comportamento sólido: a cliente se concentraria no desenvolvimento de sua habilidade com a DEAR MAN, e as habilidades foram encaradas como sua saída da situação que anteriormente resultara em seu comportamento suicida.

Todas as etapas desse processo são componentes da DBT configurados de uma perspectiva socrática consistente com o empirismo colaborativo para maximizar o potencial de reestruturação cognitiva bem-sucedida com uma população de transtorno da personalidade *borderline*. Além disso, de uma perspectiva comportamental, o ponto final da tarefa é o mesmo lugar em que você terminaria se estivesse fazendo um trabalho tradicional de regulação emocional. Portanto, é compatível com a DBT e não interromperá o fluxo do tratamento.

RESUMO DO CAPÍTULO

Este capítulo resumiu as estratégias socráticas para trabalhar com uma população que tem transtorno da personalidade *borderline* a partir de uma estrutura de DBT. As habilidades e estratégias apresentadas são consistentes com o modelo da DBT e são configuradas de forma a maximizar o potencial de estratégias socráticas bem-sucedidas. Todas as estratégias socráticas apresentadas são fundamentadas na terapia comportamental e focam a promoção da mudança de comportamento. Novas habilidades, como a análise em cadeia cognitiva e o registro de pensamento do método dialético socrático, usam componentes da DBT e são demonstradas com exemplos clínicos. Os elementos-chave para trabalhar com essa população incluem o uso de estratégias de regulação antes do uso de estratégias cognitivas e, em seguida, a associação entre o resultado da avaliação socrática e a mudança de comportamento.

REFERÊNCIAS

Alavi, A., Sharifi, B., Ghanizadeh, A., & Dehbozorgi, G. (2013). Effectiveness of cognitive-behavioral therapy in decreasing suicidal ideation and hopelessness of the adolescents with previous suicidal attempts. *Iranian Journal of Pediatrics, 23*(4), 467–472.

Apsche, J. A. (2010). A literature review and analysis of mode deactivation therapy. *International Journal of Behavioral Consultation and Therapy, 6*(4), 296. Beck, J. S. (2011). *Cognitive behavior therapy: Basics and beyond* (2nd ed.). New York: Guilford Press.

Braun, J. D., Strunk, D. R., Sasso, K. E., & Cooper, A. A. (2015). Therapist use of Socratic questioning predicts session-to-session symptom change in cognitive therapy for depression. *Behaviour Research and Therapy, 70*, 32–37.

Brown, G. K., Newman, C. F., Charlesworth, S. E., Crits-Christoph, P., & Beck, A. T. (2004). An open clinical trial of cognitive therapy for borderline personality disorder. *Journal of Personality Disorders, 18*(3), 257–271.

Cristea, I. A., Gentili, C., Cotet, C. D., Palomba, D., Barbui, C., & Cuijpers, P. (2017). Efficacy of psychotherapies for borderline personality disorder: A systematic review and meta-analysis. *JAMA Psychiatry, 74*(4), 319–328.

DeCou, C. R., Comtois, K. A., & Landes, S. J. (2019). Dialectical behavior therapy is effective for the treatment of suicidal behavior: A meta-analysis. *Behavior Therapy, 50*(1), 60–72.

Fassbinder, E., Schweiger, U., Martius, D., Brand-de Wilde, O., & Arntz, A. (2016). Emotion regulation in schema therapy and dialectical behavior therapy. *Frontiers in Psychology, 7*, 1–19.

Ferster, C. B. (1972). The experimental analysis of clinical phenomena. *Psychological Record, 22*, 1–16.

Jacob, G. A., & Arntz, A. (2013). Schema therapy for personality disorders—A review. *International Journal of Cognitive Therapy, 6*(2), 171–185.

Jobes, D. A., & Drozd, J. F. (2004). The CAMS approach to working with suicidal patients. *Journal of Contemporary Psychotherapy, 34*(1), 73–85.

Josefowitz, N. (2017). Incorporating imagery into thought records: Increasing engagement in balanced thoughts. *Cognitive and Behavioral Practice, 24*(1), 90–100.

Layden, M. A., Newman, C. F., Freeman, A., & Morse, S. B. (1993). *Cognitive therapy of borderline personality disorder.* Needham Heights, MA: Allyn & Bacon.

Leahy, R. L. (2018). *Emotional schema therapy: Distinctive features.* New York: Routledge.

Lewon, M., & Hayes, L. J. (2014). Toward an analysis of emotions as products of motivating operations. *The Psychological Record, 64*, 813–825.

Linehan, M. M. (1987). Dialectical behavior therapy for borderline personality disorder: Theory and method. *Bulletin of the Menninger Clinic, 51*(3), 261.

Linehan, M. (1993). *Cognitive-behavioral treatment of borderline personality disorder.* New York: Guilford Press.

Linehan, M. M., Korslund, K. E., Harned, M. S., Gallop, R. J., Lungu, A., Neacsiu, A. D., … & Murray-Gregory, A. M. (2015). Dialectical behavior therapy for high suicide risk in individuals with borderline personality disorder: A randomized clinical trial and component analysis. *JAMA Psychiatry, 72*(5), 475–482.

Mueller, G. E. (1958). The Hegel legend of "thesis-antithesis-synthesis." *Journal of the History of Ideas, 19*(3), 411–414.

Panos, P. T., Jackson, J. W., Hasan, O., & Panos, A. (2014). Meta-analysis and systematic review assessing the efficacy of dialectical behavior therapy (DBT). *Research on Social Work Practice, 24*(2), 213–223.

Paret, C., Kluetsch, R., Zaehringer, J., Ruf, M., Demirakca, T., Bohus, M., … & Schmahl, C. (2016). Alterations of amygdala-prefrontal connectivity with real-time fMRI neurofeedback in BPD patients. *Social Cognitive and Affective Neuroscience, 11*(6), 952–960.

Rizvi, S. L., & Ritschel, L. A. (2014). Mastering the art of chain analysis in dialectical behavior therapy. *Cognitive and Behavioral Practice, 21*(3), 335–349.

Salkovskis, P. M., & Bass, C. (1997). Hypochondria-sis. In D. M. Clark & C. G. Fairburn (Eds.), *Science and practice of cognitive behaviour therapy* (pp. 313–340). Oxford: Oxford University Press.

Skinner, B. F. (1957). *Verbal behavior.* New York: Appleton Century-Crofts.

Skinner, B. F. (1983). Can the experimental analysis of behavior rescue psychology? *The Behavior Analyst, 6*, 9–17.

Stiglmayr, C. E., Grathwol, T., Linehan, M. M., Ihorst, G., Fahrenberg, J., & Bohus, M. (2005). Aversive tension in patients with borderline personality disorder: A computer-based controlled field study. *Acta Psychiatrica Scandinavica, 111*(5), 372–379.

Tee, J., & Kazantzis, N. (2011). Collaborative empiricism in cognitive therapy: A definition and theory for the relationship construct. *Clinical Psychology: Science and Practice, 18*(1), 47–61.

van Elst, L. T., Hesslinger, B., Thiel, T., Geiger, E., Haegele, K., Lemieux, L., … & Ebert, D. (2003). Frontolimbic brain abnormalities in patients with borderline personality disorder: A volumetric magnetic resonance imaging study. *Biological Psychiatry, 54*(2), 163–171.

Waltman, S. H. (2015). Functional analysis in differential diagnosis: Using cognitive processing therapy to treat PTSD. *Clinical Case Studies, 14*(6), 422–433.

Waltman, S. H., Frankel, S. A., Hall, B. C., Williston, M. A., & Jager-Hyman, S. (2019). Review and analysis of thought records: Creating a coding system. *Current Psychiatry Research and Reviews, 15*, 11–19.

Waltman, S. H., Hall, B. C., McFarr, L. M., Beck, A. T., & Creed, T. A. (2017). In-session stuck points and pitfalls of community clinicians learning CBT: Qualitative investigation. *Cognitive and Behavioral Practice, 24*, 256–267. doi:10.1016/ j.cbpra.2016.04.002

Yoman, J. (2008). A primer on functional analysis. *Cognitive and Behavioral Practice, 15*, 325–340.

13

Estratégias socráticas e a terapia de aceitação e compromisso

R. Trent Codd III

❖ O QUE VOCÊ VERÁ NESTE CAPÍTULO

Estratégias socráticas e a terapia de aceitação e compromisso	242
Compreendendo a ACT e a RFT	242
Teoria dos quadros relacionais	243
Comportamento governado por regras	245
Supressão de pensamento	245
Questionamento socrático e o modelo de flexibilidade psicológica	246
Aceitação	246
Desfusão	247
Consciência do momento presente	248
O eu como contexto	249
Valores	249
Ação comprometida	250
Conclusão	250

Estratégias que agora seriam ditas baseadas em atenção plena foram um componente inicial da terapia cognitiva (Beck, 1979), embora não tenham sido muito enfatizadas até recentemente — depois de serem popularizadas pelas terapias comportamentais contextuais. Beck inicialmente usou os termos "distanciamento" e "descentralização". Esses termos se referem a um processo metacognitivo, ou seja, ter a capacidade de mentalmente dar um passo atrás e reconhecer pensamentos como pensamentos, ou mesmo reconhecer que seus pensamentos podem não ser precisos, representa um distanciamento mental. É claro que a prática das terapias cognitivo-comportamentais baseadas na atenção plena é muito mais complexa e elaborada do que apenas dar mentalmente um passo atrás.

Um dos erros clínicos mais comuns dos que praticam a terapia de aceitação e compromisso (ACT; Hayes, Strosahl, & Wilson, 2016) é se perder ao falar sobre o modelo em vez de realmente aplicá-lo com seu cliente (Brock, Batten, Walser, & Robb, 2015). O uso de estratégias socráticas na perspectiva da ACT se concentra em fazer perguntas e ter um diálogo que facilite essa prática. Para ser consistente com o modelo da ACT, este capítulo se concentrará no uso de estratégias socráticas para facilitar a flexibilidade psicológica em oposição à modificação cognitiva tradicional.

ESTRATÉGIAS SOCRÁTICAS E A TERAPIA DE ACEITAÇÃO E COMPROMISSO

A ACT é uma terapia cognitivo-comportamental de terceira onda baseada na teoria dos quadros relacionais (RFT, do inglês *relational frame theory*; Hayes, Barnes-Holmes & Roche, 2001), uma teoria comportamental da linguagem e da cognição. A ACT é construída sobre um conjunto de suposições filosóficas que diferem daquelas que sustentam as terapias cognitivo-comportamentais de segunda onda, como a terapia cognitiva de Beck. A RFT e os pressupostos filosóficos subjacentes à ACT têm implicações clínicas, incluindo a definição de quais devem ou não ser os objetivos da terapia e de quais intervenções são adequadas na busca desses objetivos. Para muitos, essas implicações significam que as estratégias socráticas são uma contraindicação absoluta quando se trabalha a partir do modelo da ACT.

Acreditamos que essa interpretação está equivocada e que as estratégias socráticas podem ser uma adição valiosa ao arsenal de um terapeuta da ACT. Neste capítulo, discutimos a incorporação de estratégias socráticas que são consistentes com a perspectiva da ACT/RFT. Primeiramente, falaremos sobre as considerações relacionadas à ACT/RFT em geral; mais tarde, falaremos sobre como usar perguntas socráticas para facilitar a realização da ACT.

COMPREENDENDO A ACT E A RFT

A assimilação das estratégias socráticas de forma congruente com a ACT/RFT requer a compreensão de vários conceitos centrais. Assim como o capítulo sobre a DBT, este não é um guia completo para a ACT. Já existem diversos bons textos sobre essa abordagem (ver Hayes, Strosahl, & Wilson, 2016 e Luoma, Hayes, & Walser, 2017). Nesta seção, fornecemos um panorama das ideias-chave, com foco especial em como as estratégias socráticas podem ser usadas para aprimorar sua prática de ACT.

TEORIA DOS QUADROS RELACIONAIS[1]

Os humanos se envolvem ativamente na construção de relações. Isso significa que eles relacionam objetos arbitrariamente entre si em uma ampla gama de dimensões. Por exemplo, eles relacionam objetos em termos de tamanho relativo, importância, similaridade, distância, perspectiva e temporalidade, entre muitas outras dimensões. Em resumo, a perspectiva da RFT é a de que o pensamento relacional é a característica central da cognição humana complexa.

Os humanos pensam prontamente de uma forma relacional. Um exercício clássico frequentemente apresentado em *workshops* e livros de ACT (p. ex., Hayes, 2005) demonstra como é fácil relacionar duas coisas de praticamente qualquer maneira possível. O exercício pede aos participantes dois substantivos separados (escolhidos aleatoriamente) seguidos por uma série de perguntas relacionais. Independentemente dos substantivos selecionados, as relações entre as dimensões avaliadas sempre podem ser encontradas. Por exemplo, escolhemos aleatoriamente "cachorro" e "barco" como substantivos para fins de ilustração. Agora aplicamos as seguintes questões relacionais: como um cachorro e um barco são semelhantes entre si? Algumas semelhanças são que ambos podem viajar, machucar as pessoas e exigir cuidados e manutenção regulares. Como um cachorro é melhor do que um barco? Um cão pode fornecer companhia e não requer peças mecânicas. Como um cachorro é o oposto de um barco? Um cachorro é uma coisa viva, enquanto um barco não é. Poderíamos continuar a fazer perguntas relacionais sobre esses dois substantivos, sempre sendo capazes de responder com relações identificáveis.

Devido à facilidade com que os humanos se engajam em fazer relações (i.e., na linguagem), desenvolvem redes relacionais cada vez mais vastas ao longo do tempo, e essas redes podem dominar sua experiência direta (Hayes, Brownstein, Haas, & Greenway, 1986). Ficar preso na armadilha de fazer "o que é certo" em vez de o que funciona é um exemplo dessa dificuldade. Por exemplo, se alguém sente que a coisa moralmente correta a se fazer é repreender pessoas imprudentes, mesmo que tenha experimentado uma série de consequências sociais dolorosas (p. ex., perda de emprego) quando o fez, seu comportamento provavelmente está sob o controle de processos baseados na linguagem, e não na experiência direta. Pode ser útil pedir aos clientes que considerem se suas regras se tornaram exageradas ou insensíveis a mudanças no ambiente.

Os quadros relacionais têm três características centrais: vinculação mútua, vinculação combinatória e transformação da função do estímulo. A vinculação mútua envolve a aprendizagem de relações bidirecionais quando apenas uma relação foi ensinada. Por exemplo, se alguém é ensinado que A é o mesmo que B, deduzirá que B é o mesmo que A sem qualquer

---

[1] Um tratamento abrangente da RFT está além do escopo deste capítulo. O leitor interessado pode consultar N. Torneke (2010). *Learning RFT: An Introduction to Relational Frame Theory and Its Clinical Application*. Oakland, CA: New Harbinger Publications.

treinamento explícito. Relações mutuamente vinculadas podem se ligar umas às outras — um processo conhecido como vinculação combinatória. Tendo já aprendido que A é igual a B, pode-se aprender separadamente que B é igual a C. Mesmo que não haja nenhum treinamento explícito em termos de como A e C estão relacionados, combinaremos essas duas relações (i.e., A = B e B = C) e deduziremos que A é igual a C e que C é igual a A. Ou seja, houve duas relações treinadas que produziram quatro relações derivadas para um total de seis. Finalmente, se A, B ou C for associado a uma emoção, como medo, os outros eventos na rede relacional provavelmente também provocarão a mesma emoção.

Considere um exemplo mais concreto envolvendo uma criança que é apresentada a uma pessoa chamada Jack. A criança aprende primeiro, por meio de treinamento explícito, que a palavra "Jack" corresponde a um homem caucasiano de 30 e poucos anos que tem cabelos castanhos. Embora não tenha sido explicitamente treinada, ela deduz que o homem que vê é equiparado à palavra "Jack". Jack tem uma voz alta e profunda que provoca medo na criança em uma ocasião subsequente em que ele fala com ela. Jack (a pessoa, não a palavra) adquire várias funções de estímulo que envolvem medo (p. ex., batimentos cardíacos acelerados, sudorese). Por causa da bidirecionalidade da linguagem, a criança deriva uma relação de igualdade entre essas sensações físicas e Jack, a pessoa. Essas quatro relações (duas treinadas e duas derivadas) se combinam para que a criança deduza que a palavra "Jack" está em uma relação bidirecional com o medo. Além disso, a palavra "Jack" agora adquire as mesmas funções de estímulo que a pessoa Jack, provocando medo nela quando a palavra é dita. Como a palavra "Jack" adquiriu funções aversivas, a criança pode agora começar a evitar pensar na palavra "Jack" ou em outros pensamentos, emoções ou eventos que se associaram por meio de sua participação em redes relacionais adicionais.

As relações aprendidas não podem ser desaprendidas. Elas só podem ser elaboradas. Consequentemente, ao trabalhar a partir de um modelo de ACT/RFT, deve-se ter cuidado com o uso de estratégias socráticas que possam contribuir para uma expansão dos quadros relacionais dos quais os pensamentos problemáticos participam. Às vezes, a ampliação das redes é útil; às vezes não. Da perspectiva da ACT/RFT, a principal consideração é se a expansão da rede relacional aumentará a flexibilidade psicológica. A psicoeducação é um exemplo de quando ensinar novas relações pode ser útil. Por exemplo, um cliente com transtorno de pânico com palpitações cardíacas em uma relação de equivalência com "ataque cardíaco" pode se beneficiar ao saber que as palpitações cardíacas também podem ser iguais à "resposta luta-fuga", com diferentes funções de estímulo (p. ex., "desagradável, mas não perigoso"). A elaboração de redes relacionais também é demonstrada a partir de um modelo de ACT/RFT quando eventos que eram aversivos passam a ser enquadrados como atrativos. Por exemplo, imagine uma cientista que considera voar altamente aversivo, a ponto de evitar totalmente as viagens aéreas, mesmo que sejam necessárias para ela participar de conferências. Se ela valoriza a divulgação de seu trabalho científico, podemos fazer perguntas que a ajudem a enquadrar as viagens aéreas com esse importante valor. Isso pode transformar as funções anteriormente aversivas das viagens aéreas ao associá-las com as funções atrativas de seu valor como pesquisadora.

Um meio de evitar a elaboração inútil de redes relacionais é fazer perguntas aos clientes que levem à observação de seus processos de pensamento sem julgamento e com curiosidade. O objetivo desse tipo de questionamento é favorecer a capacidade do cliente de observar seus pensamentos irem e virem sem tentar alterar as redes relacionais. Isso altera a função de suas redes. As perguntas a serem feitas podem incluir as seguintes:

Você consegue perceber que está tendo o pensamento X?
Eu me pergunto: como seria sentar e assistir aos seus pensamentos se desdobrarem?
O que sua mente está lhe dando agora?

Comportamento governado por regras

O comportamento pode ser governado por regras ou contingências. O comportamento governado por regras (Skinner, 1969) se refere ao comportamento sob o controle de estímulos que especificam contingências (i.e., pensamentos sobre a contingência), e não àquele em interação direta com essas contingências. Conforme observado anteriormente, o comportamento governado por regras pode ser problemático porque as regras geralmente são insensíveis a mudanças no ambiente. Isso pode resultar em clientes que persistem em um comportamento que não os ajuda, apesar do repetido *feedback* experiencial direto do ambiente de que seu comportamento é ineficaz.

Existem três categorias de regras a seguir (Hayes, Zettle, & Rosenfarb, 1989): *pliance*, rastreamento e ampliação. *Pliance* (derivado de *compliance*) é um tipo de cumprimento de regras que se baseia em consequências sociais, como agradar os outros. Por exemplo, um cliente pode ter aprendido cedo na vida que, quando perguntado como está, deve sempre dizer que está bem, mesmo que não esteja. Ele pode ter sido socializado para ver isso como a coisa socialmente apropriada a se fazer. No entanto, isso pode bloquear sua capacidade de receber apoio e conexão de outras pessoas importantes.

O rastreamento é o seguimento de regras com base na correspondência entre a regra e as contingências diretas. A reestruturação cognitiva provavelmente será mais útil com o comportamento problemático mantido por trilhas imprecisas. A ampliação consiste em seguir regras que alteram o modo como os eventos funcionam como consequências, criando novas consequências ou alterando o valor das consequências existentes. Esses processos podem ser úteis para ajudar o comportamento a ficar sob o controle do reforço retardado. Por exemplo, um cliente que está cursando doutorado pode ser ajudado a persistir em seu programa, mesmo que a recompensa esteja a anos de distância, relacionando a busca do doutorado a valores importantes.

Supressão de pensamento

Foi demonstrado que a supressão do pensamento leva a um aumento nas ocorrências do pensamento suprimido (Wenzlaff & Wegner, 2000) e a uma série de resultados emocionais indesejáveis (p. ex., Feldner, Zvolensky, Eifert, & Spira, 2003; Harvey, 2003; Koster, Rassin, Crombez, & Näring, 2003). Consequentemente, as estratégias socráticas não devem buscar respostas do cliente que funcionam para suprimir pensamentos. Acreditamos que existe uma percepção equivocada de que essa é a função pretendida do diálogo socrático na terapia cognitiva de Beck e esperamos que nosso modelo elaborado de quatro etapas deixe claro que esse não é o objetivo.

QUESTIONAMENTO SOCRÁTICO E O MODELO DE FLEXIBILIDADE PSICOLÓGICA

Embora as estratégias tradicionais de mudança cognitiva de Beck não sejam necessariamente consistentes com a ACT, se usarmos uma definição mais ampla das estratégias socráticas, poderemos discutir como usar essas questões para aprimorar sua prática de ACT. O questionamento socrático tradicional é um processo de desconstrução (análise) e reconstrução (síntese). Ao longo dos anos, as pessoas começaram a usar a expressão "questionamento socrático" para designar qualquer questionamento destinado a fazer alguém refletir ou experimentar um processo interno. Um artigo recente expandiu esse conceito e dividiu os tipos de perguntas socráticas que um terapeuta pode fazer em três categorias (ver Okamoto, Dattilio, Dobson, & Kazantzis, 2019): exploratória (compreensão da preocupação), mudança de perspectiva (exploração das alternativas) e síntese (facilitação da descoberta). No restante deste capítulo, revisaremos perguntas e tipos de perguntas dessas três categorias que podem ajudá-lo a realizar a ACT. Claro, deve-se notar que outro erro clínico comum na ACT é falar demais (ou ouvir demais; Brock et al., 2015). As estratégias socráticas são um diálogo, e a escuta é uma parte importante desse processo (Padesky, 1993). Além disso, como enfatizamos neste texto, aconselha-se um ritmo que permita a experiência das emoções; ao usar estratégias socráticas na ACT, a métrica é sempre o que vai ajudar a facilitar o processo de fomento da flexibilidade psicológica.

Os teóricos da ACT articulam seis processos psicológicos como alvos de tratamento. Esses processos são aceitação, desfusão, consciência do momento presente, eu como contexto, valores e ações comprometidas. As estratégias socráticas ligadas a esses seis processos centrais de maneira congruente com a RFT, conforme discutido anteriormente, também são congruentes com a ACT/RFT. Exemplos de perguntas são fornecidos a seguir, embora não tenham a intenção de ser usados como um roteiro de terapia e certamente não sejam uma lista de perguntas rápidas. A ACT é uma terapia flexível que requer um ritmo que permita a expressão emocional e a experiência no momento presente. As perguntas e os processos ideais dependerão de sua conceitualização da evitação experiencial de seu cliente.

Aceitação

Reduzir a evitação experiencial é um objetivo primário na ACT. A aceitação envolve a interrupção do comportamento de fuga e evitação e pode ser caracterizada como um comportamento de aproximação em relação a experiências aversivas privadas (p. ex., pensamentos dolorosos, emoções). A aceitação completa das experiências psicológicas é encorajada, incluindo a noção de que a dor emocional é uma parte regular da vida e nunca será eliminada. A aceitação não é buscada apenas por si mesma, mas porque facilita a vida valorizada.

A aceitação é frequentemente mal compreendida devido aos usos coloquiais do termo, e é útil esclarecer o que ela não significa. Não significa resignação, tolerância ou convencimento de que sentir dor emocional é aceitável. Em vez disso, envolve abrir e abraçar totalmente todas as experiências psicológicas de alguém. "Vontade" é um termo frequentemente usado no lugar de aceitação porque conceitualmente se aproxima do que se entende por aceitação nesse contexto. No entanto, a compreensão conceitual da aceitação, e de fato a de muitos outros conceitos da ACT, é insuficiente para uma compreensão completa do construto. A aceitação é aprendida principalmente por meios experienciais.

Aqui estão alguns exemplos de perguntas que podem ser usadas para abordar esse processo, categorizadas de acordo com Okamoto et al. (2019):

Eu me pergunto: você está tentando não ter dor em sua vida? [exploratória]

Como suas tentativas de remover ou reduzir essa dor funcionaram? [sintetizando]

O que aconteceria se você experimentasse isso (pensamento, emoção, memória, etc.) por alguns momentos? [mudança de perspectiva]

Você pode ficar em silêncio e se permitir experimentar isso plenamente? [mudança de perspectiva]

Eu me pergunto: esse pensamento, emoção, etc. precisa ser seu inimigo? Você realmente precisa fugir disso? [mudança de perspectiva]

Você já considerou a possibilidade de que sentir/pensar essas coisas seja uma parte natural da vida? [sintetizando]

O que você espera que aconteça se você for bem-sucedido em se livrar dessa depressão (ou ansiedade, etc.)? [sintetizando]

Quando você tenta se livrar de seus pensamentos, emoções, etc., sua vida fica maior ou menor? [sintetizando]

Com o que você tem lutado e como tem sido? [exploratória]

Desfusão

A desfusão envolve o processo de aprender que os pensamentos são apenas pensamentos e não as coisas às quais eles literalmente se referem — uma estratégia que altera o impacto comportamental de pensamentos problemáticos. Dito de outra forma, a desfusão retira as palavras de suas funções literais para que possam ser experimentadas como símbolos arbitrários em vez de fatos. Voltando ao nosso exemplo anterior da criança e de Jack, quando a palavra "Jack" provocou uma reação de medo na criança, tal reação se fundiu com a palavra. Ou seja, a criança respondeu com medo quando apenas a palavra "Jack" apareceu, como se o homem Jack estivesse fisicamente presente, o que não era o caso. As intervenções de desfusão ajudariam essa criança a ver que a pessoa de Jack não está literalmente lá e que tudo o que ela está realmente experimentando no momento são as quatro letras J-A-C-K. Quando um cliente pode ver as palavras pelo que elas são, fica menos inclinado a tentar escapar delas ou evitá-las.

Existem diversas maneiras de executar a desfusão. Em geral, perguntas que facilitam o distanciamento dos pensamentos e a observação do processo de pensar facilitam a desfusão. O processo de execução de experimentos comportamentais e o registro de pensamento podem facilitar a desfusão porque ambos exigem distanciamento dos pensamentos de uma pessoa, registrando-os fisicamente (p. ex., em um folheto de registro de pensamento). De fato, a noção de que a reavaliação cognitiva pode promover a desfusão foi demonstrada empiricamente (Kobayashi, Shigematsu, Miyatani, & Nakao, 2020).

Às vezes, pode ser útil demonstrar que é possível pensar algo que não é verdade. Você pode pedir ao seu cliente para dizer a si mesmo que ele é uma banana (ver Robb, 2005).

Peça que diga com sinceridade. Você pode dizer com ele: "Eu sou uma banana". Em seguida, explore sua experiência interna dizendo algo que ele sabe que não é verdade. Pergunte se ele pode reconhecer que isso é apenas barulho. O próximo passo é aplicar isso aos seus pensamentos mais problemáticos.

Alguns exemplos de perguntas socráticas que podem ser usadas a serviço da desfusão são as seguintes:

Você pode experimentar esses pensamentos como apenas uma sequência de letras?
Qual é a sua percepção da diferença entre uma descrição e uma avaliação? Esse pensamento com o qual você está lutando é uma descrição ou uma avaliação? [sintetizando]
Você percebe nesses momentos de luta que você vê o mundo a partir de seus pensamentos? Ou você tem uma perspectiva diferente? [exploratória]

A desfusão é mais bem aprendida por meio de exercícios experienciais, em vez de por puro discurso intelectual. Assim, uma estratégia útil é implementar um exercício de desfusão e, em seguida, interrogar o cliente com perguntas socráticas. Por exemplo:

Eu me pergunto: qual seria o impacto de dizer esse pensamento repetida e muito rapidamente? [exploratória] Eu sei que é bobo, mas você estaria disposto a tentar?

Execute o exercício. Após o exercício:

O que você experimentou? [sintetizando]
O que aconteceu com o significado dessa palavra? [sintetizando]

Consciência do momento presente

A atenção é frequentemente alocada para eventos passados e futuros, e raramente, sem intenção consciente, focada no que está ocorrendo no momento presente. A consciência do momento presente ocorre quando os processos de atenção estão focados na experiência imediata com as qualidades de curiosidade, e não de julgamento. A consciência do momento presente é importante porque pode aumentar a sensibilidade às mudanças momentâneas no ambiente, ajudando a contornar regras inúteis que nos afastam de nossa experiência direta. Além disso, reorientar a atenção para o momento presente compete com a ruminação.

Como outros processos da ACT, a consciência do momento presente é mais bem aprendida por meio da prática experiencial. As perguntas socráticas podem ser usadas para facilitar a aprendizagem mais profunda desses exercícios, bem como para estimular seu uso. Exemplos de perguntas que podem ser usadas para facilitar a consciência do momento presente são as seguintes:

Onde está sua mente agora? No passado, futuro ou presente? [exploratória]
Isso é típico de você? Ou seja, quando você fica preso, sua mente tende a estar no passado/futuro? [sintetizando]
Eu gostaria de saber se seria útil estar presente por um momento (dito quando o cliente está preso em seus pensamentos). [mudança de perspectiva] (Em seguida, estimule as habilidades do momento presente.)

Você consegue perceber as sensações do ar contra suas narinas enquanto inspira e expira? [mudança de perspectiva]

Descreva as sensações de seus pés enquanto eles descansam no chão. [mudança de perspectiva]

Seria útil para nós encontrar uma pista indicando que você não está mais presente? O que pode servir como uma dica útil? [sintetizando]

Como você pode se fazer presente nesses momentos? [sintetizando]

O eu como contexto

Os terapeutas da ACT procuram ajudar os clientes a construir um senso de *self* caracterizado pelo local de onde observam suas experiências privadas. Isso contrasta com o senso de *self* que muitos clientes têm, no qual eles igualam suas experiências privadas com eles mesmos (conhecido como "eu como conteúdo"). Desenvolver o eu como contexto confere muitas vantagens, incluindo um ponto de vista seguro para observar pensamentos e emoções desafiadoras. Também facilita o distanciamento e a observação de processos baseados na linguagem.

As perguntas socráticas que podem ser usadas incluem as seguintes:

Que parte de você está percebendo que você tem esse pensamento? [sintetizando]

Você consegue notar que está percebendo que tem esse pensamento? [mudança de perspectiva]

Quando você captura essa parte de si mesmo que está ciente de seus pensamentos/emoções, que impacto isso tem? [sintetizando]

Como experimentar a parte de você que está observando seus pensamentos/emoções pode ajudá-lo a seguir em frente? [sintetizando]

Valores

Os valores são direções de vida verbalmente articuladas e que importam para um cliente. Eles descrevem como os sujeitos gostariam de se comportar no mundo em termos de uma classe de comportamento. Os valores não são iguais aos objetivos, pois os primeiros não têm pontos finais, enquanto os últimos têm. Por exemplo, um cliente pode indicar que valoriza ser um pai amoroso. Isso não tem um ponto final concreto: desde que a pessoa seja pai, ela sempre pode ser mais amorosa. Em contraste, objetivos como passar a noite apenas focado no filho ou dizer ao filho que você o ama têm fins fixos, embora possam ser repetidos. Valores e objetivos relacionam-se entre si no sentido de que objetivos significam que se está seguindo (ou não) a(s) direção(ões) valorizada(s).

Dificuldades comuns associadas a valores ocorrem quando os clientes confundem valores com objetivos e quando selecionam valores com base no que eles acham que deveriam valorizar. Auxiliar os clientes com o esclarecimento de valores deve incluir ajudá-los a identificar a função dos valores que eles articulam, de modo que só se acomodem em direções valorizadas que sejam verdadeiramente atraentes.

As estratégias socráticas para uso com valores e esclarecimento de objetivos incluem as seguintes questões:

Quão eficaz você foi na última semana (ou outro período de tempo) em viver de acordo com seus valores (0-10)? [exploratória]

Quão eficaz você foi na última semana (ou outro período de tempo) em viver de acordo com seu valor X (valor específico)? [exploratória]

Se você pudesse fazer uma mudança que faria toda a diferença do mundo na forma como está vivendo seus valores, qual seria essa mudança? [mudança de perspectiva]

Se ninguém pudesse saber que você efetivamente viveu o valor X, você ainda gostaria de viver de acordo com esse valor? Por que você acha que eu perguntei isso? [exploratória]

Se você vivesse o valor X efetivamente e isso não levasse a sentimentos positivos, mas talvez até mesmo a sentimentos dolorosos, você ainda gostaria de viver de acordo com o valor X? Por que você acha que eu perguntei isso? [exploratória]

Quando você estiver em seu leito de morte, como você gostaria de ter vivido em termos de casamento, carreira, paternidade, etc.? [exploratória]

Se eu o observasse na última semana, veria seu comportamento alinhado com o valor X? [sintetizando]

Ação comprometida

Na ação comprometida, os padrões comportamentais começam a ganhar impulso. Esse processo envolve estabelecer metas, delinear determinado comportamento específico para essas metas e assumir compromissos com esses resultados comportamentais. Também envolve a reorientação contínua, conforme necessário, para a trajetória comportamental desejada descrita pelo valor. Finalmente, as barreiras internas que podem surgir à medida que o cliente faz mudanças comportamentais são antecipadas, e intervenções consistentes com a ACT são incentivadas.

As perguntas facilitadoras da ação comprometida incluem as seguintes:

Nesta semana (ou outro período de tempo), se você aumentasse a eficácia de viver de acordo com seus valores em 1 ou 2 pontos, o que você faria de diferente? O que eu observaria você fazendo? [mudança de perspectiva]

Você pode ter o pensamento/emoção problemático X e ainda se mover nessa direção importante? [mudança de perspectiva]

Você deve resolver esses pensamentos/emoções dolorosas antes de avançar em sua vida? Como essa estratégia funcionou para você anteriormente? [sintetizando]

CONCLUSÃO

Apesar da percepção de que as estratégias socráticas são contraindicadas do ponto de vista da ACT/RFT, elas podem de fato ser úteis para os terapeutas que trabalham com esse modelo, se forem usadas de maneira consistente. No entanto, a aplicação dessas estratégias de forma congruente com o modelo requer uma compreensão dos conceitos centrais relaciona-dos ao seguimento de regras e à resposta relacional arbitrariamente aplicável. Esse entendi-mento é essencial porque fala de como, por que e quando essas estratégias devem ou não ser aplicadas. Em geral, as estratégias consistentes com a ACT/RFT só elaboram em redes rela-cionais quando isso levar a um aumento na flexibilidade psicológica, enfatizar um exame da função (em vez da forma) dos pensamentos, transmitir-se de uma maneira que não tenha funções supressoras de pensamento e transformar funções anteriormente aversivas em fun-ções atrativas. Revisamos o modelo hexaflex de flexibilidade psicológica e demonstramos como o questionamento socrático pode ser usado para ajudar a facilitar a prática da ACT.

REFERÊNCIAS

Beck, A. T. (1979). *Cognitive therapy and the emotional disorders.* New York: Meridian. Brock, M. J., Batten, S. V., Walser, R. D., & Robb, H. B. (2015). Recognizing common clinical mistakes in ACT: A quick analysis and call to awareness. *Journal of Contextual Behavioral Science, 4,* 139–143.

Feldner, M. T., Zvolensky, M. J., Eifert, G. H., & Spira, A. P. (2003). Emotional avoidance: An experimental test of individual differences and response suppression using biological challenge. *Behaviour Research and Therapy, 41*(4), 403–411.

Harvey, A. G. (2003). The attempted suppression of presleep cognitive activity in insomnia. *Cognitive Therapy and Research, 27*(6), 593–602.

Hayes, S. C. (2005). *Get out of your mind and into your life: The new acceptance and commitment therapy.* Oakland, CA: New Harbinger Publications.

Hayes, S. C., Barnes-Holmes, D., & Roche, B. (2001). *Relational frame theory: A post- Skinnerian account of human language and cognition.* New York: Springer Science & Business Media.

Hayes, S. C., Brownstein, A. J., Haas, J. R., & Greenway, D. E. (1986). Instructions, multiple schedules, and ex-tinction: Distinguishing rule-governed from schedule-controlled behavior. *Journal of the Experimental Analysis of Behavior, 46*(2), 137–147.

Hayes, S. C., Strosahl, K. D., & Wilson, K. G. (2016). *Acceptance and commitment therapy: The process and practice of mindful change.* New York: Guilford Press.

Hayes, S. C., Zettle, R. D., & Rosenfarb, I. (1989). Rule-following. In *Rule-governed behavior* (pp. 191–220). Boston, MA: Springer.

Kobayashi, R., Shigematsu, J., Miyatani, M., & Nakao, T. (2020). Cognitive reappraisal facilitates decentering: A lon-gitudinal cross-lagged analysis study. *Frontiers in Psychology, 11,* 103. https://doi.org/10.3389/fpsyg.2020.00103

Koster, E. H., Rassin, E., Crombez, G., & Näring, G. W. (2003). The paradoxical effects of suppressing anxious thoughts during imminent threat. *Behaviour Research and Therapy, 41*(9), 1113–1120.

Luoma, J. B., Hayes, S. C., & Walser, R. D. (2017). *Learning ACT: An acceptance and commitment therapy skills-training manual for therapists* (2nd ed.). Oakland, CA: New Harbinger Publications.

Okamoto, A., Dattilio, F. M., Dobson, K. S., & Kazantzis, N. (2019). The therapeutic relationship in cognitive--behavioral therapy: Essential features and common challenges. *Practice Innovations, 4*(2), 112–123.

Padesky, C. A. (1993). Socratic questioning: Changing minds or guiding discovery. Paper presented at the keynote address delivered at the European Congress of Behavioural and Cognitive Therapies, London. Retrieved from: http://padesky. com/newpad/wpcontent/uploads/2012/11/socquest.pdf

Robb, H. R. (2005). I am NOT a banana. *SMART Recovery News & Views, 11*(4), 7. Retrieved from: www.smartreco-very.org/wp-content/uploads/2017/10/ fall2005newsviews.pdf?highlight=online

Skinner, B. F. (1969). *Contingencies of reinforcement: A theoretical analysis.* Englewood Cliffs, NJ: Prentice-Hall.

Wenzlaff, R. M., & Wegner, D. M. (2000). Thought suppression. *Annual Review of Psychology, 51*(1), 59–91.

14
Estratégias socráticas para médicos e prescritores

R. Trent Codd III e Scott H. Waltman

❖ O QUE VOCÊ VERÁ NESTE CAPÍTULO

Visando à adesão à medicação	253
Esquecer de tomar a medicação	254
Ficar sem medicamento	254
Agendas pessoais ocupadas ou caóticas	254
Períodos da vida turbulentos	254
Considerações sobre efeitos colaterais	254
Desinformação	255
Após a melhora, acreditar que a medicação não é mais necessária	255
Entrevista motivacional	255
Solucionando problemas de não adesão desde o início	256
A adesão deve ser uma preocupação contínua	257
Adesão após uma recaída	257
Interações mais breves e menos frequentes	257
Ganhos de reforço	258
Construindo a autoeficácia	258
Ampliando colaborativamente a vida do cliente	259
Resumo do capítulo	261

A implementação de estratégias socráticas na perspectiva de um prescritor envolve várias considerações. Embora a totalidade deste livro contenha estratégias úteis para os prescritores psiquiátricos, este capítulo concentra-se em questões exclusivamente mais relevantes para esse grupo de prescritores. Uma preocupação primária para os prescritores envolve a adesão do cliente à medicação. No entanto, contatos mais breves e menos frequentes que exigem, entre outras coisas, a capacidade de determinar quais crenças podem ser abordadas em interações breves e quais requerem um curso mais longo de psicoterapia são considerações adicionais. Finalmente, discutimos estratégias para recrutar ganhos produzidos pela medicação a fim de otimizar ainda mais os resultados dos clientes.

VISANDO À ADESÃO À MEDICAÇÃO

As taxas de adesão à medicação para clientes psiquiátricos são subótimas (Julius, Novitsky, & Dubin, 2009; Pampallona, Bollini, Tibaldi, Kupelnick, & Munizza, 2002), com Basco e Rush (1995) constatando que a probabilidade de conformidade entre estudos e transtornos do humor oscila entre 0,53 e 0,63. Além disso, a não adesão está associada a uma série de resultados problemáticos, incluindo altas taxas de hospitalização e suicídio (p. ex., Gilmer et al., 2004; Haddad, Brain, & Scott, 2014). Assim, melhorar os resultados para clientes com prescrição de medicamentos psiquiátricos requer o direcionamento de variáveis relacionadas à não adesão.

O espírito das estratégias socráticas na psicoterapia é de empirismo colaborativo, envolvendo um clínico e um cliente que aplicam conjuntamente a curiosidade e os princípios científicos aos padrões de pensamento e comportamento (ver Kazantzis et al., 2018). Embora o empirismo colaborativo seja um elemento central das estratégias socráticas, ele não é necessariamente característico de muitas relações médico-paciente. O que reflete um pouco isso é a linguagem frequentemente utilizada de "conformidade" e "desconformidade" com a medicação, o que sugere uma visão não colaborativa dessas relações. Uma aliança terapêutica caracterizada pela colaboração parece ser um fator importante na adesão do cliente à medicação (p. ex., Cruz & Pincus, 2002; Dearing, 2004).

Existem algumas diferenças importantes na forma como os conceitos socráticos são adotados em um contexto de adesão medicamentosa em relação ao processo de psicoterapia. Por exemplo, a ignorância socrática não significa realmente ignorância verdadeira (Overholser, 2010, 2011, 2018). Seria irresponsável e medicamente perigoso desconsiderar a medicina baseada em evidências e as recomendações da Food and Drug Administration (FDA). Além disso, o questionamento socrático não pode ser usado para fazer com que seu cliente determine qual será a medicação ou a dose ideal. No entanto, as estratégias socráticas podem ser usadas para direcionar as crenças e os comportamentos que impedem a adesão à medicação (que discutiremos a seguir).

Vários fatores estão relacionados à não adesão do cliente à medicação, incluindo fatores socioeconômicos, características do cliente e aspectos relacionados à doença, ao sistema de saúde e à terapia (Costa et al., 2015). A terapia e os fatores relacionados ao cliente são os mais receptivos às estratégias socráticas. Vários desses fatores (Basco & Rush, 2005), juntamente com exemplos de perguntas socráticas relacionadas a cada um, são descritos a seguir.

Esquecer de tomar a medicação

No passado, o que foi útil para lembrá-lo de tomar sua medicação?
Onde você acha que podemos encontrar algumas estratégias úteis de lembrete?
Que recurso bem-sucedido você usou para ajudá-lo a se lembrar de outras atividades importantes? Isso pode ser útil agora?
Eu tenho algumas ideias sobre estratégias que podem ser úteis. Você estaria interessado em ouvir algumas? [Em caso afirmativo, descreva e sugira um experimento comportamental testando sua eficácia.]

Ficar sem medicamento

O que tem dificultado que você mantenha suas consultas? [Se faltar consulta(s) é motivo para ficar sem medicação.]
Eu gostaria de saber se seria útil especificar quando você deve buscar uma reposição. Quanta antecedência seria ideal?
O que torna a reposição de sua medicação um desafio?
Há algum significado associado a esse medicamento que pode estar atrapalhando?
Você conhece alguém que se lembre regularmente de repor seus remédios? O que essa(s) pessoa(s) faz(em)? Seria útil perguntar a ela(s)?

Agendas pessoais ocupadas ou caóticas

Tomar a medicação corretamente pode ser um desafio com uma agenda tão ocupada quanto a sua. Houve momentos em que você teve mais sucesso, apesar de sua agenda?
Você tenta se lembrar de tomar a medicação na hora ou tem um plano concreto? Alguma noção dos prós e contras de cada abordagem?
Quando você consegue tomar sua medicação apesar desses desafios, que impacto você percebe em seu humor (ou outros sintomas relevantes)?

Períodos da vida turbulentos

Você teve sucesso em tomar regularmente sua medicação antes que as coisas ficassem tão difíceis. Eu me pergunto se seria útil criar uma estratégia diferente durante este período desafiador.

Considerações sobre efeitos colaterais

Você tem alguma ideia do que pode estar interferindo na sua vontade de tomar a medicação?
É possível que você esteja catastrofizando?
Você notou alguma relação entre a maneira como você pensa sobre os efeitos colaterais e como eles são desconfortáveis?
Seria útil examinar os prós e os contras de continuar com a medicação devido aos efeitos colaterais?

Você também notou efeitos positivos ao tomar sua medicação?

Qual é a razão mais importante para você tomar esse medicamento? Ao considerar isso, o preço do efeito colateral parece mais tolerável?

Desinformação

Onde você obteve essa informação? Quão confiante você se sente na precisão dessa fonte?

Qual seria uma boa maneira de determinar se um *site*, amigo, etc. é uma fonte confiável de informação?

Tenho algumas informações que gostaria de compartilhar com você sobre sua medicação. Você estaria interessado em ouvir?

Após a melhora, acreditar que a medicação não é mais necessária

No passado, quando você se sentiu melhor, você também sentiu que não precisava de sua medicação? Se sim, o que aconteceu depois que você parou de se medicar?

Às vezes, recursos visuais são úteis. Você consideraria mapear o curso de sua doença comigo? [Mapeie os períodos de descontinuidade da medicação para ver se eles se correlacionam com a hospitalização ou com outros resultados negativos.]

Ao representar graficamente o curso da doença: o que as outras pessoas notaram quando você parou de tomar o medicamento? Como foi? O que estava acontecendo em sua vida logo antes da mudança nos sintomas?

Como eram seus sintomas antes de iniciar a medicação?

É possível que você tenha perdido a noção de quanto sofria antes de começar a tomar a medicação? Eu gostaria de saber se seria útil reunir algumas informações sobre como você estava indo.

ENTREVISTA MOTIVACIONAL

A entrevista motivacional (EM; Miller & Rollnick, 2009, 2012) combinada com a terapia cognitiva demonstrou eficácia em facilitar a adesão em algumas populações psiquiátricas (p. ex., Daley, Salloum, Zuckoff, Kirisci, & Thase, 1998; Kemp, Kirov, Everitt, Hayward, & David, 1998; Swanson, Pantalon, & Cohen, 1999). A EM tem vários componentes em comum com o empirismo colaborativo, embora existam algumas diferenças importantes entre as duas abordagens. As estratégias socráticas cruzam-se com a EM principalmente porque ambas enfatizam da mesma forma uma abordagem não confrontacional e cooperativa ao cuidado e ressaltam a importância de ampliar a conversa sobre mudança para ajudar o cliente a colocar suas conclusões em ação.

Os dados confirmam o impacto da EM na mudança de comportamento, mesmo quando é entregue com baixa intensidade. Por exemplo, Monti et al. (2007) descobriram que uma intervenção de EM de 30 a 45 minutos em uma sala de emergência, seguida de dois breves contatos telefônicos em um e três meses, levou a reduções significativas no consumo de álcool e nas consequências relacionadas ao álcool entre adultos jovens. Esses resultados impressionantes ainda perduravam quando avaliados um ano depois. Esses dados devem ser reconfortantes para os prescritores que frequentemente têm menos tempo de contato clínico com os clientes em relação aos psicoterapeutas, mas ainda devem procurar mudar o comportamento dentro do tempo previsto.

Estes são alguns exemplos de perguntas consistentes com a EM:

Se você decidir tomar sua medicação regularmente, você acha que conseguirá fazê-lo? Como seus sintomas melhorariam se você tomasse sua medicação?

Conte-me sobre um momento em que sua irritabilidade causou problemas em seu relacionamento. Qual é a diferença entre o Joe Smith sob medicação e o Joe Smith de hoje? [Após descontinuar o medicamento.]

De que forma as coisas melhoraram quando você estava tomando sua medicação regularmente? Como tomar seu medicamento se relaciona com seu importante objetivo de X?

Em uma escala de 1 a 10, quão importante é superar essa depressão para você, com 10 sendo muito importante? [Pergunte por que um número menor não foi selecionado. Por exemplo, se o cliente disser 7, você pergunta por que não um 5 ou um 6.]

Como a medicação tem ajudado?

Você notou algo diferente nos dias em que não tomou sua medicação?

SOLUCIONANDO PROBLEMAS DE NÃO ADESÃO DESDE O INÍCIO

Dadas as taxas de não adesão entre aqueles que tomam medicação psicotrópica (ver citações anteriores), pode ser sensato para os clínicos presumir que estratégias de promoção da adesão serão necessárias para todos os clientes. Fazer essa presunção garante atenção adequada aos fatores relacionados à adesão.

Perguntas gerais que avaliam crenças interferentes de adesão comuns podem ser úteis. Por exemplo, pode-se perguntar: "Você tem alguma crença sobre o que significaria para você tomar esse medicamento?", "Existe alguma coisa que atrapalhe o uso desse medicamento de forma consistente?" ou "O que você ouviu ou leu sobre esse medicamento?". Essas perguntas podem revelar que o cliente equipara o uso de medicamentos com fraqueza pessoal, que acredita que a medicação prescrita é viciante (quando não é) ou que julga que a medicação recomendada é perigosa de maneira não comprovada por pesquisas. Também é possível descobrir a tendência do cliente ansioso de se "convencer" de que ele tem, ou terá, os muitos efeitos colaterais sobre os quais leu *on-line*. Finalmente, o cliente pode revelar ideias otimistas irreais sobre os efeitos da medicação. Isso é problemático quando o cliente não experimenta o alívio dos sintomas no nível que esperava e consequentemente abandona seu compromisso com a medicação. A descoberta desses obstáculos cognitivos no início do tratamento permite que eles sejam alvo de intervenção antes que possam produzir grandes padrões de não adesão.

Um pré-requisito para que as perguntas socráticas sejam eficazes é a disponibilidade de informações relevantes para o cliente (Padesky, 1993). Se um cliente não está familiarizado com os efeitos de um medicamento, as condições necessárias para o questionamento socrático não são satisfeitas. Nessas circunstâncias, portanto, é necessário fornecer ao cliente evidências de por que a medicação em geral ou uma medicação específica é recomendada. As perguntas podem seguir as informações fornecidas para fortalecer a compreensão e verificá-la.

A ADESÃO DEVE SER UMA PREOCUPAÇÃO CONTÍNUA

A adesão não deve ser conceituada em termos de tudo ou nada, pois estudos descobriram que a maioria das pessoas periodicamente pula, perde ou altera a dosagem (ver Basco & Rush, 2005). A avaliação de rotina da adesão ao longo do tratamento é importante. O papel de "pai chato" deve ser evitado ao questionar a adesão à medicação. Em vez disso, como enfatizado anteriormente, essas interações devem ser caracterizadas por uma abordagem curiosa e colaborativa que prepare o cenário para uma discussão honesta com o cliente sobre essas questões.

Com o estabelecimento de um relacionamento médico-paciente que conduza a discussões francas sobre os desafios da adesão, podemos trabalhar com o cliente para identificar e superar obstáculos. Perguntas de avaliação úteis incluem: "Aconteceu alguma coisa desde a última vez que nos encontramos que tornou mais difícil tomar sua medicação?" e "Quão corretamente você tem tomado sua medicação? O que está atrapalhando?".

Se os desafios associados à adesão forem endossados, a fórmula geral de intervenção é pedir ao cliente que descreva uma instância específica e elicie a cognição relacionada às ocasiões de não adesão. Uma vez identificados alvos cognitivos importantes, toda a gama de estratégias socráticas pode ser empregada.

ADESÃO APÓS UMA RECAÍDA

Quando um cliente recai, é importante ajudá-lo a aprender com a experiência de uma maneira que reduza a probabilidade de recaídas futuras com base nos desafios de adesão. Embora sejam indesejáveis, tanto os lapsos quanto as recaídas são experiências de aprendizagem úteis quando são abordados como laboratórios, e não como eventos devido aos quais o cliente deve punir a si mesmo. A seguir, estão alguns exemplos de perguntas que facilitam o alcance desse objetivo:

"Toda aprendizagem é valiosa. O que podemos aprender com essa experiência?"
"Como foi?"
"Que crença facilitará a conformidade e como podemos construí-la?"

INTERAÇÕES MAIS BREVES E MENOS FREQUENTES

Normalmente, aqueles que oferecem manejo de medicamentos atendem seus clientes com menos frequência e em encontros mais breves do que os realizados por profissionais que fornecem apenas psicoterapia. Isso pode apresentar alguns desafios ao prescritor quando ele tentar intervir nas crenças que interferem na adesão. Oferecemos algumas sugestões relacionadas a essa dificuldade.

Primeiro, se você é o prescritor e o cliente está envolvido em psicoterapia com outro profissional com quem ele se encontra com mais frequência, você pode contatar esse profissional para saber quais habilidades estão sendo ensinadas ao cliente, para que você possa orientá-lo a usá-las no contexto de adesão à medicação. Você também pode solicitar que certas habilidades sejam ensinadas ou que o psicoterapeuta se envolva em um trabalho mais sustentado sobre cognições problemáticas que você descobriu. Em segundo lugar, é importante saber como fazer uma triagem eficaz dos alvos cognitivos. Existem muitos pensamentos e muitas crenças que são passíveis de métodos socráticos breves implementados por um prescritor. No entanto, crenças profundamente arraigadas que são recorrentes em muitos episódios de não adesão e que não respondem a uma intervenção breve podem se beneficiar de um encaminhamento para uma dose mais completa de psicoterapia. Finalmente, fornecer ao cliente, diretamente ou por encaminhamento, materiais escritos que abordem a cognição que interfere com a medicação e habilidades relacionadas é muitas vezes um complemento eficaz para estratégias socráticas em sessão.

GANHOS DE REFORÇO

Melhoras no humor produzem mudanças positivas no sistema cognitivo-comportamental geral. Assim, quando a medicação resulta em melhora do humor, o prescritor deve aproveitar esses ganhos para facilitar ainda mais as mudanças desejadas na cognição e no comportamento. Essas melhorias, por sua vez, podem ser direcionadas para as questões de adesão discutidas neste capítulo, mas a aprendizagem não precisa se limitar a essa dificuldade. A aprendizagem pode e deve, em última análise, ser consolidada de forma a apoiar a autoeficácia do cliente, porque isso cria a oportunidade de usar esses novos recursos para ajudá-lo a ampliar sua vida.

Construindo a autoeficácia

A medicação muitas vezes faz a parte pesada do trabalho clínico. No entanto, nem todos aqueles que recebem receita médica melhoram. Assim, as perguntas que queremos explorar com o cliente incluem: "Quais foram as coisas que você fez que o ajudaram a melhorar?". Há outra questão sobre o que o fato de ele ser capaz de fazer essas coisas diz a respeito dele.

Como prescritor, você deseja que o cliente veja uma conexão entre o uso da medicação e a sensação de melhora. Você também quer que ele atribua o fato de sentir-se melhor à ingestão da medicação conforme prescrito; no entanto, você não quer que ele atribua a sensação de melhora apenas à medicação. Se a medicação é a ferramenta que o ajudou a se sentir melhor, foi ele que aprendeu a usar a ferramenta para chegar lá — uma ferramenta é tão boa quanto seu portador. O que devemos ter em mente aqui é que muitos de nossos clientes têm crenças centrais e esquemas de incompetência, o que significa que eles provavelmente filtrarão os eventos de uma maneira consistente com o esquema — minimizando seus sucessos. Então, você, por sua vez, quer desacelerar, para poder destacar os sucessos e as capacidades do cliente. Por exemplo, você pode dizer:

Sim, a medicação ajudou você a se sentir melhor, mas a medicação é apenas uma ferramenta e você é o usuário da ferramenta. Nem todo mundo para quem eu prescrevo isso tem os mesmos resultados, então vamos ver o que você tem feito para alcançar esses resultados.

Ampliando colaborativamente a vida do cliente

A ausência do mal não é necessariamente a presença do bem. Como a medicação pode ajudar a reduzir os sintomas, queremos ajudar nosso cliente a fazer mudanças positivas em sua vida para promover a resiliência e a recuperação. Um terapeuta pode abordar isso muito mais cedo no tratamento, perguntando algo como o seguinte: "Quanto tempo e energia você gasta ficando com raiva e pensando em todas as coisas das quais você está com raiva?"; "Quão cansativo é isso?"; "Quão divertido é isso?"; "É esse o tipo de vida que você quer?"; "Onde você prefere investir esse tempo e essa energia?"; "Existe um âmbito em sua vida no qual poderíamos gastar esse tempo e essa energia de uma maneira que tornaria sua vida melhor?". Isso prepararia o cenário para metas comportamentais. Um terapeuta de orientação comportamental trabalharia com o cliente para reduzir o tempo gasto com comportamentos sob controle aversivo e aumentar o tempo e a energia dedicados a comportamentos direcionados a objetivos e valores — esse é o caminho comportamental para a melhora dos sintomas. O prescritor tem mais opções. Ele pode trabalhar diretamente com o modo como um cliente está se sentindo por meio da psicofarmacologia, mas o princípio permanece. O que você vai fazer com o buraco na vida do cliente que os sintomas costumavam preencher? Quanto tempo e energia o cliente usou para ficar deprimido, irritado, ansioso e assim por diante? E há potencial para usar esse tempo e essa energia para facilitar a mudança de comportamento que vai ajudá-lo a manter seus ganhos e levá-lo a uma vida melhor? Considere a seguinte interação.

PRESCRITOR (P): Frank, fico feliz em saber que você está se sentindo melhor, parece que a medicação está ajudando. Correto?

CLIENTE (C): Sim, é difícil acreditar que é assim que todo mundo se sente. Eu não sinto tanta raiva o tempo todo.

P: Fico feliz. É bom saber que você teve um alívio.

C: Eu também!

P: Frank, agora que você está se sentindo um pouco melhor, eu queria saber se poderíamos ter uma conversa sobre como aproveitar esses ganhos para talvez obter mais benefícios, tudo bem?

C: Sim, parece bom.

P: Então, antes, quando você se sentia muito zangado e infeliz, como passava seu tempo livre?

C: Sendo infeliz.

P: Sim, certo. O que você estava fazendo durante esses momentos?

C: Acho que só pensando nas coisas que estavam me deixando com raiva. Passava horas pensando no meu chefe, no meu trabalho, na minha vida, em todas as coisas que odiava.

P: Isso parece muito triste. Como isso afetou seu humor geral?

C: Acho que isso me deixou mais irritado.

P: Entendo. Então, se gastar seu tempo pensando em todas as coisas com as quais está infeliz o deixou ainda mais infeliz, vamos passar algum tempo pensando em coisas que podem ajudar a melhorar seu humor e sua vida. Quanto tempo e energia você diria que costumava gastar ficando com raiva e pensando em coisas que o deixavam com raiva?

C: Ah, eu ficava com raiva o tempo todo e sempre pensava em coisas que me deixavam com raiva.

P: Veja, todos nós temos uma quantidade limitada de tempo e energia, então, se muito do seu tempo e sua energia era dedicado a ficar com raiva, o que você estava perdendo?

C: Eu estava perdendo a oportunidade de estar com minha família, de me divertir e fazer coisas que eu gosto.

P: Eu adoraria que você tivesse essas coisas novamente. Se há um buraco em sua vida onde a raiva costumava estar, com o que você quer preenchê-lo?

C: Essa é uma boa pergunta. Eu estava tão focado em ficar com raiva e não querer mais ficar com raiva, que eu realmente não tinha pensado sobre o que eu realmente queria.

P: Essa é uma conversa animadora; vamos pensar em como você prefere gastar seu tempo e sua energia.

C: Bom, minha raiva me deixou muito desconectado das outras pessoas, então acho que quero me concentrar em melhorar os relacionamentos e estar perto de pessoas com quem me importo.

P: Você está gostando mais de estar perto das pessoas de quem gosta agora que está menos zangado?

C: Estou, é meio estranho, mas acho que gosto da minha família, pelo menos mais do que pensava.

P: Essa é uma surpresa agradável. E como eles estão respondendo a você estar menos zangado?

C: Eles também têm estranhado isso.

P: Você estava tão zangado por tanto tempo. Qual versão de você eles preferem?

C: Definitivamente a menos zangada.

P: Ótimo! Então, como você deseja investir seu tempo e sua energia realocados de uma maneira que ajude a promover seu relacionamento com sua família?

C: Acho que quero passar mais tempo com eles.

P: Gosto dessa ideia; pode ajudar ser mais específico e estabelecer metas razoáveis para trabalhar. Especificamente, como você quer passar mais tempo com sua família? O que você quer fazer mais? O que você quer fazer menos?

C: Bem, preciso passar menos tempo na garagem ou no quintal sozinho. Quero começar a ir aos jogos do meu filho. Acho que isso realmente importa para ele. Quero começar a ter mais tempo sozinho com a minha esposa, como ter encontros. E preciso encontrar algumas maneiras de me conectar mais com meu filho mais novo, que realmente não entendo. Acho que só preciso começar a conhecê-lo melhor, ele tem andado mais perto de mim agora que estou menos zangado.

P: Parecem bons começos. Eu gosto da ideia de aproveitar o impulso que você ganhou com a medicação.

C: Eu também, acho que não percebi que as coisas poderiam realmente melhorar. Sinto-me otimista quanto ao futuro.

P: Vamos escrever o que você está planejando fazer e podemos conversar sobre isso na próxima vez que nos encontrarmos.

Nesse exemplo, podemos ver o prescritor tendo uma troca que é bem parecida com a que um terapeuta pode fazer no início do tratamento. Aqui vemos o prescritor se fundamentar nos ganhos da medicação para criar um plano de comportamento e gerar uma mudança sustentada na vida do cliente. Pode ser que surjam barreiras imprevistas para a realização de metas, e talvez o cliente possa se beneficiar de um encaminhamento para psicoterapia breve, dirigida a metas, para ajudar a superar essas barreiras. O objetivo dessa etapa é elaborar de forma colaborativa os ganhos e focar a mudança de comportamento para facilitar novas experiências e novas aprendizagens.

RESUMO DO CAPÍTULO

As estratégias socráticas podem ser úteis para os prescritores na abordagem da adesão do cliente à medicação. No entanto, os prescritores estão em desvantagem quando suas interações terapêuticas são limitadas em termos de tempo e frequência. Oferecemos uma série de estratégias para trabalhar com essas restrições, incluindo a colaboração com um psicoterapeuta com o qual o cliente está envolvido concomitantemente e o encaminhamento do cliente para psicoterapia. Estratégias proativas para a prevenção da não adesão também foram oferecidas. Por fim, discutimos o uso de estratégias socráticas para aproveitar os ganhos da medicação a fim de criar mais mudanças comportamentais na vida do cliente.

REFERÊNCIAS

Basco, M. R., & Rush, A. J. (2005). *Cognitive-behavioral therapy for bipolar disorder.* New York: Guilford Press.

Basco, M. R., & Rush, A. J. (1995). Compliance with pharmacotherapy in mood disorders. *Psychiatric Annals, 25*(5), 269–279.

Costa, E., Giardini, A., Savin, M., Menditto, E., Lehane, E., Laosa, O., … & Marengoni, A. (2015). Interventional tools to improve medication adherence: Review of literature. *Patient Preference and Adherence, 9*, 1303–1314.

Cruz, M., & Pincus, H. A. (2002). Research on the influence that communication in psychiatric encounters has on treatment. *Psychiatric Services, 53*(10), 1253–1265.

Daley, D. C., Salloum, I. M., Zuckoff, A., Kirisci, L., & Thase, M. E. (1998). Increasing treatment adherence among outpatients with depression and cocaine dependence: Results of a pilot study. *American Journal of Psychiatry, 155*(11), 1611–1613.

Dearing, K. S. (2004). Getting it, together: How the nurse patient relationship influences treatment compliance for patients with schizophrenia. *Archives of Psychiatric Nursing, 18*(5), 155–163.

Gilmer, T. P., Dolder, C. R., Lacro, J. P., Folsom, D. P., Lindamer, L., Garcia, P., & Jeste, D. V. (2004). Adherence to treatment with antipsychotic medication and health care costs among Medicaid beneficiaries with schizophrenia. *American Journal of Psychiatry, 161*(4), 692–699.

Haddad, P. M., Brain, C., & Scott, J. (2014). Nonadherence with antipsychotic medication in schizophrenia: Challenges and management strategies. *Patient Related Outcome Measures, 5*, 43–62.

Julius, R. J., Novitsky Jr, M. A., & Dubin, W. R. (2009). Medication adherence: A review of the literature and implications for clinical practice. *Journal of Psychiatric Practice, 15*(1), 34–44.

Kazantzis, N., Beck, J. S., Clark, D. A., Dobson, K. S., Hofmann, S. G., Leahy, R. L., & Wong, C. W. (2018). Socratic dialogue and guided discovery in cognitive behavioral therapy: A modified Delphi panel. *International Journal of Cognitive Therapy, 11*(2), 140–157.

Kemp, R., Kirov, G., Everitt, B., Hayward, P., & David, A. (1998). Randomised controlled trial of compliance therapy: 18-month follow-up. *The British Journal of Psychiatry, 172*(5), 413–419.

Miller, W. R., & Rollnick, S. (2009). Ten things that motivational interviewing is not. *Behavioural and Cognitive Psychotherapy, 37*(2), 129–140.

Miller, W. R., & Rollnick, S. (2012). *Motivational interviewing: Helping people change.* New York: Guilford Press.

Monti, P. M., Barnett, N. P., Colby, S. M., Gwaltney, C. J., Spirito, A., Rohsenow, D. J., & Woolard, R. (2007). Motivational interviewing versus feedback only in emergency care for young adult problem drinking. *Addiction, 102*(8), 1234–1243.

Overholser, J. C. (2010). Psychotherapy according to the Socratic method: Integrating ancient philosophy with contemporary cognitive therapy. *Journal of Cognitive Psychotherapy, 24*(4), 354–363.

Overholser, J. C. (2011). Collaborative empiricism, guided discovery, and the Socratic method: Core processes for effective cognitive therapy. *Clinical Psychology: Science and Practice, 18*(1), 62–66.

Overholser, J. C. (2018). *The Socratic method of psychotherapy.* New York: Columbia University Press.

Padesky, C. A. (1993). Socratic questioning: Changing minds or guiding discovery. Paper presented at the A keynote address delivered at the European Congress of Behavioural and Cognitive Therapies, London. Retrieved from: http://padesky. com/newpad/wpcontent/uploads/2012/11/socquest.pdf

Pampallona, S., Bollini, P., Tibaldi, G., Kupelnick, B., & Munizza, C. (2002). Patient adherence in the treatment of depression. *The British Journal of Psychiatry, 180*(2), 104–109.

Swanson, A. J., Pantalon, M. V., & Cohen, K. R. (1999). Motivational interviewing and treatment adherence among psychiatric and dually diagnosed patients. *The Journal of Nervous and Mental Disease, 187*(10), 630–635.

15

Estratégias socráticas para o ensino de estratégias socráticas

R. Trent Codd III e Scott H. Waltman

❖ O QUE VOCÊ VERÁ NESTE CAPÍTULO

Supervisão e treinamento consistentes com o modelo	264
Abordagem de treinamento de habilidades	264
Experiência concreta	264
Observação reflexiva	266
Conceitualização abstrata	266
Experimentação ativa	267
Competências-chave relacionadas ao modelo de quatro componentes do diálogo socrático	267
Passo 1: focalização	267
Passo 2: compreensão fenomenológica	268
Passo 3: curiosidade colaborativa	268
Passo 4: resumo e síntese	269
Avaliação baseada em competências: matriz de classificação do diálogo socrático	270
Resumo do capítulo	270

SUPERVISÃO E TREINAMENTO CONSISTENTES COM O MODELO

Foi observado que "a supervisão da terapia cognitiva é paralela à própria terapia" (Padesky, 1996, p. 289). A incorporação de componentes experienciais e demonstrativos de uma terapia na supervisão é chamada de supervisão consistente com o modelo (Beck, Sarnat, & Barenstein, 2008; Padesky, 1996; Sudak & Codd, 2019; Waltman, 2016). Essa estrutura é baseada na ideia de aprendizagem experiencial, observando que muitas pessoas aprendem melhor fazendo. Como as estratégias socráticas estão entre as mais difíceis de aprender para os supervisionados (Waltman, Hall, McFarr, Beck, & Creed, 2017), há vantagens em ter experiências de treinamento ricas em diálogo socrático. Por exemplo, um exame preliminar descobriu que os instrutores que usaram mais estratégias socráticas em consulta clínica tiveram seus supervisionados demonstrando um nível mais alto de competência clínica quando comparados aos supervisionados de instrutores que usaram menos estratégias socráticas (Waltman, Naman, Morgan, Wickremasinghe, Nehme, & McFarr, 2014). Existem muitos outros elementos importantes para supervisão e treinamento da TCC, e o leitor interessado é direcionado ao excelente texto de Sudak e colaboradores (2016) sobre o tema. Este capítulo se concentra nas estratégias de supervisão e treinamento relacionadas ao diálogo socrático.

ABORDAGEM DE TREINAMENTO DE HABILIDADES

No Capítulo 3, "Começando", discutimos a aprendizagem experiencial. Em geral, o treinamento de habilidades é realizado da seguinte maneira: primeiro, apresentando uma habilidade e explicando como ela funciona; segundo, demonstrando a habilidade e depois usando-a em conjunto; terceiro, avaliando a habilidade e como ela funcionou; quarto, capitalizando novas aprendizagens e experiências discrepantes para facilitar a aprendizagem geral e a mudança cognitiva; finalmente, praticando a habilidade no aqui e agora do mundo real. As pessoas aprendem bem por meio de métodos experienciais — aprender fazendo (Wenzel, 2019). Esses elementos do treinamento de habilidades podem ser incorporados às quatro fases de aprendizagem experiencial de Kolb (1984): experiência concreta, observação reflexiva, conceituação abstrata e experimentação ativa (ver Edmunds et al., 2013; Waltman, Hall, McFarr, & Creed, 2018), que são detalhadas a seguir.

Experiência concreta

O primeiro passo no treinamento de habilidades é a experiência concreta com a habilidade a ser treinada. Assim, se queremos que nossos supervisionados ou estagiários aprendam a usar as estratégias socráticas, precisamos organizar para eles experiências de aprendizagem que envolvam muitas oportunidades de prática. Idealmente, sua primeira exposição à habilidade não é com um cliente, e sim nos limites seguros de um relacionamento de supervisão ou evento de treinamento. O primeiro componente dessa etapa é uma descrição da habilidade e da justificativa para seu uso, que pode ser realizada de algumas maneiras. Videoclipes de estratégias socráticas podem ser exibidos. A dramatização é outro veículo útil. Inicial-

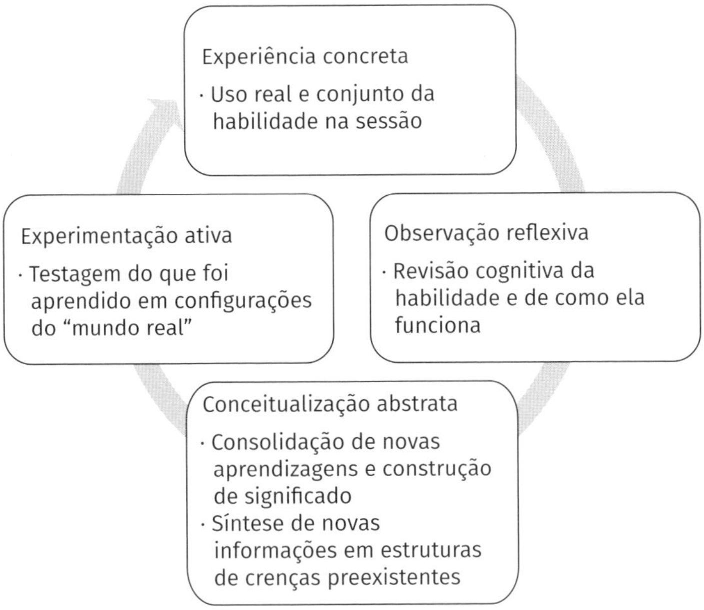

Questionamento socrático para terapeutas 265

FIGURA 15.1 Modelo de aprendizagem experiencial de Kolb.

mente, o supervisionado pode desempenhar o papel do cliente, enquanto o supervisor/instrutor desempenha o papel do terapeuta que trabalha com estratégias socráticas. À medida que a habilidade do supervisionado socrático se desenvolve, a direção da dramatização pode ser revertida, com o supervisionado agora fazendo o papel do terapeuta e o supervisor/instrutor fazendo o do cliente. As dramatizações também podem ser variadas em termos de complexidade do cliente e área de foco.

Outro tipo de exercício de treinamento útil envolve a prática do estagiário na geração de perguntas socráticas (ver James, Morse, & Howarth, 2010). As oportunidades de prática podem ser planejadas de várias maneiras. Em primeiro lugar, as dramatizações supervisor-supervisionado podem ser interrompidas em vários pontos no tempo, com o supervisionado, em seguida, solicitado a fornecer o maior número possível de perguntas socráticas, considerando o conteúdo do diálogo. Essa alternância — pausar e gerar perguntas, retomar a dramatização — pode continuar enquanto parecer útil. Em segundo lugar, as gravações da sessão do supervisionado podem ser pausadas em momentos-chave (p. ex., quando estratégias socráticas mais habilidosas puderem ser desenvolvidas), com o supervisionado igualmente solicitado a gerar perguntas alternativas. Um exemplo final é, em um contexto de supervisão de grupo, fornecer aos supervisionados uma declaração do cliente e, em seguida, fazer com que cada um gere respostas socráticas uma ou mais vezes. Independentemente de qual dessas abordagens é usada, é útil para o supervisor/instrutor moldar as respostas. Por exemplo, ele pode dizer: "O que eu realmente gostei nessa pergunta foi X", ou "Você pode tornar isso mais sucinto dizendo X, Y, Z", ou "A parte em que você disse X foi forte. Eu só recomendaria matizar a pergunta com X, Y e Z". Moldar as respostas beneficia publicamente os colegas supervisionados, além do indivíduo que recebe *feedback* sobre sua resposta.

Observação reflexiva

Muitos supervisores e instrutores omitem essa etapa. Depois de ensinar a habilidade, eles presumem que o terapeuta em treinamento entendeu tudo tão bem quanto eles. É importante que este seja um processo colaborativo, pois isso garante que o supervisionado saia da interação de treinamento com os pontos de aprendizagem pretendidos. Caso contrário, ele pode se apegar dogmaticamente a elementos inconsequentes ou perder completamente os elementos-chave. Aqui está um exemplo de como essa etapa pode se dar:

"Acabamos de fazer muito e quero verificar como você está se saindo e o que você acha de toda essa avaliação de sua estratégia de pensamentos que estamos usando."
"Como você está se sentindo depois do exercício que fizemos juntos?"
"Quais são suas opiniões sobre esse exercício?"
"Isso parece útil para você?"
"Isso é algo que você quer passar mais tempo praticando e aprendendo a fazer?"
"Você tem alguma dúvida sobre o processo?"

Arranjar tempo para esclarecer quaisquer equívocos e responder a perguntas que os supervisionados possam ter é essencial.

Quando a complexidade do treinamento evolui a ponto de o supervisionado assumir o papel de terapeuta em dramatizações, é interessante conduzir fornecendo *feedback* positivo (Bellack, Mueser, Gingerich, & Agresta, 2013). Reforce o que o supervisionado fizer bem e sua vontade de se envolver no processo. Lembre-se: o que é reforçado aumenta em probabilidade, e não fornecer reforço para um comportamento competente, incluindo aproximações, efetivamente é uma falha em fornecer o reforço necessário para que ele se repita. O *feedback* construtivo também é importante quando as respostas podem ser mais desenvolvidas (Bellack et al., 2013).

Frequentemente é necessário revisitar o treinamento de habilidades, em especial na primeira sessão após a exposição à habilidade. Normalmente, a formação é necessária depois que o supervisionado começa a usar as habilidades como lição de casa; normalizar isso de antemão pode facilitar a aplicação das habilidades mais tarde. "OK, parece que temos uma ideia geral de como a habilidade funciona. O próximo passo é colocá-la em prática, para que você possa trazer de volta suas experiências. Podemos conversar sobre como foi sua prática e suavizá-la para você."

Conceitualização abstrata

Essa é a consolidação da etapa de aprendizagem. A intenção é ajudar os supervisionados a entender o que aprenderam nas sessões de prática de habilidades. Mesmo quando não visa diretamente ao sistema de crenças deles, você pode relacionar o que você está fazendo e as crenças deles sobre si mesmos.

Aproveite qualquer oportunidade para destacar o comportamento clínico competente. Por exemplo, se eles foram capazes de usar o relaxamento muscular progressivo para diminuir o sofrimento geral de seus clientes, há uma lição aqui sobre eles terem algum controle sobre como estão se sentindo. Se eles implementaram uma habilidade apesar de não gostarem dela ou a considerarem aversiva, há uma lição sobre sua capacidade de persistir em fazer coisas que não são divertidas, exercitando sua capacidade de escolher fazê-lo independentemente. Se eles aplicam uma habilidade que não funciona como pretendido, há uma lição sobre sua vontade de tentar e ter uma mente aberta.

Quando você visa à mudança cognitiva, seja diretamente por meio de estratégias socráticas ou indiretamente por meio da mudança de padrões de comportamento, haverá novas experiências e novas informações para extrair e reforçar. Trabalhe para integrar essa nova informação ao sistema geral de crenças dos supervisionados. As principais intervenções a serem feitas incluem perguntar como essa nova experiência ou informação se encaixa em suas suposições anteriores e, se necessário, como eles explicam a discrepância.

Experimentação ativa

A aprendizagem experiencial é um processo contínuo. O quarto elo no ciclo de aprendizagem experiencial de Kolb (1984) é a experimentação ativa; é quando o supervisionado pratica as habilidades no mundo fora da supervisão e da consulta. Isso pode ser enquadrado de uma maneira que valide as descobertas da supervisão, como "Vamos ver se essa habilidade funciona no mundo real". No entanto, pode ser bom moderar as expectativas.

A prática de habilidades no "mundo real" é idealmente feita como tarefa de casa (ou prática externa de habilidades). No entanto, os supervisores perdem oportunidades importantes se tratam as habilidades como recursos que o supervisionado deve usar apenas fora da sessão — nesse caso, eles também não saberão realmente como está o domínio ou a fluidez do supervisionado com a habilidade. A prática de habilidades de momento pode ser muito valiosa.

COMPETÊNCIAS-CHAVE RELACIONADAS AO MODELO DE QUATRO COMPONENTES DO DIÁLOGO SOCRÁTICO

O instrutor pode pensar nesses quatro componentes como quatro conjuntos diferentes de competências que o supervisionado precisa dominar. Todo este texto é dedicado ao ensino desse modelo, e uma revisão completa dele é recomendada para quem procura desenvolver uma sólida compreensão das estratégias socráticas. A seguir, revisamos as principais competências nas quais instrutores e supervisores podem querer se concentrar em seus esforços de treinamento e supervisão.

Passo 1: focalização

O primeiro passo na aplicação das estratégias socráticas é identificar os alvos para essas estratégias. Em um sentido prático, não há tempo suficiente para abordar cada pensamento que parece importante. Consequentemente, a disciplina para focar pensamentos que são centrais para problemas e relacionados a dificuldades centrais e crenças subjacentes deve ser desenvolvida. Frequentemente, eles são chamados de pensamentos quentes (Greenberger & Padesky, 2015), então os terapeutas são ensinados a seguir o afeto ou "encontrar o calor".

As principais competências para essa habilidade são as seguintes:

- A capacidade de dividir colaborativamente uma situação em seus componentes.
- A capacidade de orientar um cliente por meio da identificação de seus pensamentos, sentimentos e comportamentos.
- A capacidade de avaliar quais pensamentos são os mais perturbadores ou mais centrais na conceituação de caso.
- A capacidade de usar a seta descendente.
- A capacidade de moldar um pensamento para que assuma uma forma que possa ser avaliada.
- A capacidade de criar uma definição compartilhada ou universal para uma cognição-alvo.

Passo 2: compreensão fenomenológica

Essa etapa é de validação. Em termos de DBT, essa é uma oportunidade para a validação dos níveis 4, 5 e 6 (ver Linehan, 1997). Fornecemos recomendações específicas para a integração entre estratégias socráticas e DBT em um capítulo separado. O objetivo principal dessa etapa é entender o cliente e a cognição-alvo. O princípio orientador é que as pessoas seguem suas crenças honestamente, e queremos entender por que faz todo o sentido que elas tenham pensado de determinada maneira. Essa ênfase inicial na validação também é estratégica, pois melhora o relacionamento e pode ser regulada para o cliente. De acordo com nossa experiência, as pessoas estão mais dispostas a ter uma mente aberta para alternativas quando sentem que você as ouviu verdadeira e sinceramente.

As principais competências para essa habilidade são as seguintes:

- A capacidade de atender ao significado emocional do pensamento e fornecer validação.
- A capacidade de reunir informações sobre o contexto em que o pensamento se desenvolveu.
- A capacidade de indagar sobre as evidências que apoiam o pensamento.
- A capacidade de conceituar como a crença nesse pensamento pode moldar o comportamento e, consequentemente, como isso pode moldar as experiências.

Passo 3: curiosidade colaborativa

Embora essa seja funcionalmente a etapa de evidência não confirmatória, a curiosidade é a chave para esse processo. No livro seminal de lógica matemática *How to solve it*, Polya (1973) descreve a determinação da incógnita como uma etapa fundamental para a solução de problemas. Uma vez que podemos ver do ponto de vista de um cliente ou supervisionado, podemos trabalhar para expandir essa visão juntos. Nós nos perguntamos: "O que eles não estão percebendo?". Funcionalmente, existem dois tipos de pontos cegos: coisas que você não vê e coisas que você não conhece. O terapeuta/supervisor precisa determinar o que o cliente/supervisionado não está contemplando devido aos filtros de atenção, bem como às lacunas em suas experiências que se desenvolveram como resultado de seu padrão de evitação.

Muitas questões e linhas de investigação são frequentemente encontradas a partir da avaliação dos elementos contidos nas etapas anteriores. As pessoas tendem a distorcer as informações para que se encaixem em suas suposições e crenças preexistentes. Portanto, frequentemente as ajudamos a mentalmente dar um passo para trás a fim de examinar o contexto e o quadro geral. Nós nos perguntamos: "Se o pensamento não fosse verdadeiro, quais seriam os indicadores disso, e podemos buscar essa evidência?". Basear-se na orientação temporal pode ser útil, como ao perguntar: "Sempre foi assim?" ou "Tem que ser sempre assim?".

As principais competências para essa habilidade são as seguintes:

- A capacidade de reafirmar o motivo pelo qual o pensamento é verdadeiro.
- A capacidade de reavaliar esse caso em termos objetivos.
- A capacidade de procurar contexto ausente.
- A capacidade de procurar exceções e generalizações excessivas.
- A capacidade de hipotetizar quais evidências discrepantes podem existir e como encontrá-las.
- A capacidade de projetar experimentos comportamentais para reunir novas evidências.

Passo 4: resumo e síntese

As etapas de resumo e síntese são importantes e fáceis de serem ignoradas por terapeutas iniciantes. A nova aprendizagem é explicitada nessa etapa. Como normalmente não temos os mesmos esquemas e as mesmas estruturas de crenças que nosso cliente ou supervisionado, com frequência é mais fácil vermos uma nova perspectiva antes dele. Além disso, o terapeuta pode se sentir inclinado a tentar escolher um pensamento puramente positivo porque assim o supervisionado poderá se sentir melhor. O problema com pensamentos puramente positivos ou que se baseiam apenas em evidências não confirmatórias é que eles podem ser frágeis se não se adequarem à realidade da vida do cliente. Portanto, o foco deve ser o desenvolvimento de novos pensamentos que sejam equilibrados e adaptativos. Esse processo envolve resumir os dois lados da história e ajudar o cliente a desenvolver um novo pensamento mais equilibrado que capture ambos. É importante avaliar se o novo pensamento é crível.

Uma vez que tenhamos uma declaração resumida, sintetizá-la com as declarações e suposições anteriores do supervisionado é um próximo passo crucial. Isso é feito perguntando ao terapeuta/supervisionado: "Como a nova conclusão se compara à suposição inicial?"; "E às suas crenças subjacentes?"; "Como você concilia suas suposições anteriores com essa nova evidência?". A assistência na solidificação desses ganhos é importante e pode ser realizada ajudando-o a traduzir a mudança cognitiva em mudança de comportamento. Então, perguntamos a ele como quer colocar o novo pensamento em prática ou como quer testá-lo na próxima semana.

As principais competências para essa habilidade são as seguintes:

- A capacidade de resumir colaborativamente todo o diálogo.
- A capacidade de ajudar o cliente a tirar uma conclusão equilibrada com base na declaração resumida.
- A capacidade de testar colaborativamente a credibilidade da nova conclusão.
- A capacidade de sintetizar de forma colaborativa a nova conclusão com a declaração original.
- A capacidade de sintetizar de forma colaborativa a nova conclusão com a crença subjacente-alvo.
- A capacidade de criar um plano comportamental para colocar a nova conclusão em prática.

AVALIAÇÃO BASEADA EM COMPETÊNCIAS: MATRIZ DE CLASSIFICAÇÃO DO DIÁLOGO SOCRÁTICO

Quando ensinamos nossos supervisionados a usar efetivamente as estratégias socráticas na supervisão, esperamos que eles aprendam a fazer uso eficaz dessas estratégias com seus clientes.

Para ajudar a fomentar o crescimento das estratégias socráticas, desenvolvemos a matriz de classificação do diálogo socrático (Planilha 15.1), a ser usada com fins de treinamento. Essa escala pode ser usada para classificar uma sessão de terapia ou uma dramatização quanto ao uso do empirismo colaborativo no modelo de quatro componentes do diálogo socrático.

RESUMO DO CAPÍTULO

As estratégias socráticas estão entre as habilidades mais difíceis para os estagiários/supervisionados dominarem (Waltman et al., 2017). Neste capítulo, discutimos como otimizar o treinamento e a supervisão de indivíduos interessados no uso dessas estratégias. Os ele-

QUADRO 15.1 Matriz de empirismo colaborativo

	Baixa colaboração	Alta colaboração
Baixo empirismo	Baixo empirismo colaborativo	Terapia de apoio
Alto empirismo	Descoberta fornecida Disputa ao rotular o pensamento como distorcido ou irracional	Empirismo colaborativo Descoberta em conjunto Promoção da motivação do cliente Produção de mudança

Fonte: baseado em Tee & Kazantzis (2011).

Questionamento socrático para terapeutas **271**

Nome do terapeuta:	Nome do avaliador:
Sessão sendo avaliada:	Data de avaliação:

Instruções: *revise a matriz de empirismo colaborativo e determine onde as habilidades da sessão que estão sendo avaliadas se encaixam. Inclua uma justificativa para a classificação e sugestões para o desenvolvimento de habilidades abaixo de suas classificações.*

Focalização	*Baixa colaboração*	*Alta colaboração*
Baixo empirismo	O terapeuta não se concentrou em um único pensamento ou crença a ser avaliada.	Terapeuta e cliente discutiram um tópico com o qual o cliente se preocupava sem avançar para a avaliação.
Alto empirismo	O terapeuta selecionou um pensamento para focar com base em sua intuição ou interpretação da situação.	Terapeuta e cliente escolheram cooperativamente um alvo de intervenção ideal após ponderar alternativas e criar uma definição compartilhada do alvo.

Determinação:

Notas:

Compreensão	*Baixa colaboração*	*Alta colaboração*
Baixo empirismo	Nenhum esforço para entender como o pensamento-alvo faz sentido/sem validação.	Fornecimento de validação e possivelmente validação errônea da precisão do pensamento antes de ele ser avaliado — acordo tácito.
Alto empirismo	O terapeuta atende a evidências que apoiam o pensamento com ausência de validação emocional.	O terapeuta fornece validação emocional explorando o contexto e as evidências que sustentam o pensamento; validação equilibrada com ignorância socrática.

Determinação:

Notas:

Curiosidade	*Baixa colaboração*	*Alta colaboração*
Baixo empirismo	Nenhuma tentativa de explorar por que o pensamento pode não ser verdadeiro.	Troca calorosa, focada em permanecer positivo ou oferecer reformulações infundadas.
Alto empirismo	Explicação de por que o pensamento não é verdadeiro. Foco em disputar e desafiar o pensamento — foco em distorções cognitivas.	Reexame colaborativo do motivo por que o pensamento é verdadeiro, avaliando evidências discrepantes e procurando evidências ausentes. O terapeuta deve demonstrar curiosidade sincera.

Determinação:

Notas:

Resumo e síntese	*Baixa colaboração*	*Alta colaboração*
Baixo empirismo	Nenhuma tentativa de juntar tudo.	Pedir um pensamento alternativo sem resumir evidências. Aceitar um pensamento excessivamente positivo sem testar sua credibilidade. Deixar de reconhecer que a falta de evidência não confirmatória pode ser devida à evitação comportamental.
Alto empirismo	Dizer ao cliente quais conclusões devem ser formuladas.	Resumo cooperativo do diálogo. Ajudar o cliente a tirar uma nova conclusão com base nesse resumo. Testar a credibilidade dessa conclusão. Conciliar essa conclusão com a afirmação inicial. Fazer planos para colocar a conclusão em ação.

Determinação:

Notas:

Área geral de força:

Área geral a melhorar:

Feedback **principal (seja específico):**

PLANILHA 15.1 Matriz de classificação do diálogo socrático.

mentos-chave incluíram o uso frequente de estratégias socráticas por parte do instrutor/supervisor e a implementação de uma estratégia instrucional baseada no modelo de aprendizagem experiencial de Kolb (1984). Por fim, oferecemos uma ferramenta de avaliação que os instrutores, supervisores e seus alunos podem usar para avaliar objetivamente seu desempenho no diálogo socrático.

REFERÊNCIAS

Beck. J., Sarnat, J. E., & Barenstein, V. (2008). Psychotherapy-based approaches to supervision. In C. Falendar & E. Shafranske (Eds.), *Casebook for clinical supervision: A competency-based approach.* Washington, DC: American Psychological Association.

Bellack, A. S., Mueser, K. T., Gingerich, S., & Agresta, J. (2013). *Social skills training for schizophrenia: A step-by-step guide.* New York: Guilford Press.

Edmunds, J. M., Beidas, R. S., & Kendall, P. C. (2013). Dissemination and implementation of evidence-based practices: Training and consultation as implementation strategies. *Clinical Psychology: Science and Practice, 20*(2), 152–165.

Greenberger, D., & Padesky, C. A. (2015). *Mind over mood: Change how you feel by changing the way you think.* New York: Guilford Press.

James, I. A., Morse, R., & Howarth, A. (2010). The science and art of asking questions in cognitive therapy. *Behavioural and Cognitive Psychotherapy, 38*(1), 83–93.

Kolb, D. A. (1984). *Experiential learning: Experience as the source of learning and development.* Englewood Cliffs, NJ: Prentice-Hall.

Linehan, M. M. (1997). Validation and psychotherapy. Empathy reconsidered: New directions in psychotherapy. In A. C. Bohart & L. S. Greenberg (Eds.), *Empathy reconsidered: New directions in psychotherapy* (pp. 353–392). Washington, DC: American Psychological Association.

Padesky, C. A. (1996). Developing cognitive therapist competency: Teaching and supervision models. In P. Salkovskis (Ed.), *Frontiers of cognitive therapy* (pp 266– 292). New York: Guilford Press.

Polya, G. (1973). *How to solve it* (2nd ed.). Princeton, NJ: Princeton University Press. Sudak, D. M., & Codd III, R. T. (2019). Training evidence-based practitioners. In S. D. (Ed.), *Evidence-based practice in action: Bridging clinical science and intervention* (409–424). New York: Guilford Press.

Sudak, D. M., Codd, R. T., Ludgate, J. W., Sokol, L., Fox, M. G., Reiser, R. P., & Milne, D. L. (2016). *Teaching and supervising cognitive behavioral therapy.* Hoboken, NJ: Wiley.

Tee, J., & Kazantzis, N. (2011). Collaborative empiricism in cognitive therapy: A definition and theory for the relationship construct. *Clinical Psychology: Science and Practice, 18*(1), 47–61.

Waltman, S. H. (2016). Model-consistent CBT supervision: A case-study of a psychotherapy-based approach. *Journal of Cognitive Psychotherapy, 30*(2), 120–130.

Waltman, S. H., Hall, B. C., McFarr, L. M., Beck, A. T., & Creed, T. A. (2017). In-session stuck points and pitfalls of community clinicians learning CBT: Qualitative investigation. *Cognitive and Behavioral Practice, 24,* 256–267. doi:10.1016/ j.cbpra.2016.04.002

Waltman, S. H., Hall, B. C., McFarr, L. M., & Creed, T. A. (2018). Clinical case consultation and experiential learning in CBT implementation: Brief qualitative investigation. *Journal of Cognitive Psychotherapy, 32*(2), 112–126.

Waltman, S., Naman, K., Morgan, W., Wickremasinghe, N., Nehme, J., & McFarr, L. (2014). *Learning to think like a cognitive behavioral therapist: The use of guided discovery in CBT supervision and fidelity of CBT in clinical practice.* Poster presented at the Cognitive Therapy SIG Happy Hour at the Annual Conference for the Association for Behavioral and Cognitive Therapies, Philadelphia, PA.

Wenzel, A. (2019). *Cognitive behavioral therapy for beginners: An experiential learning approach.* New York: Routledge.

16
O método autossocrático

Scott H. Waltman

❖ O QUE VOCÊ VERÁ NESTE CAPÍTULO

Passo 1: focalização	274
Passo 2: compreensão	277
Passo 3: curiosidade	277
Passo 4: resumo e síntese	280
Conclusões	281

Sócrates usou questionamentos e confrontação para ajudar as pessoas a chegar ao que ele considerava verdades universais. O processo básico é uma combinação direta de análise (decompor as coisas) e síntese (juntar as coisas novamente). Esse processo permite a transformação, a descoberta e a mudança cognitiva. Nas ciências cognitivas e comportamentais, trabalhamos para usar estratégias socráticas a fim de aplicar princípios científicos ao nosso pensamento. Isso envolve avaliar como pensamos e no que acreditamos para ver se nossas crenças são realmente verdadeiras e úteis. Muitas vezes, as crenças mais dolorosas que aprendemos com várias lições de vida são uma mistura de verdade e suposição. Essas distorções da verdade podem causar sofrimento desnecessário e fazer com que nos comportemos de maneiras que não são úteis. Trabalhar com um terapeuta treinado em métodos socráticos pode ajudar a facilitar esse processo de mudança.

Nosso modelo revisado para o questionamento socrático primeiro foca as crenças-chave a serem atingidas. Após a identificação de um alvo adequado ou estratégico, trabalhamos para desenvolver uma compreensão do pensamento, ou seja, para entender como faz todo o sentido que pensemos de determinada forma. Uma vez que tenhamos entendido como desenvolvemos esse ponto de vista, trabalhamos para expandi-lo por meio do processo de curiosidade. A fim de criar uma nova crença que seja durável, usaremos estratégias de resumo e síntese para reconciliar nossas suposições iniciais com a perspectiva recém-desenvolvida e mais equilibrada.

PASSO 1: FOCALIZAÇÃO

O primeiro passo na aplicação das estratégias socráticas é identificar os alvos para essas estratégias. Algumas estimativas sugerem que os humanos tenham de 10 a 15 mil pensamentos diferentes por dia. Em um sentido prático, simplesmente não temos tempo para abordar todos os pensamentos que achamos que podem estar distorcidos. Queremos abordar os pensamentos que são centrais para nossos problemas e relacionados às nossas dificuldades centrais. Pesquisas descobriram que o modo como pensamos afeta a maneira como nos sentimos e o que fazemos; assim, podemos usar nossos sentimentos e comportamentos como indicadores de onde os pontos estratégicos de intervenção podem estar localizados.

Primeiro, você pode querer se perguntar por que deveria aprender a usar esse método autossocrático. O que você espera realizar? Você está tentando reduzir os sentimentos de depressão ou ansiedade? Você está tentando mudar o pensamento autodestrutivo que o impede de viver a vida que deseja? Você está tentando parar ou reduzir um comportamento que não lhe serve bem? Se você conseguir descobrir o que quer e quais pensamentos o estão atrapalhando, você pode mirar esses pensamentos para provocar mudanças estratégicas e transformadoras em sua vida.

Todo mundo é diferente, portanto esse processo pode exigir alguma reflexão e, às vezes, o registro de seus processos de pensamento. Existem tipos comuns de pensamentos que vemos relacionados a diferentes estados emocionais. Por exemplo, pessoas com depressão tendem a ter crenças negativas sobre si mesmas, sobre outras pessoas e sobre o futuro. Essas crenças geralmente têm temas de desesperança, futilidade, deficiência e previsões autodestrutivas (p. ex., "Por que se incomodar se não vai funcionar de qualquer maneira?").

Focalização: o que estou mirando? *Quais são as diferentes partes do problema?* *Qual é a parte mais perturbadora?* *Qual é o significado que estou atribuindo a essa situação? O que estou dizendo a mim mesmo?* *Como estou definindo esse alvo?*
Compreensão: como faz sentido que eu pense isso? *Onde eu aprendi isso?* *Isso é algo que as pessoas me disseram antes?* *Quais são os fatos que me dizem que isso é verdade?* *Como esse pensamento faz eu me comportar?*
Curiosidade: o que estou perdendo? *Há contexto importante faltando nas declarações acima?* *Meus comportamentos influenciam minhas experiências?* *O que não sei?* *Quais são os fatos que me dizem que isso pode não ser verdade?* *Há alguma exceção que estou esquecendo?*
Resumo: como posso resumir toda a história? **Síntese:** como esse resumo se encaixa com minha declaração original? *Como isso se encaixa com o que eu normalmente digo a mim mesmo?* **Conclusão:** qual seria uma afirmação mais equilibrada e crível? Como posso aplicar essa declaração à minha próxima semana?

FIGURA 16.1 Registro de pensamento socrático.

© Waltman, S. H., Codd, R. T. III, McFarr, L. M., and Moore, B. A. (2021). Socratic Questioning for Therapists and Counselors: Learn How to Think and Intervene like a Cognitive Behavior Therapist . New York, NY: Routledge.

Pessoas com depressão também são propensas a generalizar demais, ou seja, a considerar completamente ruins coisas que são apenas parcialmente ruins. Isso possivelmente se deve a fenômenos como a memória dependente do humor, devido à qual, quando alguém está se sentindo deprimido, tem mais dificuldade de lembrar de eventos associados a não estar deprimido — então o mundo parecerá pior do que realmente é.

A depressão não é o único estado emocional que tem seu próprio conjunto e seus processos de pensamento típicos. A ansiedade geralmente acompanha o pensamento catastrófico. Ou seja, as pessoas consideram a probabilidade de resultados ruins acontecerem maior do que ela realmente é. As pessoas com ansiedade também consideram esses possíveis resultados ruins piores do que realmente seriam e se veem como menos propensas a enfrentar ou a lidar com a adversidade do que realmente são. Assim, as pessoas com ansiedade geralmente se beneficiam ao aprender a fazer previsões mais precisas sobre a possibilidade de algo ruim acontecer, a gravidade dessa possibilidade e a sua capacidade de suportar situações difíceis.

A raiva é uma emoção de autodefesa. Tendemos a ficar com raiva quando percebemos uma ameaça e, portanto, nos perguntarmos o que é tão física ou emocionalmente perigoso em uma situação pode nos ajudar a ter uma ideia de quais tipos de pensamento avaliar. Também vemos a raiva derivada de percepções de injustiça e suposições de que o mundo deveria ser justo. Isso se associa à ideia de deveres ou obrigações — as pessoas geralmente têm regras e expectativas não escritas para si mesmas, para outras pessoas e para o mundo em geral. Temos ideias sobre como os outros devem agir, e podemos ficar com raiva quando vemos as pessoas não fazendo as coisas que achamos que deveriam estar fazendo. "Deveres" são complicados, porque as pessoas muitas vezes têm boas razões para acreditar que o seu dever está "certo", mas, como todos observamos, o mundo não funciona com base na razão. Exigir rigidamente que outras pessoas e o mundo sigam nossos padrões é uma receita para a tristeza. Algumas pessoas podem se beneficiar da avaliação direta de seus deveres, enquanto outras preferem avaliar se manter o "dever" é benéfico.

Culpa e vergonha tendem a andar juntas. Culpa é se sentir mal pelo seu comportamento: "Eu fiz algo errado". Vergonha é sentir que há algo de errado com você. A culpa é um julgamento do comportamento e a vergonha é um julgamento de si mesmo. A vergonha tende a ser tóxica e, normalmente, trabalhamos com as pessoas para avaliar se a culpa ou a vergonha são justificadas ou úteis. Perguntas úteis de focalização incluem: "O que eu fiz está realmente errado?"; "Meus sentimentos são proporcionais à situação?"; "Esse comportamento define a totalidade de quem eu sou e quem sempre serei?"; "Posso fazer as pazes?".

Alternativamente, você pode rastrear situações que trazem à tona a emoção ou o comportamento que estamos mirando para identificar pensamentos adequados nos quais focar. Nesses casos, você pode se perguntar: "O que eu estava pensando que me levou a sentir ou agir dessa maneira?".

Há uma série de perguntas que as pessoas podem fazer a si mesmas para facilitar essa etapa, incluindo:

- O que é tão perturbador ou difícil na situação?
- Qual é a parte mais perturbadora?
- Como você está dando sentido a isso?
- Como isso se relaciona com suas crenças subjacentes?
- Qual é o pensamento mais perturbador?
- Podemos dividir esse pensamento em diferentes componentes?
- O que esse pensamento significa para você?

Uma estratégia útil que Sócrates usava em seu método era primeiro examinar como a ideia principal estava sendo definida. Nossas distorções de pensamento são muitas vezes influenciadas por distorções em nossas expectativas e suposições. Por exemplo, se alguém estivesse avaliando as preocupações que tem sobre ser um bom pai, primeiro verificaríamos se sua definição de bom pai é justa. Pode ser útil olhar para definições ou padrões universais, pois muitos são seus críticos mais severos. Então, qual padrão ou definição razoável pode ser aplicada a todos? E como meus pensamentos e minhas crenças se comparam a esse padrão universal?

PASSO 2: COMPREENSÃO

Essa etapa pode ser pensada como uma prática de autovalidação. A tarefa dessa etapa é entender a si mesmo e ao pensamento-alvo. O princípio orientador é que as pessoas seguem suas crenças honestamente, e queremos entender como faz todo o sentido que elas pensem de determinada maneira.

Há várias perguntas que as pessoas podem fazer a si mesmas para orientar esse processo:

- Em que experiências se baseia esse pensamento?
- Quais são os fatos que sustentam isso?
- Se isso fosse verdade, qual você acha que seria a evidência mais consistente para apoiá-lo?
- Quais são as razões pelas quais eu acho que isso é verdade?
- Isso é algo que as pessoas me disseram diretamente no passado?
- Quanto eu acredito nisso?
- Há quanto tempo eu acredito nisso?
- Quando eu tendo a acreditar mais e menos nisso?
- O que eu normalmente faço quando pensamentos como esse surgem?

PASSO 3: CURIOSIDADE

Agora que temos uma boa compreensão de por que acreditamos no pensamento que estamos avaliando, queremos expandir essa compreensão com curiosidade. Funcionalmente, existem três tipos de evidências que queremos procurar e atender à medida que buscamos desenvolver um pensamento mais equilibrado e útil: evidências percebidas, evidências conhecidas e evidências desconhecidas.

Evidência percebida é aquela que usamos para apoiar nossa crença que pode não apoiar determinado pensamento. Às vezes, usamos um pensamento como evidência para apoiar outro pensamento e acabamos construindo um castelo de cartas mental, que podemos perceber como um raciocínio frágil se olharmos mais de perto. Outras vezes, usamos nossas emoções como evidência — chamamos isso de raciocínio emocional e ele tem uma lógica circular. Por exemplo, as pessoas devem se sentir ansiosas na presença de perigo, mas as pessoas com transtornos de ansiedade tendem a usar o sentimento de ansiedade como evidência de que algo não é seguro. Assim, um primeiro passo em nosso método autossocrático é avaliar se a evidência que estamos usando para apoiar nossa crença de fato apoia nossa crença. Perguntamos a nós mesmos: "Isto é um fato?"; "Isto é um sentimento?"; "Isto é uma suposição?". Pode ser que precisemos decompor mais a situação e avaliar os diferentes blocos de construção que estão apoiando o pensamento.

Algumas pessoas acham útil avaliar suas evidências percebidas verificando se há distorções ou armadilhas em seu pensamento. Existem várias listas diferentes por aí que as pessoas usam para avaliar padrões de pensamento problemático. As pessoas normalmente têm um padrão de distorção "*go-to*" no qual elas se enquadram. Por exemplo, algumas pessoas são dadas a padrões catastróficos de pensamento, enquanto outras são dadas a ver as coisas

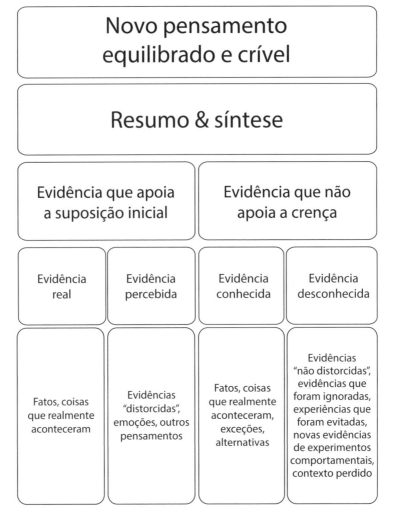

FIGURA 16.2 Panorama do processo autossocrático.

em termos de tudo ou nada, em vez de perceber as nuances. Se você puder aprender qual é o seu padrão de pensamento comum, poderá aprender a observá-lo e talvez corrigi-lo. Saber que você está usando uma distorção cognitiva não lhe diz o que seria uma perspectiva mais equilibrada, mas pode ajudá-lo a entender que talvez a situação não seja tão grave quanto parece. Ao decompor a situação com nosso método autossocrático, você pode adotar uma perspectiva equilibrada e livre de padrões de pensamento distorcidos.

Evidência conhecida é aquela que já conhecemos e que não apoia o pensamento que estamos avaliando. As pessoas tendem a distorcer as informações para que se encaixem em suas suposições e crenças preexistentes. Então, queremos dar um passo atrás mentalmente a fim de olhar tanto para o contexto quanto para o quadro geral. Perguntamo-nos: "Se o pensamento não fosse verdadeiro, quais seriam os indicadores disso, e podemos buscar essa

QUADRO 16.1 Semelhanças entre distorções e crenças irracionais

Processos de pensamento	Descrições
Erros na previsão	Exemplos: catastrofização, previsão do futuro ou viés de impacto. Descrição: erros na previsão de resultados que não podem ser conhecidos ou de valência negativa improvável. Alternativamente, isso pode se manifestar como a atribuição, a um evento em potencial, de um impacto irrealista na vida de alguém ou na situação (i.e., ver algo como a solução de todos os seus problemas ou ver algo como a pior coisa que poderia acontecer).
Erros na generalização excessiva	Exemplos: pensamento de tudo ou nada, generalização excessiva e exagero (minimização). Descrição: criar uma falsa dicotomia e não atender aos elementos dimensionais (contínuos) da avaliação. Isso também pode ser um erro de permanência em que algo é visto como permanente ou imutável quando não o é.
Erros nas percepções	Exemplos: abstração seletiva, filtro negativo, leitura da mente, raciocínio emocional e personalização. Descrição: erros de filtragem de atenção em que as pessoas tendem a enfatizar ou atender apenas a informações consistentes com suas expectativas.
Ilusões de controle	Exemplos: pensamento mágico, ilusão de controle e viés de retrospectiva. Descrição: ilusões em que um indivíduo se considera dotado de um poder que não possui, por exemplo, por conhecer coisas que não poderia saber (ou outro pensamento supersticioso).
Crenças irracionais centrais	Exigência: deveres absolutos; demandas do universo e de outras pessoas. Catastrofização: julgar algo como absolutamente terrível ou pior do que ruim. Intolerância à frustração: recusar-se a tolerar a angústia e ver a si mesmo como incapaz de suportá-la. Avaliação pessoal: julgar ou rotular a si mesmo ou outra pessoa em termos absolutos.

evidência?". Talvez precisemos recorrer à orientação temporal: "Tem sempre sido desse jeito?"; "Tem que ser sempre assim?".

Na etapa anterior, nos perguntamos: "Qual é a evidência de que esse pensamento é verdadeiro?". Nesta etapa, estamos nos perguntando: "Existe alguma evidência de que esse pensamento não seja verdadeiro?". Pode ser útil nos lembrarmos de que estamos procurando desenvolver uma perspectiva de verdade equilibrada e, portanto, queremos ser capazes de ver os dois lados claramente. As perguntas a serem feitas incluem: "Houve momentos em que algo diferente aconteceu?"; "É sempre assim?"; "O que estou deixando de perceber?". Uma boa estratégia é olhar de um ponto de vista diferente. Começamos olhando do ponto de vista do comportamento ou da emoção particular que procurávamos abordar. Se você pode pensar em momentos em que está se sentindo melhor ou agindo melhor e, em seguida, olhar a situação a partir desses pontos de vista, nesse momento pode se perguntar: "Qual é a evidência contra esse pensamento que estou avaliando?" ou "Quais são os fatos sobre o pensamento que às vezes esqueço?". Pode ser útil listar essas evidências.

Evidência desconhecida é aquela que pertence à nossa avaliação, mas está fora de nossa base de conhecimento ou nossa experiência. Conceitualmente, pode ser útil pensar em como nossas suposições orientam nossas previsões e comportamentos, o que, por sua vez, afeta o que fazemos e o que experimentamos. Tudo isso pode limitar a evidência que precisamos explorar para avaliar nossa crença. Por exemplo, se você tem medo de fracassar, provavelmente há chances de não ter tentado por medo de fracassar. Evitar correr riscos consistentemente pode limitar a quantidade de sucesso que você tem em sua vida; portanto, quando você começar a avaliar se é um fracasso ou não, poderá descobrir que não tem tanto para mostrar em sua vida quanto gostaria. Você poderia erroneamente concluir disso que você é um fracasso, embora o raciocínio científico dite que você não sabe realmente do que é capaz, porque o risco foi evitado. Nesses casos, você precisa sair, experimentar a vida e reunir novas evidências para formar novas crenças. Um terapeuta pode ser especialmente útil para ajudá-lo a projetar experimentos nos quais você sai da sua zona de conforto e amplia sua vida. Os princípios-chave incluem progresso gradual, preparar-se para o sucesso e refletir sobre os aspectos bem-sucedidos de seus experimentos para que você possa aproveitar os sucessos.

PASSO 4: RESUMO E SÍNTESE

As etapas de resumo e síntese são importantes e fáceis de serem ignoradas. É aqui que trabalhamos para integrar novas aprendizagens em nossas estruturas de crenças. Pode haver um impulso para as pessoas tentarem escolher um pensamento puramente positivo porque assim poderão se sentir melhor. O problema com pensamentos puramente positivos ou que se baseiam apenas em evidências não confirmatórias é que eles podem ser frágeis se não se adequarem à realidade da vida. Portanto, estamos procurando desenvolver novos pensamentos que sejam equilibrados e adaptativos. Esse processo envolve resumir os dois lados da história e desenvolver um novo pensamento mais equilibrado que capture ambos. A pergunta que devemos fazer é se o novo pensamento é crível. Também queremos manter a noção de que a mudança em crenças e suposições fortemente arraigadas pode ser um processo gradual. Assim que tivermos uma declaração resumida, queremos sintetizá-la com nossas declarações e suposições anteriores. Como a nova conclusão se compara à suposição inicial? E às nossas crenças subjacentes? Como conciliamos nossas suposições anteriores com essa nova evidência? Também queremos solidificar esses ganhos traduzindo a mudança cognitiva em mudança de comportamento. Então, nos perguntamos como queremos colocar o novo pensamento em prática ou como queremos testá-lo na próxima semana.

Há uma série de perguntas que podemos nos fazer para ajudar com essa questão:

- Como tudo isso se encaixa?
- Posso resumir todos os fatos?
- O que é uma declaração resumida que captura ambos os lados?
- Quanto acredito nisso?
- Preciso moldar isso para torná-lo mais crível?
- Como concilio a nova declaração com o pensamento que estava avaliando ou com a crença central que estou mirando?
- Como devo aplicar a nova declaração à próxima semana? Como posso testar isso?
- O que aprendi sobre meus processos de pensamento nesse exercício?

CONCLUSÕES

A mudança cognitiva significativa é muitas vezes um processo que leva tempo e esforço. O método autossocrático é um bom começo. Depois de identificar uma nova crença que deseja construir, o próximo passo é desenvolver comportamentos que correspondam a essa crença. Praticar a construção desses comportamentos e dessas crenças pode gerar mudanças significativas em sua vida. A mudança é gradual e muitas vezes podem surgir barreiras inesperadas. Um terapeuta pode ser útil para ajudá-lo a superar essas barreiras e promover mudanças sustentáveis em sua vida.

Índice

Nota: números de páginas em *itálico* se referem a figuras e planilhas; em **negrito**, a quadros.

3 Cs (*catch it, check it, change it*) 45–47

abordagem de Columbo 121–122
abordagem de treinamento de habilidades 37–44, *40*, 153, 200–201; conceitualização abstrata *40*, 41–43, 266–267; experiência concreta 38–42, *40*, 264–266; experimentação ativa *40*, 42–44, 267–268; observação reflexiva *40*, 41–42, 152, 264–267; para ensinar estratégias socráticas 264–268
abordagem tratamento como um experimento 36–38
abstração seletiva **136–137**
ação comprometida 249–251
acomodação esquemática 153, 157
adesão à medicação 253–262; entrevista motivacional 255–256; exemplos de caso 260–261; fatores relacionados ao cliente 253–255; reforçando os ganhos 258–261; solução de problemas de não adesão 256–259
Aiden (exemplo de caso) 196–203
aliança terapêutica 30–34, 253; metas 30–33; tarefas 30, 32–34; vínculos 30, 33–34
amígdala 210–211, 216–217
ampliação 245–246
análise em cadeia: cognitiva 218–224; comportamental 213–214, 218–219
análise funcional *ver* análise em cadeia comportamental
análise temática 198
anormalidades cerebrais, frontolímbicas 210–211, 216–217

anormalidades frontolímbicas do cérebro 210–211, 216–217
armadilhas do pensamento 84–85
Association for Behavioral and Cognitive Therapies (ABCT) 211–212
ativação comportamental 50–53
ativação modal 196–197, *197*
autoeficácia 258–259
autoinvalidação 211–212
automonitoramento 33–34, 44–54, 212–213; coleta de informações 44–45; comportamentos 48–49, 50–53; emoções 47–49; orientando para o modelo TCC 48–51, *49*; pensamentos 45–47, 52–54
auto-observação cognitiva 212–213
autovalidação 276–278
avaliação pessoal 84–86, **136–137**, 171–172
avaliações de valor humano *ver* avaliação pessoal

Basco, M. R. 253
Beck, Aaron T. 3, 44, 72, 126–127, 184–185, 195, 211–212
Beck, Judy 13–15, 47, 82–84, 102
Benjamin (exemplo de caso) 132–134
Bennett-Levy, J. 186
bracketing 100–101
Brown, Greg 171
Burns, D. D. 181–182
Buschmann, T. 85–86

capturando pensamentos 45–47
Carlin, George 85–86
catastrofização 84–86, **136–137**, 137–138, 171–172
Chessick, R. D. 100

Índice **283**

ciclo de ruminação-supergeneralização 44–45, *45*

cognições avaliativas 171–172

cognições inferenciais 171

competência aparente 211–212

comportamento governado por regras 244–246

comportamentos de autolesão 214–215, 221–227, 230–238

comportamentos, automonitoramento 48–49, 50–53

compreensão: método autossocrático 276–278; verificando a do cliente 152; *ver também* compreensão fenomenológica

compreensão fenomenológica *59*, 62–65, *69*, 99–118, *100*; competências-chave 268–269; correção de curso 108–109; emoções e processamento emocional 102–108, **103–104**; ensino 267–269; exemplos de caso 62–64, 104–118; fenomenologia colaborativa 100–101; método autossocrático 276–278; perspectiva informada por conceitualização 102; questões para compreensão 108–118; validação 62, 107–109, **108**, 267–269

conceitualização abstrata *40*, *41–43*, 266–267

conceitualização cognitiva de caso 11–26; compreensão fenomenológica e 102; crenças centrais 11–13; diagramas de conceitualização de crenças funcionais 16–17, *18–19*; estratégias compensatórias 12–13, *16*; exemplo de caso 20–27, *23*, *26*; ferramentas e estratégias durante a sessão 20; filtros cognitivos 13–15; focalização e 82–85; planejando e usando 14–17, *15*; regras e premissas 12–14

conceitualização de crença *ver* conceitualização cognitiva de caso

Congresso Internacional de Psicoterapia Cognitiva 82–84

consciência do momento presente 248–249

contextualizando as evidências 135–137, 167–168

controle, ilusões de **136–137**

correção de curso 108–109

Crawford, S. 186–187

crenças e esquemas centrais 11–13, 195–206; acomodação esquemática 153, 157; ativação modal 196–197, *197*; ciclos viciosos 200–201; estabelecendo colaborativamente a meta cognitiva 198; estratégia crença central A/ crença central B 203–204, **204**; estratégia de prós e contras 200–202, **201**; estratégia de redação de cartas 202–203; estratégia de registro de evidências 203–204; estratégias

de reescrita 202–203; estratégias de representação 199–201, 204–205; estratégias durante a sessão 199–203; estratégias entre sessões 202–205; exemplos de casos 196–203; exercício das duas cadeiras 201–202; irracionais 84–86, 136–138, **136–137**; mudanças ambientais 204–205; quando mirar 196–197; reescrita de cenários 202–203; reforçando o comportamento competente 203–205; reforço seletivo 203–205; técnica contínua 199–200; trabalho de tolerância ao sofrimento 200–201; trajetórias típicas de mudança 196–197; *ver também* pensamentos quentes

curiosidade: método autossocrático 277–280; registro de pensamento do método dialético socrático 229–230; *ver também* curiosidade colaborativa

curiosidade colaborativa *59*, 64–67, *69*, 121–149, 229–230; ameaças à validade 126–127, **127–128**; avaliação 147–148; coleta de novas evidências 139–142; competências-chave 268–269; contextualizando a evidência 135–137, 167–168; distorções e crenças irracionais 136–138, **136–137**; ensino 268–269; ensino de raciocínio científico 126–127; erro de permanência 135, **136–137**; estratégia do fio solto 126–131; estrutura se-então 122–127, *123*, *126*; evidência distorcida 132–135, **134**; evidências não confirmatórias 64–65, 137–139, 147–149, 229–230; exceções 138–140; exemplos de caso 64–67, 123–135, 142–148; experimentos comportamentais 139–142, 174–175, *178*, 184–192, *187*, *188*; impacto da crença 139–140; orientação temporal 135; perguntas para orientar o processo 140–143; prova indireta 140–142; reafirmando o caso do cliente 122–127, *123*, *126*; *reductio ad absurdum* 140–142

David, D. O. 84–85

declarações se-então 81–82, 126–127

definição compartilhada de alvo cognitivo 86–90

definição da agenda 35–36

descentralização 242

descoberta fornecida 31, 57, **122**, 163–165

descoberta guiada 57

desregulação emocional 11, 210–213, 216–218

diagnóstico diferencial de pensamento 74–75

diagrama de conceitualização cognitiva (DCC) 14–15

284 Índice

diagrama simplificado de conceitualização de crenças funcionais 16–17, *18*

diagramas de conceitualização de crenças funcionais 16–17, *18*, *19*

diálogo socrático beckiano 2, *58*, 57–59, *59*, *69*, 199–200; *ver também* compreensão fenomenológica; curiosidade colaborativa; focalização; resumo e síntese

distanciamento 242

distorções cognitivas 84–85, 136–138, **136–137**, 181–182, 276–280; *ver também* vieses cognitivos

Dryden, Windy 137–138

educação emocional 47–49

efeitos de expectativa **127–128**

Ehlers, A. 186

elenchus 57

Ellis, A. 10, 84–85, 199–200

emoções: automonitoramento 47–49; mitos sobre 213–214; significado emocional de pensamentos quentes 74–82, *77*, *78*, *79–80*, 171, 198

empirismo colaborativo 2, 31, 33–34, 37–38, 51–53, 57, 99, 101, 107–108, 110–111, 121–123, **122**, 174–175, 184–185, 218, 228–229, 238, 253, 270–272

ensinando estratégias socráticas 264–272; abordagem de treinamento de habilidades 264–268; avaliação baseada em competências 269–272, *271*; compreensão fenomenológica 267–269; conceitualização abstrata 266–267; curiosidade colaborativa 268–269; experiência concreta 264–266; experimentação ativa 267–268; focalização 267–268; observação reflexiva 264–267; resumo e síntese 268–270; supervisão consistente com o modelo 264–265

entrevista motivacional 33–34, 121–122, 255–256

Epicteto 10

erros: de permanência 135, **136–137**; de generalização excessiva **136–137**; de percepção **136–137**; de previsão **136–137**; nas percepções **136–137**

Escala de avaliação do diálogo socrático 269–272, *271*

esclarecimento de objetivos 249–250

esclarecimento de valores 249–250

escuta 107–108

escuta reflexiva 33–34

estratégias: "É verdade e é útil?" *170*, 168–171; baseadas em *mindfulness* 199–201, 212–213, 242; compensatórias 12–13, *15*; crença central A/crença central B 203–204, **204**;

da representação do cavalo 137–138; da seta descendente 76–82, *77–80*, 198; da seta lateral 76–77, *79–80*; de autoinstrução 200–201; de desfusão 212–213, 247–248; de escrita de cartas 202–203; de prós e contras 200–202, **201**; de reescrita 202–203; de registro de evidências 203–204; de representação 160, 199–201, 204–205, 215–216, 228–231; do fio solto 126–131; pós-consulta 168–169

estrutura da sessão 33–38, **34**, *39*

estrutura de Avaliação e Gestão Colaborativa da Suicidalidade (Cams) 225–227

estrutura revisada para questionamento socrático 57–59, *59*, *69*; *ver também* compreensão fenomenológica; curiosidade colaborativa; focalização; resumo e síntese

estrutura se-então 122–127, *123*, *126*

evidências: conhecidas 279–280; contextualizando 135–137, 167–168; desconhecidas 279–280; não confirmatórias 64–65, 137–139, 147–149, 186, 228–230; não distorcidas 132–135, **134**; para explicações alternativas 140–142; percebidas 277–280; prova indireta 140–142; reunindo novas 139–142

evitação experiencial 246–247

exagero (minimização) **136–137**

exercício da cadeira 201–202

exercício da cadeira vazia 201–202

exercício das duas cadeiras 201–202

exigência 84–86, **136–137**, 137–138, 171

experiência concreta 38–42, *40*, 264–266

experimentação ativa *40*, 42–44, 267–268

experimentos comportamentais 139–142, 174–175, *178*, 184–192, *187–188*

explicações alternativas, evidências para 140–142

falsas dicotomias **136–137**, 199–200

falsas memórias 10

Fassbinder, E. 215–216

fatores comuns 31

fatores contextuais **127–128**

fatores específicos 31

fatores históricos **127–128**

feedback 35–36, 152

fenomenologia colaborativa 100–101

filtro negativo 136–137

filtros cognitivos 13–15

filtros de atenção 64–65, 136–138, 203–204; contrariando 152

Fiona (exemplo de caso) 59–70, 135

Índice **285**

focalização 59, 60–61, *69*, 72–96; armadilhas do pensamento 84–85; competências-chave 267–268; conceitualização cognitiva de caso e 82–85; crenças irracionais 84–86; definição compartilhada de meta cognitiva 86–90; diagnóstico diferencial de pensamento 74–75; ensinando 267–268; estratégia da seta descendente 76–82, *77–80*, 198; exemplos de caso 60–61, 73–75, 91–96, *95*; ferramentas e estratégias durante a sessão 90–91; identificando pensamentos quentes 60–61, 75–77, **76**; método autossocrático 274–277; no conteúdo cognitivo central 163–165; planilha *83*, *95*, 176–179, 181–182; regras se-então 81–82; significado emocional dos pensamentos quentes 74–82, *77–80*, 171, 198

Frank (exemplo de caso) 260–261
Freeman, A. 84–86
Frost, Robert 196–197

generalização excessiva 44–45, *45*, 84–85, **136–137**

habilidades OARS 33–34
Harold (exemplo de caso) 91–96, *95*
Hintikka, J. 99
hipótese A/hipótese B 134, **134**, 140–142, 171, 228–229

ideação suicida 104–105, 214–215, 221–227, 230–238
ignorância socrática 121–122
ilusões de controle **136–137**
implicação mútua 243–245
intolerância à frustração 84–86, **136–137**, 137–138, 171–172
invalidação 140–142, 210–212

John (exemplo de caso) 104–107
Josefowitz, N. 230–231

Kazantzis, N. 82–84, 99, 121–122, **122**, 123
Kolb, D. A. 38–40, *40*, 151; *ver também* modelo de aprendizagem experiencial

Leahy, Robert L. 57, 82–84
leitura da mente **136–137**
Linehan, Marsha 209, 211–213
Lippman, Walter 9

maturação **127–128**
McManus, F. 186

medicação psiquiátrica *ver* adesão à medicação
meditação da montanha 199–201
memórias impossíveis 10
mentalidade de teste de hipóteses 126–127
metacognição 126–127
método autossocrático 274–281, *278*; compreensão 276–278; curiosidade 277–280; evidência conhecida 279–280; evidência desconhecida 279–280; evidência percebida 277–280; focalização 274–277; resumo e síntese 279–281
método científico 184–187
modelo A-B-C, de antecedente-crença(*belief*)-consequência 139–140, 171, 221
modelo cognitivo 10–14, 196–197; ensinando 175–182
modelo cognitivo geral 10–14, 196–197
modelo de aprendizagem experiencial 38–44, *40*, 152, 264–268; conceitualização abstrata *40*, 41–43, 266–267; experiência concreta 38–42, *40*, 264–266; experimentação ativa *40*, 42–44, 267–268; observação reflexiva *40*, 41–42, 152, 264–267
modelo de flexibilidade psicológica 245–251
modelo de Padesky 57
modelo de processamento de informação 13–14, 102
modelo de terapia de ensaio de imagens (IRT) 202–203
modos 11–12
monitoramento de atividades 51–53
Monti, P. M. 255
Mooney, K. A. 14–15
mudanças ambientais 204–205

Nicole (exemplo de caso) 108–118, 142–148, 154–160

o eu como contexto 248–249
objetivos 30, 31–33
observação reflexiva *40*, 41–42, 152, 264–267
Okamoto, A. 246–247
orientação temporal 135
Overhosler, J. C. 32–33

Padesky, Christine A. 14–15, 57, 107–108, 121–122, 151, 176–178, 181–182, 264–265
Pam (exemplo de caso) 135
Pamela (exemplo de caso) 73–75
Patrícia (exemplo de caso) 230–238
Peale, Norman Vincent 166–167

286 Índice

pensamento de tudo ou nada 84–85, **136–137**, 199–200

pensamento: dialético 209, 213–214; mágico **136–137**; positivo 165–167, 229–230; realista 165–167

pensamentos: automáticos 10–12, 45–47, 84–86, 176–181; automonitoramento 45–47, 52–54; capturando 45–47; estratégia "É verdade e é útil?" *170*, 168–171; identificando quentes 60–61, 75–77, **76**; pensamentos discutíveis *170*, 171–172; significado emocional de quentes 74–82, *77–80*, 171, 198; *ver também* crenças e esquemas centrais

pensamentos específicos da situação *ver* pensamentos automáticos

percepção seletiva 9

perguntas abertas 33–34

perguntas de mudança de perspectiva 245–246

perguntas exploratórias 245–246

permanência, erro de 135, **136–137**

personalização **136–137**

Persons, J. B. 14–15

Piaget, Jean 153

planos de ação 34–37

pliance 245–246

Polya, G. 64–65, 99, 137–138, 268–269

pragmatismo 3

prática zen 209

prescritores *ver* adesão à medicação

previsão do futuro **136–137**

processamento emocional 102–108, **103–104**

processo de validação–clarificação–redirecionamento (VCR) 215–217

processos ruminativos supergeneralizados 44–45, *45*

profecia autorrealizadora 10, 12–13

prova indireta 140–142

psicoeducação 244–245

psicologia da *gestalt* 196–197, 201–202

raciocínio científico 126–127

raciocínio emocional **136–137**

rastreamento 245–246

realismo depressivo 44

reconsolidação da memória 152–153

reductio ad absurdum 140–142

reescrita de cenários 202–203

reflexão amplificada 140–142

reforço seletivo 203–205

reformulação 167–168

registro de pensamento do método dialético socrático 224–238, *226–227*; contraproposições 225–229; curiosidade 229–230; exemplo de caso 230–238; proposição 225–228; resumo 229–230; síntese 229–231; verificação da regulação 225–228; verificação de fatos 228–229

registro de pensamento socrático *69*, *180*, 181–185, *275*; *ver também* registro de pensamento do método dialético socrático

registros de pensamento 174–178, 213–214; ensino do modelo cognitivo 175–182; facilitando a mudança cognitiva 179–185; registro de pensamento socrático 69, 180–185, 274–275; *ver também* registro de pensamento do método dialético socrático

registros de pensamentos disfuncionais 175–178

regras e suposições 12–14

regressão à média **128**

relação de trabalho *ver* aliança terapêutica

resolução de problemas, simplificação excessiva de 211–212

resposta de vergonha 211–212

resposta racional 179–182, 186, 215–216

resumo e síntese 59, 66–70, *69*, 147–148, 151–160, 184–185; competências-chave 269–270; ensino 268–270; estratégias de representação 160; exemplos de caso 67–70, 154–160; falha em resumir 167–169; justificativa para 151–153; método autossocrático 279–281; perguntas para orientar o processo 154; prematuros 166–168; resumo 155–156, 229–230; síntese 157–160, 229–231

Robb, Hank 72

Rogers, Carl 99

Rush, A. J. 253

seguir pelo caminho do meio 209, 213–214, 228–229

simplificação excessiva da resolução de problemas 211–212

síntese 157–160, 229–231; *ver também* resumo e síntese

sintetizando questões 245–246

Skinner, B. F. 218

Sócrates 57, 99, 274–275

Şoflău, R. 84–85

solução de problemas 163–172, **164**; descoberta fornecida 163–165; estratégia "É verdade e é útil?" *170*, 168–171; estratégias pós-consulta

Índice **287**

168–169; exploração superficial do contexto 167–168; falha em resumir 167–169; foco nas cognições centrais 163–165; pensamento positivo 165–167; pensamentos discutíveis *170*, 171–172; resumo e síntese prematuros 166–168
Stucki, L. 186–187
superaprendizagem 42–43
supervisão *ver* ensinando estratégias socráticas
supervisão consistente com o modelo 264–265
suposições condicionais 12–14
supressão de pensamento 245–246
Szentagotai, A. 84–86

tarefa de casa *ver* planos de ação
tarefas 30, 32–34
técnica contínua 199–200
Tee, J. **122**, 122–123
tensão aversiva 210–211, 213–214
teoria do quadro relacional (RFT) 242–247
terapia centrada no cliente 99
terapia comportamental dialética (DBT) e estratégias cognitivas 209–224; análise em cadeia cognitiva 218–224; análise em cadeia comportamental 213–214, 218–219; automonitoramento 212–213; barreiras potenciais 210–213; competência aparente 211–212; desregulação emocional e 210–213, 216–218; estratégias de desfusão 212–213; exemplos de caso 219–224; histórico de 209; ideação suicida 214–215, 221–227, 230–238; invalidação e 210–212; mitos sobre emoções 213–214; pensamento dialético 209, 213–214; simplificação excessiva da resolução de problemas 211–212; validação 62, 107–108, 267–268; verificação de fatos 212–213, 228–229; *ver também* registro de pensamento do método dialético socrático
terapia de aceitação e compromisso 242–251; ação comprometida 249–251; aceitação 246–247; consciência do momento presente 248–249; desfusão 247–248; o eu como contexto 248–249; valores 249–250
terapia de desativação de modo (TDM) 215–217
terapia do esquema 11–12, 196–197, 201–202, 204–205, 213–216
terapia focada na emoção (TFE) 102–104

terapia focada no trauma 202–203
terapia racional-emotiva comportamental (Trec) 84–85, 137–138, 171–172, 199–200
terceiras variáveis **127–128**
Tony (exemplo de caso) 126–131
trabalho de tolerância ao sofrimento 200–201
transtorno da personalidade *borderline* 209–224; análise em cadeia cognitiva 218–224; análise em cadeia comportamental 213–214, 218–219; anormalidades cerebrais 210–211, 216–217; competência aparente 211–212; desregulação emocional 11–12, 210–213, 216–218; exemplos de caso 219–224, 230–238; ideação suicida 214–215, 221–227, 230–238; invalidação 210–212; terapia cognitiva tradicional 214–216; terapia de desativação de modo (TDM) 215–217; terapia do esquema 11–12, 215–216; *ver também* registro de pensamento do método dialético socrático
treinamento *ver* ensinando estratégias socráticas
transformação da função de estímulo 243–245
Trisha (exemplo de caso) 20–27, 23, 26

validação 62, 107–109, **108**, 267–269; autovalidação 276–278
validade, ameaças à 126–127, **127**–128
van Elst, L. T. 210–211, 216–217
variáveis de coleta de dados **127–128**
variáveis de confusão **127–128**
variáveis de método **127–128**
verificação de fatos 212–213, 228–229
verificação de humor 34–35
viés: de amostragem **127–128**; de confirmação 9; de impacto **136–137**; de retrospectiva **136–137**; do avaliador **128**; do observador **128**
vieses cognitivos 9–10; *ver também* distorções cognitivas
vieses de memória 10
vinculação combinatória 243–245
vínculos 30, 33–34
voir dire 110–111

Wenzel, A. 99
Wild, J. 186

Young, J. E. 196–197